Salma El Aimani

Intégration des éoliennes dans les réseaux électriques

Salma El Aimani

Intégration des éoliennes dans les réseaux électriques

Modélisation et commande de technologies

Presses Académiques Francophones

Impressum / Mentions légales

Bibliografische Information der Deutschen Nationalbibliothek: Die Deutsche Nationalbibliothek verzeichnet diese Publikation in der Deutschen Nationalbibliografie; detaillierte bibliografische Daten sind im Internet über http://dnb.d-nb.de abrufbar.
Alle in diesem Buch genannten Marken und Produktnamen unterliegen warenzeichen-, marken- oder patentrechtlichem Schutz bzw. sind Warenzeichen oder eingetragene Warenzeichen der jeweiligen Inhaber. Die Wiedergabe von Marken, Produktnamen, Gebrauchsnamen, Handelsnamen, Warenbezeichnungen u.s.w. in diesem Werk berechtigt auch ohne besondere Kennzeichnung nicht zu der Annahme, dass solche Namen im Sinne der Warenzeichen- und Markenschutzgesetzgebung als frei zu betrachten wären und daher von jedermann benutzt werden dürften.

Information bibliographique publiée par la Deutsche Nationalbibliothek: La Deutsche Nationalbibliothek inscrit cette publication à la Deutsche Nationalbibliografie; des données bibliographiques détaillées sont disponibles sur internet à l'adresse http://dnb.d-nb.de.
Toutes marques et noms de produits mentionnés dans ce livre demeurent sous la protection des marques, des marques déposées et des brevets, et sont des marques ou des marques déposées de leurs détenteurs respectifs. L'utilisation des marques, noms de produits, noms communs, noms commerciaux, descriptions de produits, etc, même sans qu'ils soient mentionnés de façon particulière dans ce livre ne signifie en aucune façon que ces noms peuvent être utilisés sans restriction à l'égard de la législation pour la protection des marques et des marques déposées et pourraient donc être utilisés par quiconque.

Coverbild / Photo de couverture: www.ingimage.com

Verlag / Editeur:
Presses Académiques Francophones
ist ein Imprint der / est une marque déposée de
AV Akademikerverlag GmbH & Co. KG
Heinrich-Böcking-Str. 6-8, 66121 Saarbrücken, Deutschland / Allemagne
Email: info@presses-academiques.com

Herstellung: siehe letzte Seite /
Impression: voir la dernière page
ISBN: 978-3-8381-7053-4

Ecole Centrale de Lille

Centre Nationale de Recherche Technologique de Lille   École Doctorale des sciences pour
l'ingénieur (SPI) de l'USTL

Modélisation de différentes technologies d'éoliennes intégrées dans un réseau de moyenne tension

THÈSE DE DOCTORAT

présentée et soutenue publiquement le ⟨\ThesisDate⟩

pour l'obtention du

Doctorat de l'Ecole Centrale de Lille (ECL)
Cohabilité avec
L'université des sciences et technologies de Lille 1 (USTL)
discipline : Génie électrique - Electronique - Automatique

par

Salma El Aimani

Composition du jury

Président :	M. Jean Paul Hautier	
Rapporteurs :	M. Eric Monmasson	
	M. Xavier Roboam	
Examinateurs :	M. Benoît Robyns	Directeur de thèse
	M. Bruno François	Co-directeur de thèse
	M. Emmanuel Dejaeger	
	M. Patrick Bartholomeus	
	M. Mustapha EL Adnani	

Laboratoire d'Electrotechnique et d'Electronique de Puissance de Lille

Remerciements

Les travaux de recherche réalisés dans ce mémoire ont été effectués au Laboratoire d'Electrotechnique et d'Electronique de Puissance (**L2EP**) de l'Ecole Centrale de Lille au sein du programme de recherche **FUTURELEC 1** du Centre National de recherche Technologique (**C.N.R.T.**) en partenariat avec le Laboratoire des Industries Belges (**LABORELEC**).

C'est un agréable plaisir pour moi d'exprimer mes remerciements à Monsieur *Benoît ROBYNS*, Professeur à L'Ecole des Hautes Etudes d'Ingénieur (**HEI**) qui, en acceptant de diriger ces travaux de recherche m'a fait profiter de ses connaissances et ses conseils précieux.

Je suis également profondément reconnaissante envers Monsieur *Bruno FRANÇOIS*, Maître de Conférences habilité à diriger des recherches à l'Ecole Centrale de Lille, pour sa rigueur scientifique et les conseils judicieux et éclairés qu'il m'a prodigués pour l'élaboration de ce travail. Je le remercie également pour ses qualités humaines et de m'avoir supportée (dans tous les sens du terme) pendant la durée des travaux.

Je remercie Monsieur *Jean Paul HAUTIER*, Professeur des Universités à L'Ecole Nationale des Arts et Métiers (ENSAM) et directeur du L2EP d'avoir accepté de présider mon Jury de thèse. Je suis particulièrement sensible au grand honneur qu'il m'a accordé en acceptant cette tache.

Mes vifs remerciements vont également à Messieurs *Xavier ROBOAM* Chargé de Recherche, HDR au CNRS au LEEI, *Eric MONMASSON* Professeur des universités à l'IUP au SATIE d'avoir bien voulu accepté d'être rapporteurs et de juger ce travail.

Je tiens à remercier également :
- Monsieur *Emmanuel DEJAEGER*, Responsable de la filiale Power Quality à Laborelec et notre partenaire industriel.
- Monsieur *Patrick BARTHOLOMEUS*, Maître de Conférences à l'Ecole Centrale de Lille
Pour avoir accepté d'examiner ce travail.

Enfin, je remercie Monsieur *Mustapha EL ADNANI*, Professeur et directeur de L'Ecole Nationale des Sciences Appliquées (**ENSA**) de Marrakech pour avoir accepté de faire le déplacement de loin et se joindre à ses collègues afin d'exprimer son point de vue sur le contenu de ce mémoire.

Je ne peux pas clore mes remerciements, sans rendre un grand hommage à toute l'équipe des enseignant-chercheurs du laboratoire plus particuliers des deux établissements (ECOLE CENTRALE DE LILLE et HEI) pour l'ambiance de sérieux et de détente mêlés qui règnent pour apporter une richesse incomparable. Enfin je remercie tous ceux qui ont contribué de près ou de loin à la concrétisation de ce travail.

A ma maman qui m'a tant soutenue pendant toutes ces longues années d'études
A ma soeur Laila
à ma famille
Pour leur gentillesse, leur amour et leur soutien
je dédie ce modeste travail.

Table des matières

Introduction générale

La libéralisation du marché de l'électricité et le développement de la production décentralisée amènent, dans le domaine du Génie Electrique, de nombreux problèmes scientifiques et techniques nouveaux. Au prime abord, ces problèmes sont induits évidemment par l'impact des nouveaux types de sources d'énergie sur les réseaux, non conçus a priori pour les accueillir, et par la gestion globale du système de distribution. Il est fort à parier que la prolifération et la dispersion des sources conduira à l'avenir à revoir les structures et la nature des réseaux d'énergie.

Cette évolution majeure de l'insertion de la production décentralisée dans les réseaux est à l'origine de la création du Centre National de Recherche Technologique (CNRT) Réseaux et Machines Electriques du Futur implanté dans la Région Nord Pas de Calais. Le premier programme (Futurelec 1) réalisé dans ce cadre est mené en collaboration avec le groupe Suez, plus précisément ses filiales belges : Tractebel Energy Engineering et Laborelec.

La difficulté majeure associée aux sources d'énergie décentralisées est qu'elles ne participent en général pas aux services système (réglage de la tension, de la fréquence, possibilité de fonctionner en îlotage, etc). C'est particulièrement vrai pour les sources à énergie renouvelable dont la production est difficilement prévisible et très fluctuante. L'intégration des unités de production décentralisée dans les réseaux pose donc un certain nombre de problèmes :
- productible aléatoire et difficilement prévisible (éolien, solaire) ;
- absence de réglage fréquence-puissance ;
- absence de réglage de tension ;
- sensibilité aux creux de tension ;

Le fait de ne pas participer aux services système amène ce type de source à se comporter comme des générateurs passifs du point de vue électrique. Le taux de pénétration de la production décentralisée doit alors être limité (à 20 ou 30% de la puissance consommée d'après certains retours d'expérience) afin de pouvoir garantir la stabilité du réseau dans des conditions acceptables.

Afin d'analyser l'impact de ces sources d'énergie décentralisée, en l'occurrence les éoliennes, sur le réseau de distribution où elles interviennent, il faut développer des modèles adaptés aux différents types existants d'éoliennes.

Le but de cette thèse est de modéliser différentes technologies de la production décentralisée éolienne qui sont maintenant introduites et dispersées dans les réseaux électriques de moyenne tension

1

à des puissance de plus en plus conséquentes. Les modèles à développer doivent permettre :
– L'étude du comportement en puissance en fonctionnement normal.
– L'étude du comportement en présence de défauts équilibrés ou déséquilibrés provenant du réseau.
– L'estimation des harmoniques générés par la MLI.
Ces éoliennes peuvent être classées selon trois catégories :
– Éoliennes à vitesse fixe directement couplées au réseau, généralement basées sur une génératrice asynchrone à cage.
– Éoliennes à vitesse variable basées sur une génératrice asynchrone à rotor bobiné, commandées par le rotor au moyen de convertisseurs statiques.
– Éoliennes à vitesse variable commandées par le stator au moyen de convertisseurs statiques de l'électronique de puissance. Ces éoliennes peuvent être équipées de génératrices asynchrones à cage, mais elles sont plus généralement équipées de machine synchrone à rotor bobiné ou de machine à aimants permanents.

Différents niveaux de modélisation peuvent être considérés pour étudier ce type de génération incluant des convertisseurs de l'électronique de puissance, suivant que l'on intègre ou non le comportement interrupteur des semi-conducteurs. Les modèles d'éoliennes développés dans le cadre de cette thèse doivent nécessiter un temps de calcul raisonnable, car ces modèles seront intégrés dans des systèmes complexes (réseau de distribution)tout en considérant des fluctuations de la source d'énergie (le vent) sur plusieurs minutes. Dans ce travail, nous avons considéré des modèles à interrupteurs idéaux et les modèles continus équivalents qui ne prennent pas en compte le comportement interrupteur des semi-conducteurs mais qui nécessitent moins de temps de calcul.

Dans le cadre de cette thèse, nous nous sommes plus particulièrement intéressés à l'analyse de l'impact des éoliennes sur un réseau de distribution de moyenne tension. En effet la puissance générée par ces éoliennes étant de plus en plus importante, une connexion sur le réseau de distribution en moyenne tension est maintenant couramment exigée par les gestionnaires de réseau.

Dans le premier chapitre de cette thèse, on décrira de façon plus concrète les objectifs ansi que les enjeux des travaux de la thèse. Cette description mettra en évidence les différents niveaux de modélisation qu'on va adopter ainsi que les formalismes utilisés pour atteindre ces objectifs.

Le deuxième chapitre de la thèse rappelle les différentes structures d'éoliennes existantes : éoliennes à vitesse fixe et éoliennes à vitesse variable. Puis, pour une turbine particulière, sa modélisation et différentes stratégies de commande seront expliquées dans les différentes zones de fonctionnement.

Le troisième chapitre porte sur la modélisation d'une chaîne de conversion éolienne basée sur une génératrice asynchrone à cage et pilotée par le stator via des convertisseurs contrôlés par MLI. Dans ce chapitre, c'est un modèle continu équivalent de l'éolienne qui est plus précisément étudié. Le dispositif de commande de cette éolienne est alors détaillé. Une application de cette structure de conversion est donnée dans le cadre d'une ferme éolienne comprenant trois éoliennes de cette technologie, connectées à un bus continu commun. Cette application permettra de mettre en évidence une contrainte de dimensionnement du bus continu par rapport à la puissance transitée.

Dans le quatrième chapitre, plusieurs technologies de machines asynchrones à double alimentation ainsi que plusieurs dispositifs d'alimentation sont présentés. Ensuite, les modèles d'une éolienne à double alimentation utilisant un modèle continu équivalent ainsi qu'un modèle à interrupteurs idéaux des convertisseurs sont présentés. Puis, le dispositif de commande de la chaîne de conversion est détaillé.

Afin de valider le modèle et les strategies de commande réalisées pour cette chaîne de conversion, le cinquième chapitre présente des comparaisons entre des mesures réalisées sur une éolienne réelle et des résultats de simulation obtenus dans les mêmes conditions. Il permet de valider le modèle continu équivalent de cette chaîne de conversion éolienne dans les différentes zones de fonctionnement.

Le sixième chapitre présente des études relatives aux fluctuations de puissance et à la présence d'harmoniques dans le réseau de distribution électrique. Deux modèles différents de ce système de génération seront utilisés : le modèle continu équivalent et le modèle assimilant le fonctionnement des convertisseurs de puissance à un convertisseur à interrupteurs idéaux.

Dans le dernier chapitre, le comportement électrique et mécanique de ce système de génération face à un fonctionnement anormal du réseau électrique (creux de tensions, court-circuits, etc) est alors étudié. L'influence du dispositif de commande est mise en évidence. Le réseau de distribution étudié, proposé par Laborelec, sera présenté. A partir de l'analyse des résultats obtenus, la commande la plus performante pour un fonctionnement de l'éolienne en régime dégradé est déduite.

Chapitre 1

Outils de modélisation et objectifs

1.1 La production d'énergie électrique à partir des éoliennes

Bien que connue et exploitée depuis longtemps, l'énergie éolienne fut complètement négligée pendant l'ère industrielle, au profit quasi exclusif, si l'on excepte l'hydroélectricité, des énergies fossiles. L'énergie cinétique du vent peut être convertie directement en énergie mécanique et être utilisable par exemple dans les anciens moulins à vent ou pour actionner des pompes. Mais, de nos jours, on la transforme en énergie électrique par l'emploi d'aérogénérateurs. Le nouvel intérêt porté à l'énergie éolienne depuis la moitié des années 70 résulte de deux préoccupations : d'une part, la protection de l'environnement et l'économie des combustibles fossiles qui en résulte. D'autre part, l'évolution des technologies rend la conversion de cette énergie de plus en plus rentable et donc son utilisation devient économiquement compétitive par rapport aux sources traditionnelles de même puissance.

Bien que les aérogénérateurs aient atteint une certaine maturité technique, la technologie des aérogénérateurs évolue [Kui 02]. Les éoliennes de dernière génération fonctionnent à vitesse variable. Ce type de fonctionnement permet d'augmenter le rendement énergétique, de diminuer les efforts mécaniques et d'améliorer la qualité de l'énergie électrique produite, par rapport aux éoliennes à vitesse fixe. C'est le développement des variateurs électroniques qui permet de contrôler la vitesse de rotation des éoliennes à chaque instant. Le vent est une grandeur stochastique, de nature très fluctuante. Ce sont les variations de la puissance résultante des fluctuations du vent, qui constituent la perturbation principale de la chaîne de conversion éolienne.

De ce fait, les éoliennes sont considérées comme des génératrices de puissance variable. Connectées sur un réseau électrique, les générateurs éoliens n'imposent pas l'amplitude de la tension et ne règlent pas le rapport puissance -fréquence, autrement dit, elles ne participent pas aux services systèmes, et donc perturbent d'autant plus la stabilité des réseaux que leur taux de pénétration est important. Avec l'utilisation de l'électronique de puissance, de nouvelles technologies sont apparues pour optimiser cette génération d'énergie.

Les éoliennes actuellement installées peuvent être classées selon deux catégories : les éoliennes à vitesse fixe et à vitesse variable. La technologie inhérente à la première catégorie d'éolienne est bien maîtrisée. En effet, c'est une technologie qui a fait preuve d'une simplicité d'implantation, une fiabilité, et un faible coût, ce qui permet une installation rapide de centaines de kW de génération éolienne. Cependant, avec la mise en place très progressive de projets d'éoliennes dont la puissance est supérieure au MW, ce sont les éoliennes à vitesse variable qui se développeront à l'avenir pour cette gamme de puissance générée. En effet ces dernières présentent plusieurs avantages, notamment une meilleure exploitation de l'énergie du vent, la réduction des oscillations du couple et des efforts mécaniques, et une grande souplesse quant à la liaison au réseau grâce à l'emploi de convertisseurs de puissance totalement commandables.

1.2 Technologies de générateurs éoliens visés par l'étude

Nous nous sommes principalement intéressés aux aérogénérateurs à vitesse variable utilisant deux technologies de génératrices (figure 1.1) :
– Les génératrices basées sur des machines asynchrones (MAS) pilotées par le stator et commandées par des convertisseurs à modulation de largeur d'impulsions (MLI)
– Les génératrices basées sur des machines asynchrones à double alimentation (MADA) pilotées par le rotor au moyen de convertisseurs contrôlées également par MLI.

L'application d'un système équilibré de tension par le réseau électrique permet d'assimiler de manière systématique ces génératrices à des injecteurs (sources) de courant. En ce qui concerne l'utilisation de ces modèles mathématiques, ces derniers ont été implantés dans le logiciel de simulation Simulink. Les réseaux électriques de Moyenne tension (MT) ont été simulés au moyen de la boîte à outil Sim Power System de Matlab (TM). Dans le cadre du C.N.R.T., ces modèles d'aérogénérateurs sont destinés à être intégrés dans le logiciel de simulation : EUROSTAG [Mey 92] afin de simuler et d'évaluer leur impact sur la stabilité et le réglage de grands réseaux électriques.

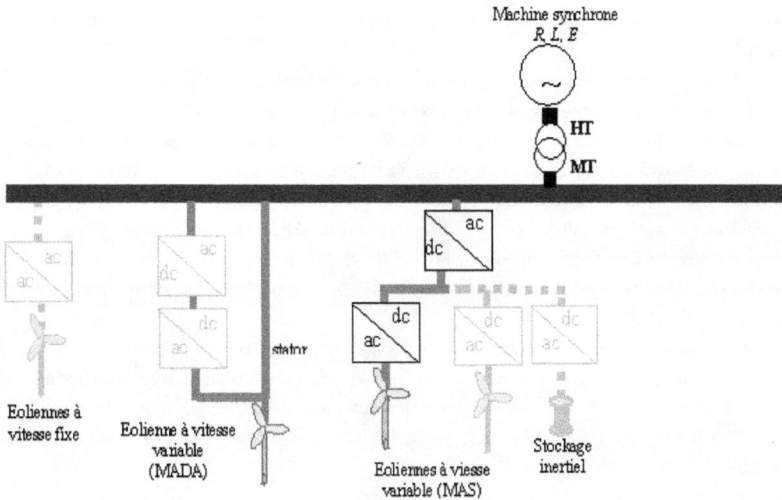

FIG. 1.1 – Génératrices éoliennes étudiées

1.3 Les différentes classes de modèle

Les éoliennes à vitesse variable font largement appel à l'électronique de puissance ; les stratégies de commande et de supervision doivent naturellement être intégrées dans ces modèles. Les modèles à développer doivent donc être dynamiques et adaptés à chaque problème étudié. Différents niveaux de modélisation ont été considérés selon la précision désirée et la dynamique que l'on souhaite prendre en compte. Une caractéristique commune aux moyens de production étudiés est la présence de convertisseurs de l'électronique de puissance. Dés lors, la dynamique des grandeurs électriques est beaucoup plus importante et donc la précision des modèles doit être augmentée afin d'anticiper l'apparition d'oscillations de puissance engendrée par ces nouvelles sources.

La précision des phénomènes à prendre en compte peut être augmentée en prenant en compte les transformations electro-énergétiques rapides. Cet objectif est naturellement limité par le fait que, plus un modèle est fin au sens des modes (implicitement des énergies internes localisées), plus il est exigeant en temps de calcul. Cela conduit naturellement à envisager un certain nombre de modèles dont les hypothèses fondatrices définissent le domaine fréquentiel des phénomènes ainsi retranscrits et, par la même, le domaine de validité du modèle.

En adaptant la précision d'un modèle aux dynamiques des phénomènes à examiner, on peut classer les modèles en cinq familles :

Une première classe de modèles comprend les modèles obtenus à partir d'un schéma équivalent monophasé. Ces modèles électromécaniques permettent de reproduire des dynamiques électromécaniques de 0 à 10 Hz et ont l'avantage de permettre la simulation d'un grand nombre d'éléments et donc des réseaux électriques conséquents. C'est classiquement le type de modèle utilisé dans les logiciels "réseau" [Slo 02].

Une seconde classe de modèles doit permettre la reproduction de dynamiques électromagnétiques (10 Hz à 10 kHz). Les convertisseurs de puissance sont par nature des systèmes discrets [Hau 99,Lab 98], tandis que le générateur et le réseau électrique sont des systèmes continus. Pour l'analyse du comportement dynamique d'un système complet de génération d'énergie et pour la synthèse de ses différents correcteurs, il est pratique de développer un modèle continu équivalent de l'ensemble en incluant les convertisseurs de puissance. Un modèle continu équivalent dit "homogène" reproduisant le comportement des parties mécaniques, de la machine électrique, du convertisseur et de leur commande dans un seul et même repère de Park est utilisé [Rob 02]. Ce type de modélisation est intéressant pour les raisons suivantes :

- Il est bien adapté à une intégration numérique dans la mesure où il n'est pas nécessaire de choisir un pas d'intégration inférieur à la période de fonctionnement des convertisseurs, qui est déterminée par la fréquence de commutation des semi-conducteurs. Le temps de simulation reste alors limité, ce qui est intéressant, car l'on doit souvent considérer les fluctuations du vent sur plusieurs minutes.
- Il permet de simuler le comportement dynamique global du système de génération.
- Il permet de dimensionner les différents correcteurs intervenant dans le contrôle des génératrices, des échanges de puissance avec le réseau et la tension du bus continu.
- Il est assez aisé d'ajouter dans ce modèle des éléments complémentaires reliés à un bus continu tels que d'autres sources d'énergie (systèmes photovoltaïques, batteries, etc)[Pat 99], des systèmes de stockage (batteries, stockage inertiel, ...) ou encore un système de dissipation d'énergie, sans

que le temps de calcul de la simulation de ces modèles ne devienne trop élevé.

Une troisième classe de modèle est le modèle harmonique global, ce dernier ajoute au modèle continu équivalent une estimation d'un ou plusieurs harmoniques, en considérant naturellement les composantes harmoniques les plus significatives. L'intérêt de cette méthode est qu'elle ne nécessite pas de modéliser les fonctions des interrupteurs.

Une quatrième classe de modèles permet la reproduction des harmoniques de commutation des convertisseurs (1 kHz - 1 MHz) [Ela 03d]. Cette classe comprend les modèles de convertisseur à interrupteurs idéaux ainsi que les modèles reposant sur les caractéristiques intrinsèques des semi-conducteurs utilisés. Evidemment cette classe de modèles ne peut permettre la simulation d'un grand nombre d'éléments, mais, localisée sur une portion de réseau, permet l'étude de la qualité des ondes distribuées et notamment l'évaluation des taux d'harmoniques. Pour toutes ces classes de modèle, l'hypothèse d'un régime équilibré des tensions appliquées par le réseau permet de réduire le nombre d'équations à simuler. Par contre, pour toutes les études comportementales de ces composants face à des incidents provenant du réseau électrique, cette hypothèse a été levée par la prise en compte des déséquilibres en tension et en courant et par le calcul des composantes homopolaires des machines modélisées dans le repère de Park.

Une dernière famille de modèles intègre les caractéristiques propres à chaque type de semi-conducteur, tel que leur comportement lors des commutations. Ce niveau de modélisation très fin est naturellement très exigeant en temps de calcul [Hau 99].

Dans le cadre de cette thèse nous développons des modèles des génératrices éoliennes et des chaînes de conversion éoliennes en utilisant deux modèles :

– Le modèle continu équivalent

– Le modèle utilisant un modèle à interrupteurs idéaux pour les convertisseurs.

Les modèles mathématiques ont été développés à partir des différentes méthodologies (G.I.C. et R.E.M.) développées par le passé au sein du L2EP. Ces méthodes graphiques de modélisation sont maintenant rapidement exposées.

1.4 Les méthodologies de modélisation

1.4.1 Le Graphe Informationnel Causal : G.I.C.

Le Graphe Informationnel Causal (G.I.C.) est un outil graphique qui permet, lors de la phase d'analyse, la prise en compte des causalités à la fois internes (liées à la présence d'éléments accumulateurs dans la chaîne de conversion) et des causalités externes (liées à l'ordonnancement des phénomènes physiques mis en jeu) [Bar 95]. Le caractère descriptif et qualitatif de cet outil permet d'obtenir une modélisation des systèmes physiques quelle que soit la nature des phénomènes mis en jeu. Le Graphe Informationnel de Causalité est une représentation graphique de l'information transitant au sein d'un système. L'information y est exprimée en termes d'entrées et de sorties. Un objet ou un groupement d'objets est représenté par un processeur de traitement des grandeurs influentes. Le processeur est le support d'une relation exprimant la causalité naturelle entre entrées et sorties (figure 1.2).

Le G.I.C. a aussi la caractéristique d'associer à chaque objet physique un processeur, de ce fait, on fait apparaître trois types d'objets :

– Les objets accumulateurs : Masse, ressort, bobine, condensateur qui sont représentés par une

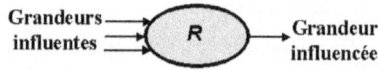

FIG. 1.2 – Représentation d'un processeur

ovale comportant une flèche unidirectionnelle interne symbolisant la causalité intégrale qui lui est propre (figure 1.3-a).

– Les objets dissipateurs : frottement, résistance qui sont représentés par une ovale comportant une flèche bi-directionnelle interne symbolisant que la causalité est imposée par son environnement (figure 1.3-b).

– Les objets actifs, typiquement les sources, qui sont représentés également par une ovale comportant une flèche unidirectionnelle interne (figure 1.3-c).

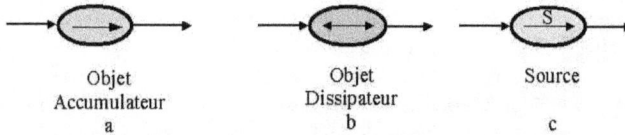

FIG. 1.3 – Les différents objets

Conception d'un dispositif de commande par inversion

La conception d'un dispositif de commande repose sur une analyse préalable des dépendances entre grandeurs à contrôler et grandeurs de contrôle. L'approche par graphes informationnels constitue une aide précieuse dans cette démarche.

La modélisation mathématique consiste à caractériser cette dépendance R par une équation ou un ensemble d'équations nécessaires pour calculer la valeur des grandeurs influencées à partir des grandeurs influentes et de constantes.

La relation R est dite causale interne si et seulement si S ne peut être modifiée que par action sur E et E seule [Fra 96]. Cette caractéristique de causalité visualisée par une flèche à l'intérieur de l'ovale signifie que S ne peut influencer E (figure 1.4) ; cette relation n'est donc pas inversible. L'introduction d'une variable externe de référence permet la détermination d'une relation inverse indirecte : c'est le concept du contrôle en boucle fermée lorsque les grandeurs d'entrée et de sortie sont continues.

La relation R est dite causale externe (ou rigide) si de plus les grandeurs S peuvent influencer les grandeurs E. Une loi réversible R^{-1} peut être alors déterminée entre ces deux ensembles de grandeurs et cette particularité est visualisée par une flèche double (figure 1.5). L'application de ces règles d'inversion permet d'obtenir très rapidement un système de commande qui ne s'attache pas aux spécificités technologiques, le cas échéant.

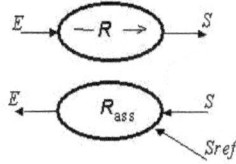

FIG. 1.4 – Relation indirectement réversible

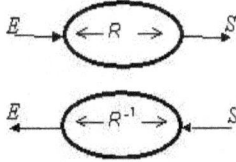

FIG. 1.5 – Relation directement réversible

1.4.2 La Représentation Énergétique Macroscopique (R.E.M.)

1.4.3 Principe

La Représentation Energétique Macroscopique (REM) a été développée afin de proposer une vision macroscopique des modèles développés [Bou 00]. Elle permet de modéliser et proposer une structure de commande du système avec un certain nombre de composants de puissance. La REM se déduit du GIC, par une approche synthétique consistant à regrouper souvent sous la forme d'un carré l'ensemble des processeurs modélisant graphiquement un objet [Bou 02].

Il faut noter que les entrées et les sorties de chacun des blocs sont définies selon le principe de la cause et de l'effet conformément au GIC. Ainsi à une variable imposée par un élément sur un autre (action) correspond une réaction due à cette sollicitation. Le produit entre la variable d'action et celle de réaction donne la puissance instantanée échangée par les deux éléments. De manière naturelle, les échanges de puissance entre les divers composants apparaissent alors.

Trois éléments caractéristiques sont à considérer :
- Les éléments sources, qui sont en bout de la chaîne de conversion.
- Les blocs de conversion qui sont représentés par des carrés et qui assurent une conversion éner-gétique sans accumulation ni perte.
- Les blocs accumulateur qui sont représentés par des carrés barrés et qui induisent la présence d'un accumulateur d'énergie (et donc d'une ou plusieurs variables d'état).

La REM apporte une aide précieuse à la structuration de la simulation de tels systèmes [Tou 02]. Une Structure de Commande Maximale (SMC) peut être déduite par des règles d'inversion identiques à celles du GIC, et permet de dégager ainsi rapidement et systématiquement une structure de commande (figure 1.6).

Le graphe informationnel causal de la figure 1.6 représente un système comportant à deux processus. Un premier processus avec deux entrées (a et e) et deux sorties (b et f). Les relations régissant ce processus sont toutes rigides. Le $2^{\grave{e}me}$ processus possède également deux entrées (b et d) et deux sorties (c et e).

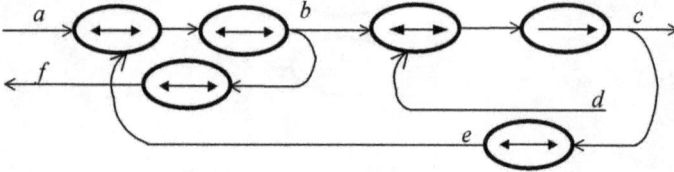

FIG. 1.6 – Graphe Informationnel Causal d'un processus

La représentation énergétique macroscopique de ces deux processus est représentée sur la figure 1.7. Sur cette figure, le processus régi par les entrées (a et e) et les sorties (b et f) est illustré par un carré indiquant que c'est un objet dissipateur. Le processus régi par les entrées (b et d) et les sorties (c et e) est illustré par un carré et une barre en diagonale, car il s'agit d'un élément accumulateur.

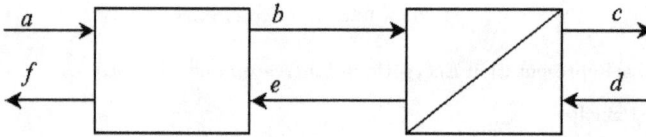

FIG. 1.7 – Représentation Energétique Macroscopique d'un processus

Chapitre 2

Conversion de l'énergie éolienne : Principe et modélisation des turbines

2.1 Introduction

Une éolienne a pour rôle de convertir l'énergie cinétique du vent en énergie électrique. Ses différents éléments sont conçus pour maximiser cette conversion énergétique et, d'une manière générale, une bonne adéquation entre les caractéristiques couple/vitesse de la turbine et de la génératrice électrique est indispensable. Pour parvenir à cet objectif, idéalement, une éolienne doit comporter :

- un système qui permet de la contrôler mécaniquement (orientation des pâles de l'éolienne, orientation de la nacelle).
- un système qui permet de la contrôler électriquement (Machine électrique associée à l'électronique de commande).

Dans ce chapitre, on s'interesse essentiellement à la modélisation et au contrôle de la turbine éolienne.

Dans un premier temps, les différentes parties constituant une éolienne sont décrites d'une façon générale. Puis, un comparatif sera établi entre les deux grandes familles d'éoliennes existantes, à savoir les éoliennes à vitesse fixe et les éoliennes à vitesse variable.

L'éolienne à vitesse variable est une technologie qui se développe de plus en plus, pour être intégrée dans les réseaux de moyenne tension. Différentes stratégies de commande seront décrites. Ces dernières sont différentes selon le point de fonctionnement fixé par la caractéristique puissance/vitesse. Ensuite, différentes techniques permettant de maximiser l'extraction de la puissance éolienne sont présentées et comparées.

La dernière partie de ce chapitre illustre les principales méthodes permettant de contrôler la puissance aérodynamique recueillie par la turbine. Le but étant de limiter cette puissance lorsque la vitesse du vent devient trop élevé.

2.2 Structure des éoliennes

2.2.1 Structure de conversion avec et sans multiplicateur

La vitesse d'une turbine éolienne est relativement lente. Une première technologie d'éoliennes reposent sur des machines tournantes synchrones (plutôt à rotor bobiné pour les éoliennes connectées

11

en moyenne tension) de petites vitesse, comportant donc un grand nombre de pôles [Iov 04], et par suite ayant un grand diamètre. Les éoliennes basées sur des machines à réluctance variable s'inscrivent également sous cette catégorie de génératrices [Ela 02a]. Ces génératrices rendent impossible une connexion directe au réseau de distribution fonctionnant à 50 Hz. Elles sont nécessairement alimentées par un ensemble constitué de deux convertisseurs de puissance : l'un fonctionnant sous fréquence variable et permettant le fonctionnement à vitesse variable et l'autre fonctionnant à 50Hz et permettant une connexion sur le réseau. Cependant, cette technologie de machine a actuellement une puissance inférieure au mégawatt.

Une seconde technologie repose sur l'utilisation d'une machine asynchrone. D'une manière générale, cette dernière tourne à une vitesse beaucoup plus importante que la turbine éolienne. Il est alors nécessaire d'adapter celle-ci à la vitesse de la turbine en intercalant un multiplicateur mécanique [Cun 01]. Ces multiplicateurs mécaniques ont l'inconvénient de nécessiter une maintenance accrue et de nuire à la fiabilité de l'éolienne. Cependant pour la génération de forte puissance, c'est la technologie qui est retenue par les constructeurs pour une connexion sur un réseau de moyenne tension. Nous présentons dans le paragraphe suivant les éléments constituant une telle éolienne.

2.2.2 Descriptif d'une éolienne

Une éolienne est constituée par une tour au sommet de laquelle se trouve la nacelle. Étant donné que la vitesse du vent augmente lorsque l'on s'éloigne du sol, une tour peut mesurer entre 50 et 80 m de haut. Typiquement une éolienne de 1 MW a une hauteur de 80 mètres de haut, ce qui correspond à la hauteur d'un immeuble de 32 étages. La tour a la forme d'un tronc en cône où, à l'intérieur, sont disposés les câbles de transport de l'énergie électrique, les éléments de contrôle, les appareillages de connexion au réseau de distribution ainsi que l'échelle d'accès à la nacelle. La nacelle regroupe tout le système de transformation de l'énergie éolienne en énergie électrique et divers actionneurs de commande. Tous ces éléments sont représentés sur la figure 2.1.

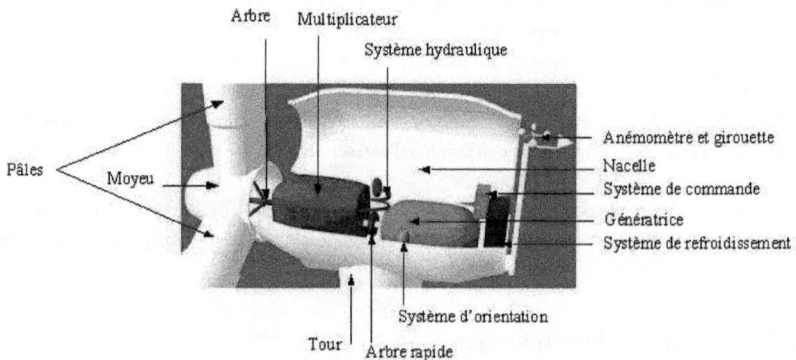

FIG. 2.1 – Éléments constituants une éolienne [Win 03]

Un dispositif oriente automatiquement la nacelle face au vent (Yaw control) grace à une mesure de la direction du vent effectuée par une girouette située à l'arrière de la nacelle.

12

La turbine éolienne est munie de pâles fixes ou orientables et tourne à une vitesse nominale de 25 à 40 tr/mn. Plus le nombre de pales est grand plus le couple au démarrage sera grand et plus la vitesse de rotation sera petite [Ack 02]. Les turbines uni et bi-pales ont l'avantage de peser moins, mais elles produisent plus de fluctuations mécaniques. Elles ont un rendement énergétique moindre, et sont plus bruyantes puisqu'elles tournent plus vite. Elles provoquent une perturbation visuelle plus importante de l'avis des paysagistes. De plus, un nombre pair de pales doit être évité pour des raisons de stabilité. En effet, lorsque la pale supérieure atteint le point le plus extrême, elle capte la puissance maximale du vent. A ce moment, la pale inférieure traverse la zone abritée du vent par la tour. Cette disposition tend à faire fléchir l'ensemble de la turbine vers l'arrière. Ceci explique pourquoi 80% des fabricants fabriquent des aérogénérateurs tripales.

Lorsque des pâles fixes sont utilisées, un dispositif de freinage aérodynamique est utilisé permettant de dégrader le rendement de la turbine au delà d'une certaine vitesse (décrochage aérodynamique ou stall control). Sinon, un mécanisme d'orientation des pâles permet la régulation de la puissance et un freinage (réglage aérodynamique).

Un arbre dit "lent" relie le moyeu au multiplicateur et contient un système hydraulique permettant le freinage aérodynamique en cas de besoin.

Un multiplicateur adapte la vitesse de la turbine éolienne à celle du générateur électrique (qui est généralement entraîné à environ 1500 tr/mn). Ce multiplicateur est muni d'un frein mécanique à disque actionné en cas d'urgence lorsque le frein aérodynamique tombe en panne ou en cas de maintenance de l'éolienne.

Le système de refroidissement comprend généralement un ventilateur électrique utilisé pour refroidir la génératrice et un refroidisseur à huile pour le multiplicateur. Il existe certaines éoliennes comportant un refroidissement à l'eau.

La génératrice (ou l'alternateur) est généralement asynchrone, et sa puissance électrique peut varier entre 600kW et 2,5MW.

Les signaux électroniques émis par l'anémomètre sont utilisés par le système de contrôle-commande de l'éolienne pour démarrer l'éolienne lorsque la vitesse du vent atteint approximativement 5 m/s. De même, le système de commande électronique arrête automatiquement l'éolienne si la vitesse du vent est supérieure à 25 m/s afin d'assurer la protection de l'éolienne.

Le système de contrôle-commande comporte un ordinateur qui surveille en permanence l'état de l'éolienne tout en contrôlant le dispositif d'orientation. En cas de défaillance (par exemple une surchauffe du multiplicateur ou de la génératrice), le système arrête automatiquement l'éolienne et le signale à l'ordinateur de l'opérateur via un modem téléphonique.

Il existe essentiellement deux technologies d'éoliennes, celles dont la vitesse est constante et celles dont la vitesse est variable. La partie suivante décrit d'une manière assez générale le fonctionnement de ces deux procédés.

2.2.3 Les éoliennes à vitesse fixe

a - Principe général

Les éoliennes à vitesse fixe sont les premières à avoir été développées. Dans cette technologie, la génératrice asynchrone est directement couplée au réseau. Sa vitesse Ω_{mec} est alors imposée par la fréquence du réseau et par le nombre de paires de pôles de la génératrice (figure 2.2).

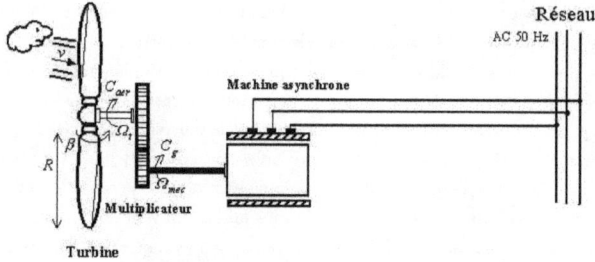

FIG. 2.2 – Éolienne directement connectée au réseau

Le couple mécanique entraînant (produit par la turbine) tend à accélérer la vitesse de la géné-ratrice. Cette dernière fonctionne alors en hypersynchrone et génère de la puissance électrique sur le réseau. Pour une génératrice standard à deux paires de pôles, la vitesse mécanique (Ω_{mec}) est légé-rement supérieure à la vitesse du synchronisme $\Omega_s = 1500 tr/mn$, ce qui nécessite l'adjonction d'un multiplicateur pour adapter la génératrice à celle du rotor de l'éolienne [Les 81](figure 2.3).

FIG. 2.3 – Caractéristique couple-vitesse d'une machine asynchrone

On peut distinguer deux technologies d'éoliennes à vitesse fixe : Les éoliennes à décrochage aéro-dynamique et les éoliennes à pales orientables.

b - Les éoliennes à décrochage aérodynamique

Les éoliennes à décrochage aérodynamique (stall) génèrent une puissance électrique variable dont la valeur maximale correspond en général à la puissance nominale de la machine. En dessous de cette valeur, la puissance fournie croît avec la vitesse du vent. Au delà, la puissance fournie décroît avec la vitesse du vent (figure 2.4) [Mul 02].

On définit :

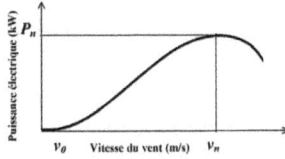

FIG. 2.4 – Génération à puissance électrique variable (pales fixes, décrochage aérodynamique)

- P_n, la puissance nominale de l'éolienne.
- v_0, la valeur de vitesse pour laquelle le rotor de la turbine commence à tourner.
- v_n, la valeur de vitesse pour laquelle la puissance nominale est atteinte.

Pour obtenir cette caractéristique de puissance, les pales (fixes) sont conçues avec un profil qui permet d'obtenir une décroissance brusque de la portance à partir d'une vitesse donnée pour laquelle la puissance doit être diminuée. Au delà de cette vitesse de vent, la puissance diminue très rapidement et un fonctionnement à puissance nominale constante n'est donc pas possible.

Pour les machines de fortes puissances, on trouve également le système " Stall actif " [Hof 02]. Le décrochage aérodynamique est alors obtenu progressivement grâce à un dispositif permettant un débattement des pales contre le vent. L'orientation des pales étant très réduite, le dispositif mécanique est technologiquement plus simple et moins coûteux que le système à orientation des pales qui est maintenant présenté.

c - Les éoliennes à pales orientables

L'utilisation d'un système d'orientation des pales permet, par une modification aérodynamique, de maintenir constante la puissance de la machine en fonction de la vitesse du vent et pour une vitesse de vent supérieure à v_n (figure 2.5) [Dei 00]. Ce dispositif de réglage sera plus amplement étudié par la suite.

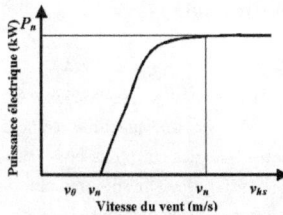

FIG. 2.5 – Génération à puissance électrique constante (pâles orientables)

Avec

- v_f, la vitesse pour laquelle le générateur commence à fournir de la puissance.
- v_{hs}, la valeur de la vitesse pour laquelle la machine doit être arrêtée.

La figure 2.6 montre la caractéristique mesurée de la puissance électrique produite en fonction de la vitesse du vent. Cette dernière est obtenue à partir des fichiers de vents enregistrés par E. Vasseur et JM. Grave de NORELEC (Verquin) en 1997 sur une éolienne de 300 kW de la ferme éolienne de Dunkerque. Les mesures de vitesses sont celles enregistrées au sommet de l'éolienne.

On constate à partir de cette caractéristique que la puissance mesurée est exponentielle en fonction de la vitesse du vent, pour atteindre une valeur maximale d'environ 335 kW. L'orientation des pales n'est pas caractérisée dans ce cas.

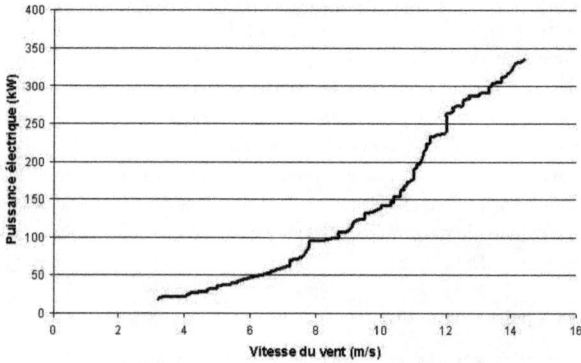

FIG. 2.6 – Exemple de caractéristique mesurée d'une éolienne à puissance constante située à Dunkerque

2.2.4 Les éoliennes à vitesse variable

a - Principe

Les deux structures existantes des éoliennes à vitesse variable sont présentées sur la figure 2.7. La configuration de la figure 2.7-a, est basée sur une machine asynchrone à cage, pilotée au stator de manière à fonctionner à vitesse variable, par des convertisseurs statiques.

La configuration de la figure 2.7-b, est basée sur une machine asynchrone à double alimentation et à rortor bobiné. La vitesse variable est réalisée par l'intermédiaire des convertisseurs de puissance, situés au circuit rotorique.

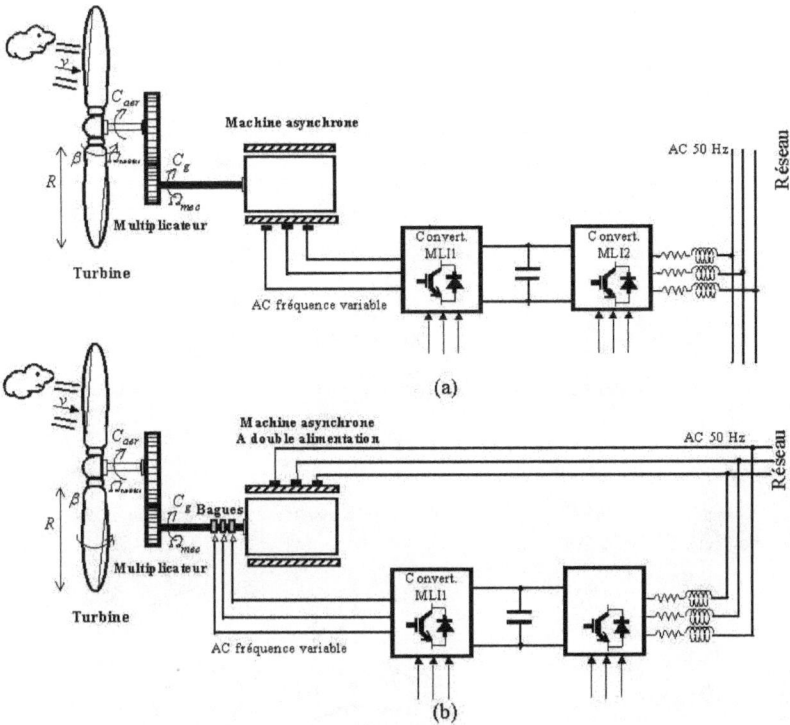

(a)

(b)

FIG. 2.7 – Éoliennes à vitesse variable

Nous présentons sur la figure 2.8 la caractéristique de la puissance mesurée en fonction de la vitesse du vent d'une éolienne réelle de Schelle de 1.5MW basée sur une machine asynchrone à double alimentation à rotor bobiné. On constate à partir de cette figure que la puissance est limitée à sa valeur nominale pour une vitesse du vent de 12.5 m/s. L'orientation des pales est parfaitement réalisée dans ce cas.

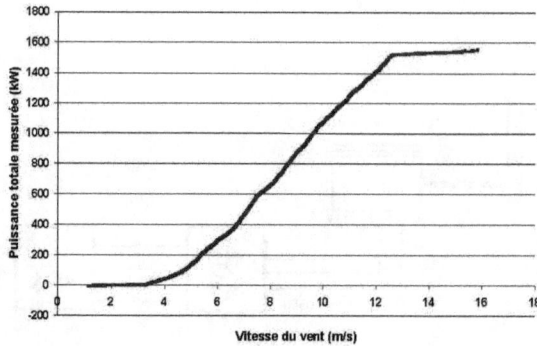

FIG. 2.8 – Puissance totale générée mesurée en fonction de la vitesse du vent

b - Intérêt de la vitesse variable

La caractéristique générale de la puissance convertie par une turbine éolienne en fonction de sa vitesse est représentée sur la figure 2.9.

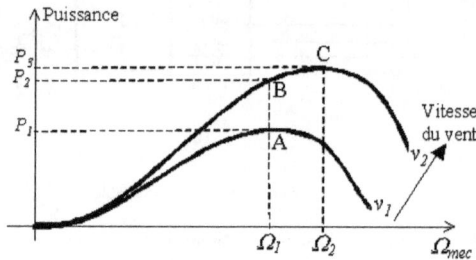

FIG. 2.9 – caractéristique de la puissance générée en fonction de la vitesse mécanique et la vitesse du vent

Pour une vitesse de vent v_1 et une vitesse mécanique de la génératrice Ω_1 ; on obtient une puissance nominale P_1 (point A). Si la vitesse du vent passe de v_1 à v_2, et que la vitesse de la génératrice reste inchangée (cas d'une éolienne à vitesse fixe), la puissance P_2 se trouve sur la 2ème caractéristique (point B). La puissance maximale se trouve ailleurs sur cette caractéristique (point C). Si on désire extraire la puissance maximale, il est nécessaire de fixer la vitesse de la génératrice à une vitesse supérieure Ω_2. Il faut donc rendre la vitesse mécanique variable en fonction de la vitesse du vent pour extraire le maximum de la puissance générée.

Les techniques d'extraction maximale de puissance consistent à ajuster le couple électromagnétique de la génératrice pour fixer la vitesse à une valeur de référence (Ω_{ref}) calculée pour maximiser la puissance extraite.

Dans la partie suivante, nous expliquons la modélisation détaillée d'une turbine éolienne.

2.3 Modélisation d'une turbine éolienne

2.3.1 Hypothèses simplificatrices pour la modélisation mécanique de la turbine

La partie mécanique de la turbine qui sera étudiée comprend trois pales orientables et de longueur R. Elles sont fixées sur un arbre d'entraînement tournant à une vitesse $\Omega_{turbine}$ qui est relié à un multiplicateur de gain G. Ce multiplicateur entraîne une génératrice électrique (figure 2.10).

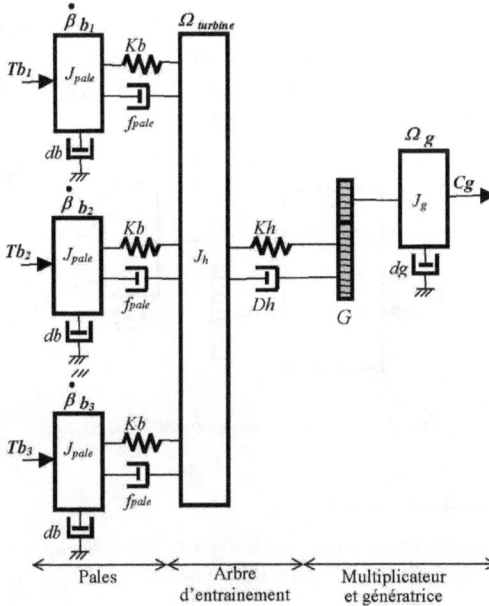

FIG. 2.10 – Système mécanique de l'éolienne

Les trois pales sont considérées de conception identique et possèdent donc :
– la même inertie J_{pale}
– la même élasticité Kb
– le même coefficient de frottement par rapport à l'air db

Ces pales sont orientables et présentent toutes un même coefficient de frottement par rapport au support f_{pale}. Les vitesses d'orientation de chaque pale sont notées $\dot{\beta}b_1$, $\dot{\beta}b_2$, $\dot{\beta}b_3$. Chaque pale reçoit une force Tb_1, Tb_2, Tb_3 qui dépend de la vitesse de vent qui lui est appliquée [Wil 90].

L'arbre d'entraînement des pales est caractérisé par :
– son inertie J_h
– son élasticité Kh
– son coefficient de frottement par rapport au multiplicateur Dh

Le rotor de la génératrice possède :
– une inertie J_g

– un coefficient de frottement dg

Ce rotor transmet un couple entraînant (C_g) à la génératrice électrique et tourne à une vitesse notée Ω_{mec}.

Si l'on considère une répartition uniforme de la vitesse du vent sur toutes les pales et donc une égalité de toute les forces de poussée $(Tb_1 = Tb_2 = Tb_3)$ alors on peut considérer l'ensemble des trois pales comme un seul et même système mécanique caractérisé par la somme de toutes les caractéristiques mécaniques. De part la conception aérodynamique des pales, leur coefficient de frottement par rapport à l'air (db) est très faible et peut être ignoré. De même, la vitesse de la turbine étant très faible, les pertes par frottement sont négligeable par rapport au pertes par frottement du coté de la génératrice. On obtient alors un modèle mécanique comportant deux masses (figure 2.11) dont la validité (par rapport au modèle complet) a déjà été vérifiée [Usa 03].

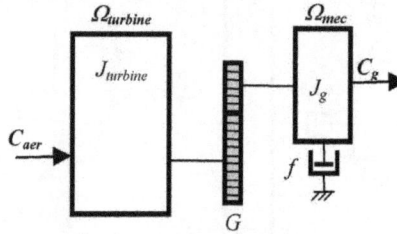

FIG. 2.11 – Modèle mécanique simplifié de la turbine

2.3.2 Modélisation de la turbine

Le dispositif, qui est étudié ici, est constitué d'une turbine éolienne comprenant des pales de longueur R entraînant une génératrice à travers un multiplicateur de vitesse de gain G (figure 2.12).

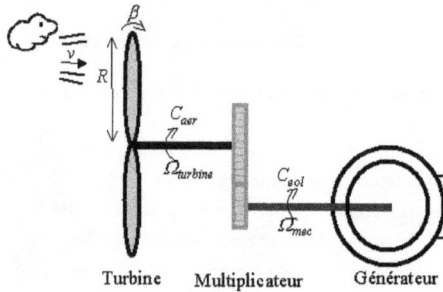

FIG. 2.12 – Schéma de la turbine éolienne

20

La puissance du vent ou puissance éolienne est définie de la manière suivante [Sag 98] :

$$P_v = \frac{\rho.S.v^3}{2} \tag{2.1}$$

Où

- ρ est la densité de l'air (approx. $1.22 kg/m^3$ à la pression atmosphérique à $15°C$).
- S est la surface circulaire balayée par la turbine, le rayon du cercle est déterminé par la longueur de la pale.
- v est la vitesse du vent.

La puissance aérodynamique apparaissant au niveau du rotor de la turbine s'écrit alors :

$$P_{aer} = C_p.P_v = C_p(\lambda, \beta).\frac{\rho.S.v^3}{2} \tag{2.2}$$

Le coefficient de puissance C_p représente le rendement aérodynamique de la turbine éolienne. Il dépend de la caractéristique de la turbine [Sag 98, Pat 99]. La figure 2.13 représente la variation de ce coefficient en fonction du ratio de vitesse λ et de l'angle de l'orientation de la pale β.

Le ratio de vitesse est défini comme le rapport entre la vitesse linéaire des pales et la vitesse du vent :

$$\lambda = \frac{\Omega_{turbine}.R}{v} \tag{R_0}$$

Où $\Omega_{turbine}$ est la vitesse de la turbine.

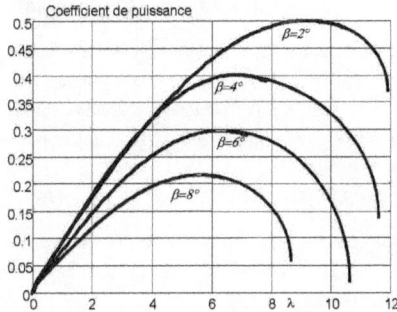

FIG. 2.13 – Coefficient aérodynamique en fonction du ratio de vitesse de la turbine (λ)

A partir de relevés réalisés sur une éolienne de 1.5 MW (voir Chapitre 5), l'expression du coefficient de puissance a été approchée, pour ce type de turbine, par l'équation suivante [Ezz 00] :

$$C_p = (0.5 - 0.167).(\beta - 2).\sin[\frac{\pi.(\lambda + 0.1)}{18.5 - 0.3.(\beta - 2)}] - 0.00184.(\lambda - 3).(\beta - 2) \tag{2.3}$$

Connaissant la vitesse de la turbine, le couple aérodynamique est donc directement déterminé par :

$$C_{aer} = \frac{P_{aer}}{\Omega_{turbine}} = C_p . \frac{\rho . S . v^3}{2} . \frac{1}{\Omega_{turbine}} \qquad (R_1)$$

2.3.3 Modèle du multiplicateur

Le multiplicateur adapte la vitesse (lente) de la turbine à la vitesse de la génératrice (figure 2.12). Ce multiplicateur est modélisé mathématiquement par les équations suivantes :

$$C_g = \frac{C_{aer}}{G} \qquad (R_2)$$

$$\Omega_{turbine} = \frac{\Omega_{mec}}{G} \qquad (R_3)$$

2.3.4 Equation dynamique de l'arbre

La masse de la turbine éolienne est reportée sur l'arbre de la turbine sous la forme d'une inertie $J_{turbine}$ et comprend la masse des pales et la masse du rotor de la turbine. Le modèle mécanique proposé considère l'inertie totale J constituée de l'inertie de la turbine reportée sur le rotor de la génératrice et de l'inertie de la génératrice.

$$J = \frac{J_{turbine}}{G^2} + J_g \qquad (2.4)$$

Il est à noter que l'inertie du rotor de la génératrice est très faible par rapport à l'inertie de la turbine reportée par cet axe. A titre illustratif, pour une éolienne Vestas de 2 MW, une pale a une longueur de 39m et pèse 6.5 tonnes [Vri 03]. L'équation fondamentale de la dynamique permet de déterminer l'évolution de la vitesse mécanique à partie du couple mécanique total (C_{mec}) appliqué au rotor :

$$J . \frac{d\Omega_{mec}}{dt} = C_{mec} \qquad (R_4)$$

Où J est l'inertie totale qui apparaît sur le rotor de la génératrice. Ce couple mécanique prend en compte, le couple électromagnétique C_{em} produit par la génératrice, le couple des frottements visqueux C_{vis}, et le couple issu du multiplicateur C_g

$$C_{mec} = C_g - C_{em} - C_{vis} \qquad (R_5)$$

Le couple résistant du aux frottements est modélisé par un coefficient de frottements visqueux f :

$$C_{vis} = f . \Omega_{mec} \qquad (R_6)$$

2.3.5 Graphe informationel causal du modèle de la turbine

Une représentation globale du modèle de cette turbine utilisant le graphe informationnel causal est montrée à la figure 2.14.

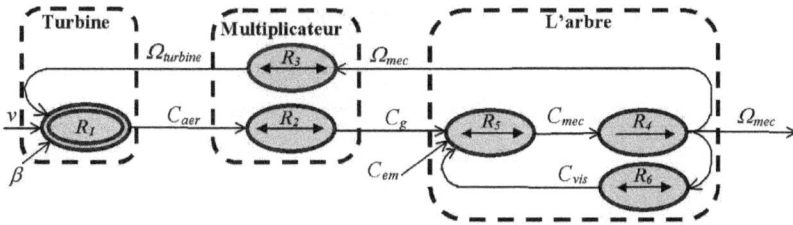

FIG. 2.14 – Graphe informationel causal du modèle de la turbine

Ce graphe illustre les principes de cause à effet des grandeurs qui interviennent au niveau de la turbine. Cette dernière génère le couple aérodynamique (Relation $R1$) qui est appliqué au multiplicateur. Les entrées de la turbine sont la vitesse du vent, l'angle d'orientation des pales, et la vitesse de rotation de la turbine. Le modèle du multiplicateur transforme la vitesse mécanique et le couple aérodynamique respectivement en vitesse de la turbine et en couple de multiplicateur (relations $R3$ et $R4$). Le modèle de l'arbre décrit la dynamique de la vitesse mécanique, il a donc deux entrées : le couple du multiplicateur, le couple électromagnétique fourni par la génératrice.

Le GIC montre que la vitesse de la turbine peut être contrôlée par action sur deux entrées : l'angle de la pale et le couple électromagnétique de la génératrice. La vitesse du vent est considérée comme une entrée perturbatrice à ce système.

Le schéma bloc correspondant à cette modélisation de la turbine se déduit aisément du GIC et est représenté sur la figure 2.15

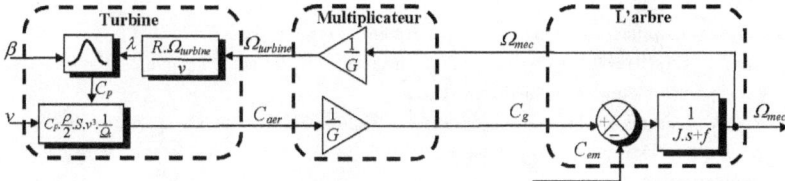

FIG. 2.15 – Schéma bloc du modèle de la turbine

2.4 Stratégies de commande de la turbine éolienne

2.4.1 Caractéristique puissance vitesse d'éoliennes de grande puissance

La caractéristique Puissance-vitesse d'une éolienne peut se décomposer en quatre zones (figure 2.16).

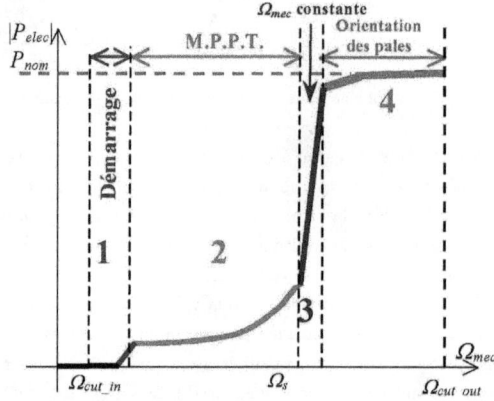

FIG. 2.16 – Caractéristique puissance vitesse typique d'une éolienne de grande puissance

La caractéristique équivalente mesurée sur l'éolienne de Schelle de 1.5 MW est représentée sur la figure 2.17.

Quatres zones principales de fonctionnement peuvent être distinguées :
- Zone 1 : C'est la zone de démarrage de la machine, elle commence lorsque la vitesse mécanique est supérieure à une certaine vitesse Ω_{cut-in}.
- Zone 2 : Lorsque la vitesse de la génératrice atteint une valeur seuil, un algorithme de commande permettant l'extraction de la puissance maximale du vent est appliqué. Pour extraire le maximum de la puissance, l'angle de la pale est maintenu constant à sa valeur minimale, c'est à dire $\beta = 2°$. Ce processus continue jusqu'à atteindre une certaine valeur de la vitesse mécanique.
- Zone 3 : Au delà, l'éolienne fonctionne à vitesse constante. Dans cette zone, la puissance de la génératrice atteint des valeurs plus importantes, jusqu'à 90% de la puissance nominale P_{nom}.
- Zone 4 : Arrivée à la puissance nominale P_{nom}, une limitation de la puissance générée est effectuée à l'aide d'un système d'orientation des pales : pitch control.
- Au delà de la vitesse $\Omega_{cut-out}$, un dispositif d'urgence est actionné de manière à éviter une rupture mécanique.

En pratique, le passage de la zone 2 à la zone 4 est un peu particulier. En effet, la vitesse de rotation est contrôlée par le couple électromagnétique C_{em} en zone 2 et, en zone 4, c'est la puissance qui doit être contrôlée par le dispositif d'orientation des pâles. Le système d'orientation des pales a une dynamique bien plus lente que la dynamique électrique de la machine. Ainsi, la lenteur de la régulation de l'angle de calage peut entraîner un dépassement de la vitesse de rotation limite lors d'une rafale se produisant pendant un fonctionnement entre les zones 2 et 4. Il est, dans ce cas, intéressant de

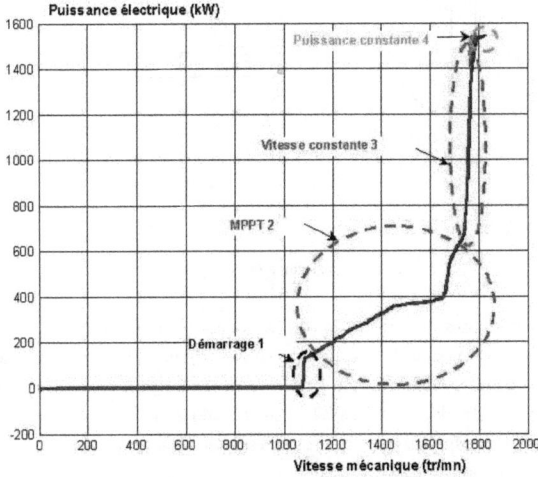

FIG. 2.17 – Caractéristique puissance vitesse mesurée d'une éolienne de 1.5 MW

concevoir une procédure permettant d'anticiper l'action du dispositif d'orientation en réglant le couple électromagnétique de manière à contrôler la vitesse de rotation, dans cette zone 3 intermédiaire. La conception des dispositifs de commande pour chaque zone de fonctionnement est maintenant expliquée.

2.5 Techniques d'extraction du maximum de la puissance

2.5.1 Bilan des puissances

L'équation (2.2) quantifie la puissance capturée par la turbine éolienne. Cette puissance peut être essentiellement maximisée en ajustant le coefficient C_p. Ce coefficient étant dépendant de la vitesse de la génératrice (ou encore du ratio de vitesse λ), l'utilisation d'une éolienne à vitesse variable permet de maximiser cette puissance. Il est donc nécessaire de concevoir des stratégies de commande permettant de maximiser la puissance électrique générée (donc le couple) en ajustant la vitesse de rotation de la turbine à sa valeur de référence quel que soit la vitesse du vent considérée comme grandeur perturbatrice. En régime permanent, la puissance aérodynamique P_{aer} diminuée des pertes (représentées par les frottements visqueux) est convertie directement en puissance électrique (figure 2.18).

$$P_{elec} = P_{aer} - Pertes \tag{2.5}$$

La puissance mécanique stockée dans l'inertie totale J et apparaissant sur l'arbre de la génératrice (P_{mec}) est exprimée comme étant le produit entre le couple mécanique (C_{mec}) et la vitesse mécanique (Ω_{mec}) :

$$P_{mec} = C_{mec}.\Omega_{mec} \tag{2.6}$$

25

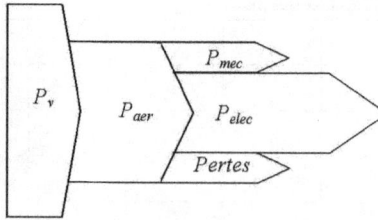

FIG. 2.18 – Diagramme de conversion de puissance

Dans cette partie, nous présenterons différentes stratégies pour contrôler le couple électromagnétique (et indirectement la puissance électromagnétique convertie) afin de régler la vitesse mécanique (figure 2.9) de manière à maximiser la puissance électrique générée. Ce principe est connu sous la terminologie Maximum Power Point Tracking (M.P.P.T.) et correspond à la zone 2 de la caractéristique de fonctionnement de l'éolienne. On distingue deux familles de structures de commande qui sont maintenant expliquées [Ela 03b] (figure 2.19) :

– Le contrôle par asservissement de la vitesse mécanique.
– Le contrôle sans asservissement de la vitesse mécanique.

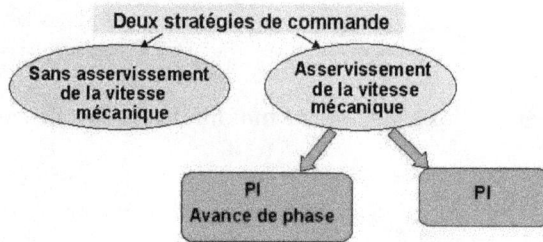

FIG. 2.19 – Strategies de commande de la turbine étudiée

2.5.2   Maximisation de la puissance avec asservissement de la vitesse

Principe général

Le vent est une grandeur stochastique, de nature très fluctuante. Le G.I.C. de la figure 2.14 montre clairement que les fluctuations du vent constituent la perturbation principale de la chaîne de conversion éolienne et créent donc des variations de puissance.

Pour cette étude, on supposera que la machine électrique et son variateur sont idéaux et donc, que quelle que soit la puissance générée, le couple électromagnétique développé est à tout instant égal à sa valeur de référence.

$$C_{em} = C_{em-ref} \tag{2.7}$$

Les techniques d'extraction du maximum de puissance consistent à déterminer la vitesse de la turbine qui permet d'obtenir le maximum de puissance générée. Plusieurs dispositifs de commande peuvent être imaginés.

Comme expliqué dans la partie 2.3.4, la vitesse est influencée par l'application de trois couples : un couple éolien, un couple électromagnétique et un couple résistant. En regroupant l'action de ces trois couples, la vitesse mécanique n'est plus régie que par l'action de deux couples, le couple issu du multiplicateur C_g et le couple électromagnétique C_{em} :

$$\frac{d\Omega_{mec}}{dt} = \frac{1}{J}.(C_g - f.\Omega_{mec} - C_{em}) \qquad (R'_4) \qquad (2.8)$$

Le GIC du modèle de la turbine se simplifie et une première structure de commande est obtenue en inversant la relation causale propre à l'inertie (figure 2.20).

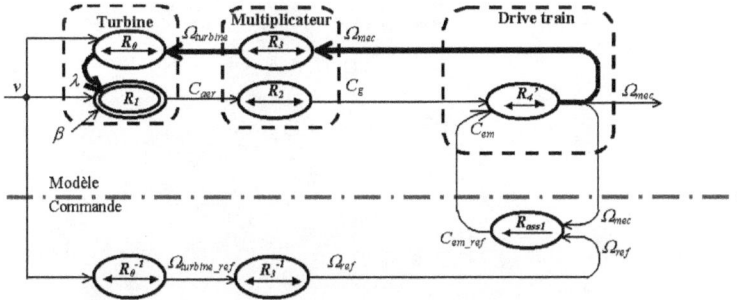

FIG. 2.20 – GIC du modèle de la turbine et de son dispositif de contrôle de la vitesse en boucle fermée

Cette structure de commande consiste à régler le couple apparaissant sur l'arbre de la turbine de manière à fixer sa vitesse à une référence. Pour réaliser ceci, les règles d'inversion du G.I.C. obligent à l'utilisation d'un asservissement de la vitesse (système Optispeed du constructeur Vestas par exemple [Krü 01]).

La relation (R'_4) est causale, d'après le paragraphe 1.4.1 du chapitre 1, le couple électromagnétique de référence C_{em-ref} permettant d'obtenir une vitesse mécanique de la génératrice égale à la vitesse de référence Ω_{ref} est obtenu par une relation inverse indirecte :

$$C_{em-ref} = C_{ass}.(\Omega_{ref} - \Omega_{mec}) \qquad (R_{ass1})$$

Où

- C_{ass} est le régulateur de vitesse.
- Ω_{ref} est la vitesse mécanique de référence.

Cette vitesse de référence dépend de la vitesse de la turbine à fixer ($\Omega_{turbine-ref}$) pour maximiser la puissance extraite. En prenant en compte le gain du multiplicateur, on a donc :

$$\Omega_{ref} = G.\Omega_{turbine-ref} \qquad (R_3^{-1})$$

La référence de la vitesse de la turbine correspond à celle correspondant à la valeur optimale du ratio de vitesse $\lambda_{C_{pmax}}$ (à β constant et égal à 2°) permettant d'obtenir la valeur maximale du C_p (figure 2.21).

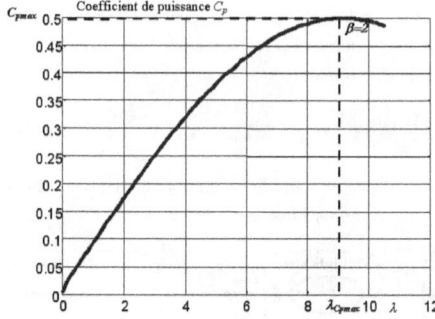

FIG. 2.21 – Fonctionnement optimal de la turbine

Elle est obtenue à partir de l'inversion de l'équation R_0

$$\Omega_{turbine-ref} = \frac{\lambda_{C_{pmax}}.v}{R} \qquad (R_0^{-1})$$

Conception du correcteur de vitesse

L'action du correcteur de vitesse doit accomplir deux tâches :
– Il doit asservir la vitesse mécanique à sa valeur de référence.
– Il doit atténuer l'action du couple éolien qui constitue une entrée perturbatrice.
La représentation simplifiée sous forme de schema blocs se déduit facilement du GIC (figure 2.22).

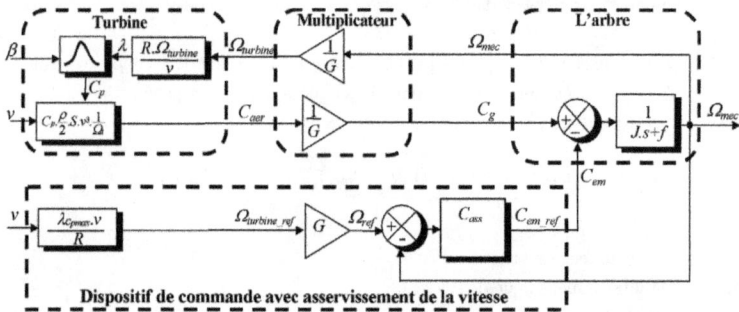

FIG. 2.22 – Schéma bloc de la maximisation de la puissance extraite avec asservissement de la vitesse

Différentes technologies de correcteurs peuvent être considérées pour l'asservissement de la vitesse. Dans l'annexe 2, nous détaillons deux types de régulateur : le correcteur Proportionnel Integral

28

(PI)(Annexe 2.3), et le correcteur Proportionnel Intégral à avance de phase (Annexe 2.2). Ces deux correcteurs ont été utilisés dans le développement des modèles.

2.5.3 Maximisation de la puissance sans asservissement de la vitesse

En pratique, une mesure précise de la vitesse du vent est difficile à réaliser. Ceci pour deux raisons :
- L'anémomètre est situé derrière le rotor de la turbine, ce qui errone la lecture de la vitesse du vent.
- Ensuite, le diamètre de la surface balayée par les pales étant important (typiquement 70 m pour une éolienne de 1.5 MW), une variation sensible du vent apparaît selon la hauteur où se trouve l'anémomètre. L'utilisation d'un seul anémomètre conduit donc à n'utiliser qu'une mesure locale de la vitesse du vent qui n'est donc pas suffisamment représentative de sa valeur moyenne apparaissant sur l'ensemble des pales.

Une mesure erronée de la vitesse conduit donc forcément à une dégradation de la puissance captée selon la technique d'extraction précédente. C'est pourquoi la plupart des turbines éoliennes sont contrôlées sans asservissement de la vitesse [Mul 01].

Cette seconde structure de commande repose sur l'hypothèse que la vitesse du vent varie très peu en régime permanent. Dans ce cas, à partir de l'équation dynamique de la turbine, on obtient l'équation statique décrivant le régime permanent de la turbine :

$$J.\frac{d\Omega_{mec}}{dt} = C_{mec} = 0 = C_g - C_{em} - C_{vis} \tag{2.9}$$

Ceci revient à considérer le couple mécanique C_{mec} développé comme étant nul. Donc, en négligeant l'effet du couple des frottements visqueux ($C_{vis} \simeq 0$), on obtient :

$$C_{em} = C_g \tag{2.10}$$

L'architecture du dispositif de commande inhérente à cette technique est obtenue en utilisant le chemin informationnel représenté en gras (figure 2.23).

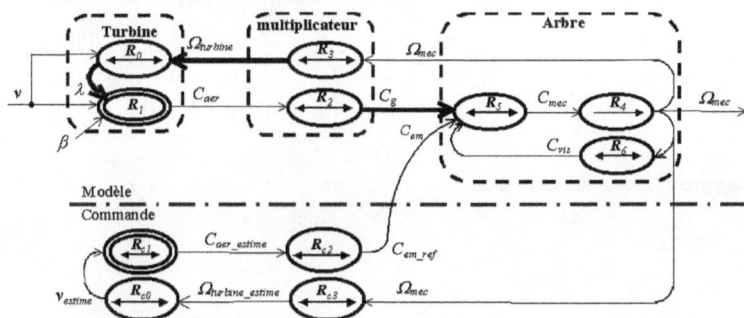

FIG. 2.23 – Maximisation de la puissance extraite sans asservissement de la vitesse

Le couple électromagnétique de réglage est déterminé à partir d'une estimation du couple éolien :

$$C_{em-ref} = \frac{C_{aer-estimé}}{G} \qquad (R_{c2})$$

Le couple éolien peut être déterminé à partir de la connaissance d'une estimation de la vitesse du vent et de la mesure de la vitesse mécanique en utilisant l'équations (R_1) :

$$C_{aer-estimé} = C_p.\frac{\rho.S}{2}.\frac{1}{\Omega_{turbine-estime}}.v_{estimé}^3 \qquad (R_{c1})$$

Une estimation de la vitesse de la turbine $\Omega_{turbine-estime}$ est calculée à partir de la mesure de la vitesse mécanique :

$$\Omega_{turbine-estime} = \frac{\Omega_{mec}}{G} \qquad (R_{c3})$$

La mesure de la vitesse du vent apparaissant au niveau de la turbine étant délicate, une estimation de sa valeur peut être obtenue à partir de l'équation (R_{c0})

$$v_{estimé} = \frac{\Omega_{turbine-estime}.R}{\lambda} \qquad (R_{c0})$$

En regroupant ces quatre équations R_{c0}, R_{c1}, R_{c2}, R_{c3}, on obtient une relation globale de contrôle :

$$C_{em-ref} = \frac{C_p}{\lambda^3}.\frac{\rho.\pi.R^5}{2}.\frac{\Omega_{mec}^2}{G^3} \qquad (2.11)$$

Pour extraire le maximum de la puissance générée, il faut fixer le ratio de vitesse à la valeur $\lambda_{C_{pmax}}$ qui correspond au maximum du coefficient de puissance C_{pmax} (figure 2.21). Le couple électromagnétique de référence doit alors être réglé à la valeur suivante :

$$C_{em-ref} = \frac{C_p}{\lambda_{C_{pmax}}^3}.\frac{\rho.\pi.R^5}{2}.\frac{\Omega_{mec}^2}{G^3} \qquad (2.12)$$

L'expression du couple de référence devient alors proportionnelle au carré de la vitesse de la génératrice :

$$C_{em-ref} = A.\Omega_{mec}^2 \qquad (2.13)$$

Avec

$$A = \frac{C_p}{\lambda_{C_{pmax}}^3}.\frac{\rho.\pi.R^5}{2}.\frac{1}{G^3} \qquad (2.14)$$

La représentation sous forme de schéma-blocs est montrée à la figure 2.24

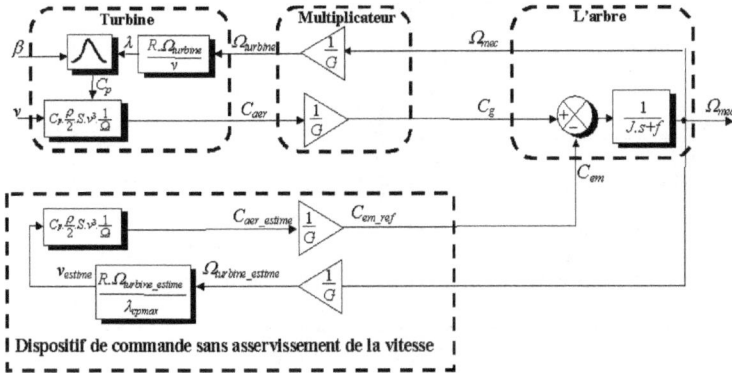

FIG. 2.24 – Schéma bloc de la maximisation de la puissance extraite sans asservissement de la vitesse

2.5.4 Résultats obtenus

Ces deux structures de commande ont été simulées en considérant un profil de vent moyen autour de (12.5 m/s)(figure 2.25). Nous montrons les résultats obtenus pour les différentes stratégies de commande utilisées.

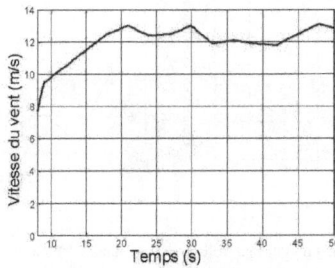

FIG. 2.25 – Profil du vent appliqué

En négligeant les pertes d'origine électrique la puissance électrique devient égale à la puissance électromagnétique définie par : $\Omega_{mec}.C_{em}$. Cette puissance sera comptabilisée négativement car elle s'oppose à la puissance aérodynamique. Lorsque ces deux puissance sont égales, l'éolienne tourne à vitesse constante (fonctionnement en zone 3).

Résultats obtenus avec la structure de commande sans asservissement de vitesse

Les résultats de simulation correspondant à cet algorithme de commande montrent que les variations de la vitesse de la génératrice sont adaptées à la variation de la vitesse du vent (figure 2.26). La puissance électromagnétique convertie en puissance électrique produite est très fluctuante.

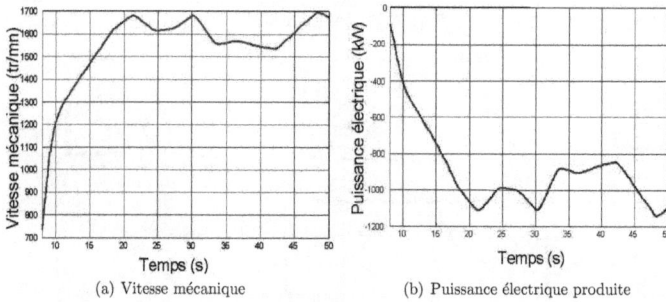

(a) Vitesse mécanique   (b) Puissance électrique produite

FIG. 2.26 – Résultats obtenus avec la structure de commande sans asservissement de la vitesse

Résultats obtenus avec la structure de commande avec asservissement de vitesse

a - Régulateur PI à avance de phase Les résultats de simulation avec le même profil du vent sont montrés sur la figure 2.27. Moins de puissance électrique convertie est obtenue en régime permanent lorsque la vitesse du vent varie, du fait que le coefficient de puissance n'est pas ajusté à sa valeur maximale. Ce n'est cependant pas très significatif. En régime permanent, une erreur entre la vitesse mécanique et celle de référence apparaît.

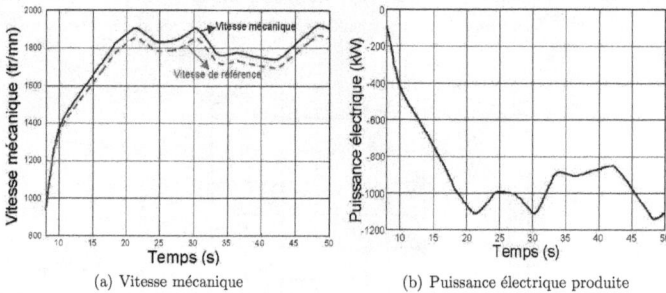

(a) Vitesse mécanique   (b) Puissance électrique produite

FIG. 2.27 – Résultats obtenus en utilisant un régulateur PI à avance de phase

b - Régulateur PI Les résultats de simulation inhérents à cet algorithme sont montrés sur la figure 2.28. Ces résultats montrent qu'un meilleur contrôle en boucle fermée de la vitesse est obtenu en régime transitoire et en régime permanent. Ce contrôle est très dynamique et la puissance obtenue en régime transitoire est donc plus importante.

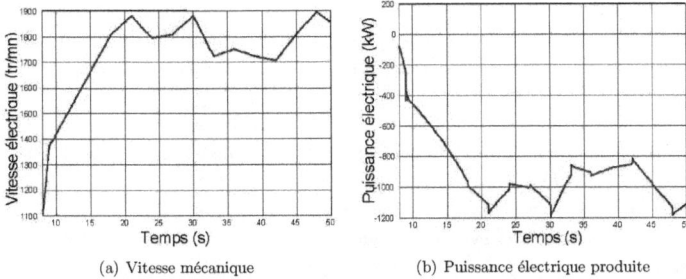

(a) Vitesse mécanique   (b) Puissance électrique produite

FIG. 2.28 – Résultats obtenus avec un régulateur PI

Afin de résumer ces résultats obtenus avec l'une ou l'autre stratégie de contrôle de la vitesse, la figure 2.29-a montre la vitesse mécanique ainsi que sa référence obtenues avec les trois types de commande de la turbine. Celle de 2.29-b présente la puissance électrique.

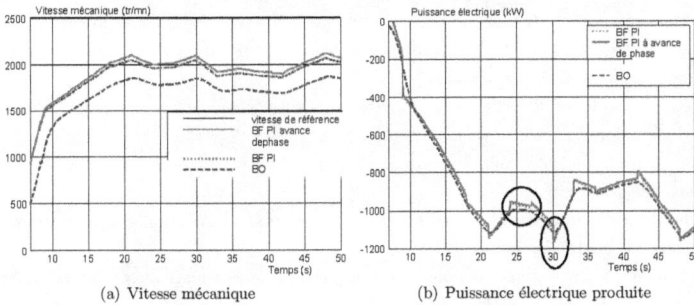

(a) Vitesse mécanique   (b) Puissance électrique produite

FIG. 2.29 – Résultats obtenus avec les trois statégies de commande de la turbine

Dans la partie suivante, nous allons décrire les différentes méthodes permettant de contrôler la turbine pour un fonctionnement à puissance constante (zone 4 de la caractéristique de fonctionnement de la figure 2.16).

2.6 Modélisation du système d'orientation des pales

2.6.1 Généralités

La plupart des grandes turbines éoliennes utilise deux principes de contrôle aérodynamique pour limiter la puissance extraite de la génératrice à sa valeur nominale :

– Un système d'orientation des pales (paragraphe 2.2.4) qui permet d'ajuster la portance des pales à la vitesse du vent pour maintenir une puissance sensiblement constante (zone 4 de la figure 2.16).

– Un système à décrochage aérodynamique (paragraphe 2.2.3) qui consiste à concevoir la forme des pales de manière à augmenter les pertes de portance au delà d'une certaine vitesse de vent.

Les éoliennes à vitesse fixe de petites puissances utilisent généralement le système à décrochage dynamique [Ake 02], plus économique. Les éoliennes à vitesse variable, de puissance nettement supérieure, utilisent un système d'orientation des pales. Les constructeurs justifient ces choix par des considérations technico-économiques [Mul 03].

Le système d'orientation des pales sert essentiellement à limiter la puissance générée. Avec un tel système, la pale est tournée par un dispositif de commande appelé " pitch control ".

En réglant l'angle d'orientation des pales, on modifie les performances de la turbine, et plus précisément le coefficient de puissance. Les pales sont face au vent en basses vitesses, puis, pour les fortes vitesses de vent, s'inclinent pour degrader le coefficient de puissance. Elles atteignent la position " en drapeau " à la vitesse maximale $\omega_{cut-out}$ (figure 2.13).

Le système de régulation de la puissance par orientation des pales possède les avantages suivants :

– Il permet d'effectuer un contrôle actif de la puissance pour de larges variations du vent (bien sur en dessous de la limite de sécurité).

– Il offre une production d'énergie plus importante que les éoliennes à décrochage STALL pour la plage de fonctionnement correspondant aux fortes vitesses de vent.

– Il facilite le freinage de l'éolienne, en réduisant la prise du vent des pales, ce qui limite l'utilisation de freins puissants.

– Ce type de régulation réduit les efforts mécaniques lors des fonctionnements sous puissance nominale et sous grandes vitesses.

L'entrée de commande du système d'orientation des pales est la puissance électrique mesurée (figure 2.30)[Pop 04].

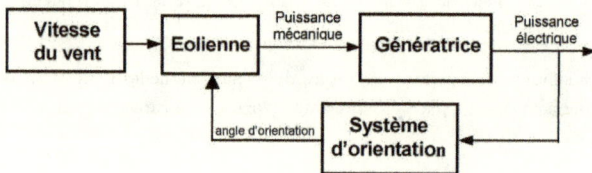

FIG. 2.30 – Application du système d'orientation des pales

2.6.2 Système d'orientation

Il existe divers types de systèmes de régulation de l'angle de calage des pales. L'angle peut être variable tout le long de la pale, comme l'exemple ici étudié, ou simplement sur le bout des pales. L'angle de calage est commandé soit par des masses en rotation utilisant la force centrifuge, soit par un système hydraulique ou des moteurs électriques qui nécessitent une source d'énergie externe (figure 2.31)[Cor 03]. Le transfert de cette énergie jusqu'aux pales en rotation augmente considérablement les coûts de fabrication. Le système hydraulique est néanmoins le plus utilisé dans les aérogénérateurs de petite et moyenne puissance alors que le système électrique est uniquement utilisé pour les éoliennes de forte puissance. Normalement, il faudrait également tenir compte des efforts d'origine inertielle (gravité, force centrifuge, efforts gyroscopiques) et des efforts d'origine élastique (déformation des pales). Dans cette étude, ces effets ne sont pas pris en compte car ils ont peu d'influence sur les éoliennes à vitesse variable [Han 99].

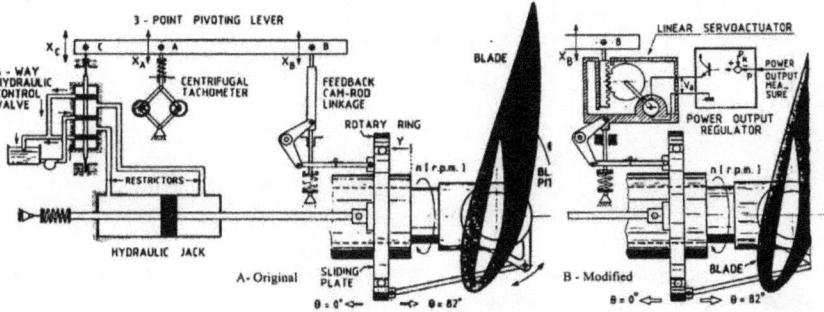

FIG. 2.31 – Exemple d'actionneur d'angle d'orientation [Cor 03]

L'actionneur génère un couple électromoteur C_{mot} à partir de la tension U qui lui est appliquée (figure 2.32). Le moment d'inertie de la pale et le coefficient de frottement sont notés respectivement J_{pale} et f_{pale}. Le dispositif de commande est composé par quatre fonctions : le contrôle de l'actionneur, la régulation de la vitesse de l'angle, la régulation de l'angle, la génération de l'angle de référence permettant d'obtenir une puissance électrique constante. Ces fonctionnalités sont maintenant détaillées.

Génération de l'angle de référence : β_{ref}

L'angle d'orientation des pales doit être régulé de manière à maintenir constante la puissance électrique générée. La forme des pales et, plus généralement, les caractéristiques de la turbine jouent un rôle primordial dans ce réglage de puissance.

Le modèle non-linéaire de la turbine rend complexe une conception analytique de ce réglage. De plus, de très grandes disparités (dues aux élasticités) peuvent apparaître d'une turbine à l'autre. C'est pourquoi il est plus pratique d'utiliser une caractéristique expérimentale de la puissance électrique mesurée pour différentes orientations de la pale. La caractéristique de réglage inverse permet de donner

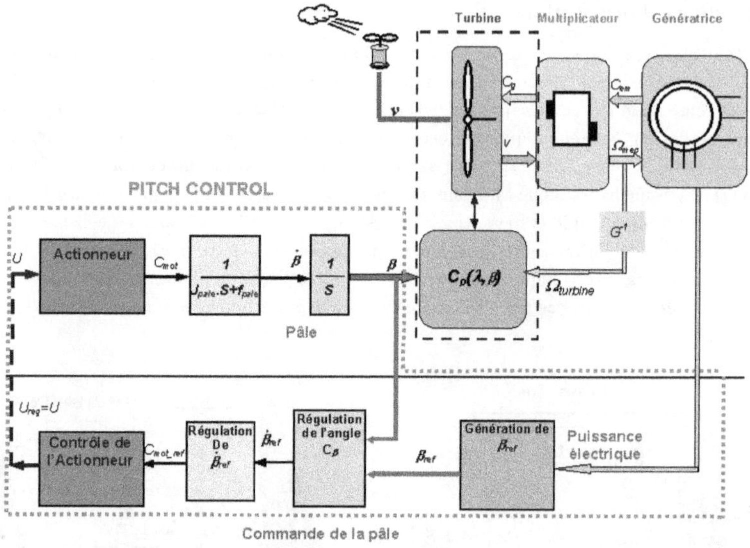

FIG. 2.32 – Schéma bloc de du système d'orientation des pales

directement pour une puissance donnée, l'angle de la pale correspondant à la variation, cette dernière est tabulée comme le montre la figure 2.33.

La caractéristique issue des mesures sur une éolienne réelle (chapitre 5) montre que l'angle de calage est fixé à la valeur de 2° pour une variation de puissance allant de 0 jusqu'à environ 1.5 MW. Ensuite, cet angle varie verticalement pour atteindre des valeurs très importantes, jusqu'à 85°, dans l'objectif de maintenir la puissance constante à environ 1550 kW. Cette caractéristique est donc introduite dans le programme de simulation, pour compléter le modèle du système d'orientation des pales.

2.6.3 Système de régulation de l'angle d'orientation

a - Principe

Le régulateur peut être théoriquement conçu soit pour le calage de toutes les pales, soit pour celui de chacune d'elles indépendamment. Cette régulation indépendante donne plus de degrés de liberté au système de commande. Mais, dans un but de simplicité, on supposera que l'angle de référence est appliqué sur les trois actionneurs d'orientation.

Il existe deux technologies d'actionneurs électriques :
– Pour un actionneur pas à pas, l'angle de calage est obtenu à partir d'une variation pas à pas en fonction de la vitesse du vent.
– Pour un actionneur linéaire, la variation de l'angle de calage est réalisée, selon une fonction linéaire de la vitesse du vent.

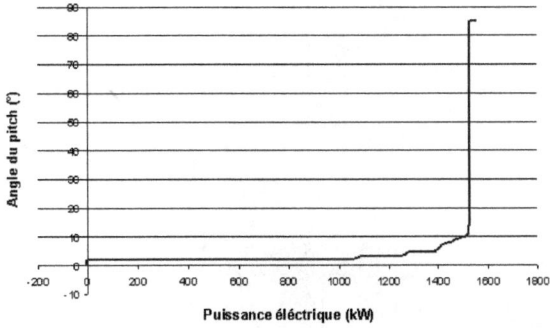

FIG. 2.33 – Génération de l'angle de référence

Généralement, le système d'orientation de l'angle d'orientation est approché par une fonction de transfert du 1er ordre [Kod 01]. En effet, si l'on considère que la régulation de la vitesse de l'angle de calage et le contrôle de l'actionneur sont parfaitement réalisés (ou en un temps court par rapport à la dynamique de réglage de l'angle) on a : $U = U_{reg}$, $C = C_{ref}$, $\dot{\beta} = \dot{\beta}_{ref}$.

Dans ces conditions, la figure 2.32 peut être simplifiée par la figure 2.34.

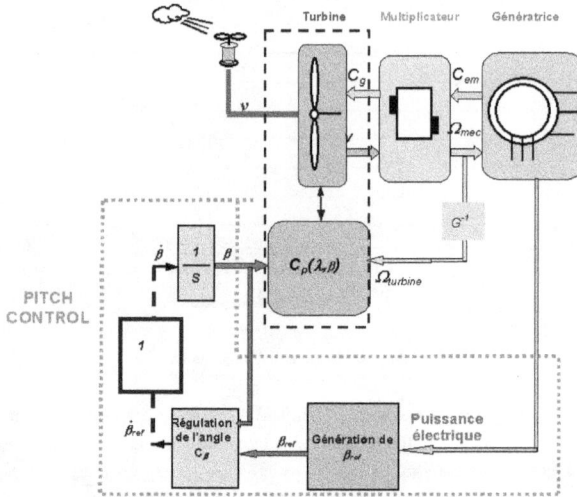

FIG. 2.34 – Schéma bloc de l'orientation des pales en boucle fermée

On obtient donc le modèle simplifié sous forme de schéma-blocs de la figure 2.35.

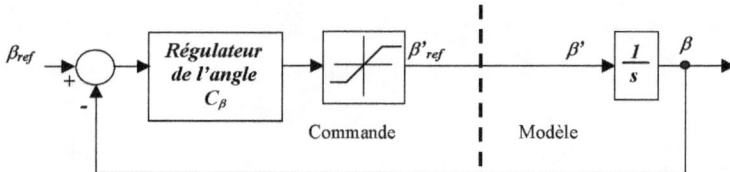

FIG. 2.35 – Modélisation du système de régulation de l'angle de calage en boucle fermée

Lors de la modélisation du système de commande de l'orientation des pales, il est très important de modéliser la vitesse de variation de cet angle. En effet, compte tenu des efforts subis par les pales, la variation de l'angle de calage doit être limitée à environ 10°/s [Slo 03] lors d'un fonctionnement normal et à 20°/s pour des cas d'urgence [Hei 00]. La régulation de l'angle de calage est donc modélisée par un régulateur générant une référence de vitesse de variation de l'angle. Il existe plusieurs façons de concevoir le système de régulation de l'angle des pales en boucle fermée.

Nous présentons deux techniques de réglage d'angle de la pale rencontrées dans la littérature.

b - Régulation de l'angle à partir de gains

Cette technique de régulation n'utilise que deux gains et un comparateur et a donc l'avantage d'être facilement réalisable sous format analogique [Ma 97] (figure 2.36).

38

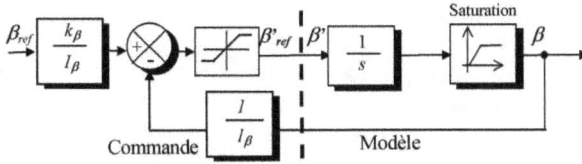

FIG. 2.36 – Schéma bloc d'une boucle de régulation de l'angle de la pale

La réponse de ce système en boucle fermée correspond à un système du 1er ordre :

$$G(s) = \frac{\beta}{\beta_{ref}} = \frac{k_\beta}{1 + I_\beta.s} \tag{2.15}$$

Le temps de réponse est fixé par le gain I_β, et le gain statique par le gain k_β.

c - Régulation de l'angle avec régulateur PI

Généralement, les régulateurs utilisés pour la régulation de l'angle d'orientation sont les régulateurs PI (Annexe 3) [Han 99]. Le correcteur PI utilisé a pour expression :

$$\frac{\beta'_{ref(s)}}{\epsilon(s)} = C_\beta = k_\beta + \frac{I_\beta}{s} \tag{2.16}$$

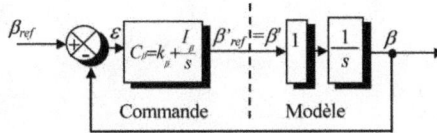

FIG. 2.37 – Régulation de l'angle avec un correcteur PI

La réponse de ce système en boucle fermée est la suivante :

$$\beta = \frac{(\frac{k_\beta}{I_\beta}.s + 1)}{\frac{s^2}{I_\beta} + \frac{k_\beta}{I_\beta}.s + 1}.\beta_{ref} \tag{2.17}$$

Les paramètres du dénominateur de cette fonction correspondent à ceux d'un second ordre et sont calculés de manière classique pour avoir un facteur d'amortissement égal à 1 et une pulsation naturelle donnée. On trouve alors :

$$I_\beta = \omega_n^2 \qquad et \qquad k_\beta = 2.\xi.\omega_n$$

Pour avoir un temps de réponse en boucle fermée égal à t_r, on anticipe la référence de l'angle de la pale avec cette fonction

$$T(s) = \frac{\frac{s^2}{I_\beta} + \frac{k_\beta}{I_\beta}.s + 1}{(\frac{k_\beta}{I_\beta}.s + 1).(\frac{t_r}{3}.s + 1)} \tag{2.18}$$

39

La structure de commande avec anticipation est représentée à la figure 2.38.

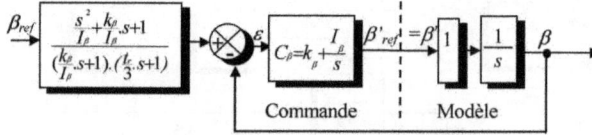

FIG. 2.38 – Schéma bloc de la boucle de régulation de l'angle avec un correcteur PI et anticipation

2.6.4 Résultats de simulation

Pour valider le système de régulation de l'angle, nous avons appliqué à la turbine un profil de vent variable autour de 13m/s avec des rafales allant jusqu'à 16m/s (valeur permettant d'avoir environ 1.55 MW), (figure 2.39). Le régulateur utilisé est le régulateur PI avec anticipation.

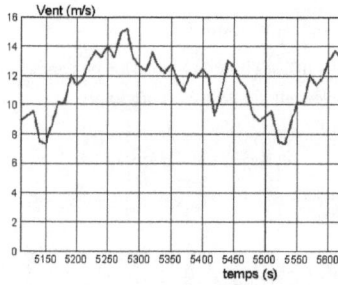

FIG. 2.39 – Profil du vent appliqué à la turbine éolienne

Nous présentons sur la figure 2.40, l'evolution temporelle de la puissance électrique et celle du coefficient de puissance en fonction du ratio de vitesse et de l'angle de calage. On constate notamment que la puissance produite est fluctuante suivant les fluctuations de la vitesse du vent, avec une valeur maximale pour la puissance de 1555 kW. lorsque le vent est supérieur à 15m/s (à t=5310s et à $t\epsilon[5610, 5625]$) (figure 2.40-a). Le coefficient de puissance décroît en fonction du ratio de vitesse lorsque la puissance est limitée (figure 2.40-b).

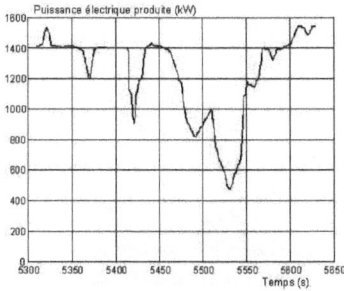

(a) Puissance électrique produite   (b) Coefficient de puissance

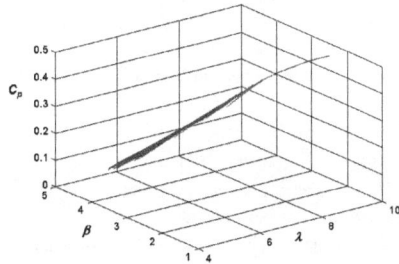

FIG. 2.40 – Résultats obtenus pour le système d'orientation des pales

2.7 Fonctionnement à vitesse constante

2.7.1 Algorithmes de commande

Lorsque la vitesse de la turbine arrive à environ 90% de la vitesse nominale, la turbine ne doit plus être contrôlée pour extraire le maximum de la puissance éolienne. La vitesse de la turbine doit alors être rendue constante. Ce mode de contrôle correspond à la zone 3 du fonctionnement de la turbine (figure 2.16). Pour ce faire, deux moyens sont mis en oeuvre :

– Une orientation des pales pour réduire la portance.
– Un réglage électrique de la vitesse.

Nous ne détaillons pas le principe de réglage de l'angle de la pale car il a été explicité dans la partie précédente.

L'algorithme de maximisation de la puissance (M.P.P.T.) doit être remplacé par un algorithme permettant d'obtenir un fonctionnement à vitesse constante. Deux cas sont à considérer selon qu'un contrôle avec asservissement de vitesse est utilisé ou non.

Lorsqu'un contrôle avec asservissement de vitesse est utilisé, il suffit d'appliquer une vitesse de référence constante plutôt que celle générée par l'algorithme de maximisation de puissance (figure 2.41).

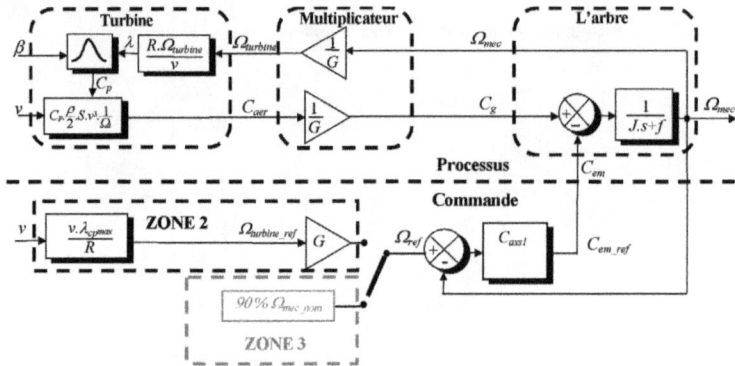

FIG. 2.41 – Fonctionnement à vitesse constante en zone 3 et asservissement de vitesse

Lorsqu'un contrôle sans asservissement de vitesse est utilisé, le ratio de vitesse doit être réglé pour maintenir une vitesse constante (figure 2.42). Pour cela, on utilise une mesure de la puissance électrique (P_{elec}) qu'on suppose égale à la puissance aérodynamique.

$$P_{elec} = P_{aer}$$

$$P_{elec} = \frac{1}{2}.C_p.\rho.S.v^3$$

Précédemment, on a montré que pour ce mode de réglage, la vitesse du vent est liée à la vitesse de la turbine. On a donc :

$$P_{elec} = \frac{1}{2}.C_p.\rho.S.\frac{1}{\lambda^3}.R^3.\Omega^3$$

Dès lors, la relation de vitesse permettant d'obtenir une vitesse constante s'écrit :

$$\lambda_{\Omega constante} = \sqrt[3]{\frac{1}{2}.C_p.\rho.S.\frac{1}{P_{elec}}}.R.\Omega_{turbine-estime}$$

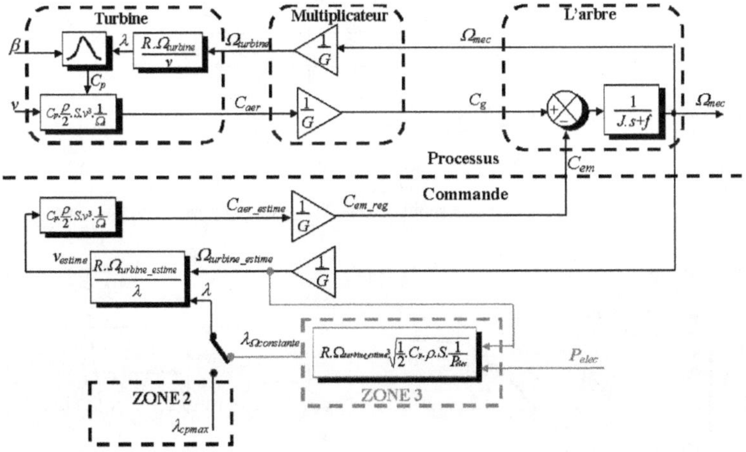

FIG. 2.42 – Fonctionnement à vitesse constante en zone 3 sans asservissement de vitesse

2.8 Résultats de simulation obtenus pour les trois zones

Pour valider la loi de réglage du ratio de vitesse, pour un fonctionnement à vitesse constante, nous avons appliqué à la turbine un profil de vent croissant jusqu'à 16m/s, sur une durée d'une heure (figure 2.43).

En appliquant, les lois de réglages, dans les zones correspondantes, on obtient sur la figure 2.44-b, la caractéristique de fonctionnement de la turbine, qui met en évidence les quatres zones de fonctionnement retrouvées en théorie.

La figure 2.44-a montre la puissance électrique produite. On constate que cette dernière est linéaire en fonction du vent grâce au système de contrôle pour que la turbine fonctionne correctement dans les différentes zones de fonctionnement.

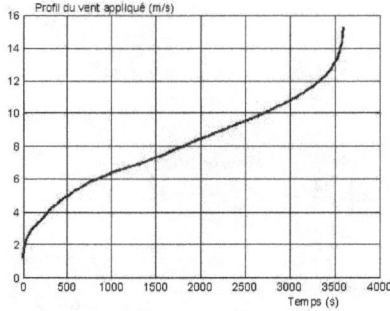

FIG. 2.43 – Vent appliqué à la turbine pour illustrer les trois zones de fonctionnement

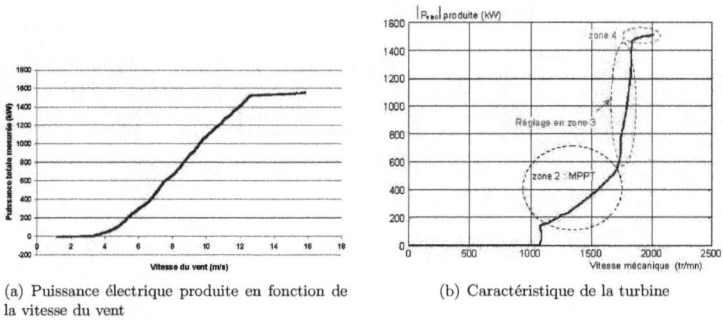

(a) Puissance électrique produite en fonction de la vitesse du vent

(b) Caractéristique de la turbine

FIG. 2.44 – Puissance électrique produite et caractéristique de fonctionnement

Sur la figure 2.45-a, on constate que le ratio de vitesse de loi de réglage agit comme prévu. Il est constant et fixé à sa valeur maximale lorsqu'on extrait le maximum de puissance produite en zone 2. Ensuite, lorsque la vitesse de la turbine arrive à 90% de la vitesse nominale, il diminue pour avoir un fonctionnement à vitesse constante en zone 3. Enfin en zone 4, l'angle d'orientation de la pale, subit une légère augmentation pour limiter la puissance électrique générée.

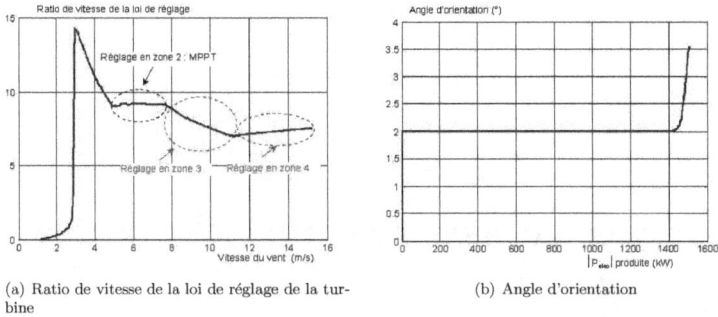

(a) Ratio de vitesse de la loi de réglage de la turbine

(b) Angle d'orientation

FIG. 2.45 – Ratio de vitesse et angle d'orientation dans les différentes zones de fonctionnement

2.9 Conclusion

Dans ce chapitre, nous avons décrit les différentes éléments d'une éolienne utilisant un multiplicateur. Puis nous avons établi un comparatif entre les deux grandes familles d'éolienne existantes, à
savoir les éoliennes à vitesse fixe et les éoliennes à vitesse variable.

A partir de ce comparatif, nous nous sommes intéressés aux éoliennes à vitesse variable. Après
avoir présenté les différentes zones de fonctionnement, nous avons, détaillé la zone particulière, où la
maximisation de l'énergie extraite du vent est effectuée. Cette opération est réalisée par le contrôle du
couple électromagnétique généré. Pour ce faire, différentes techniques de maximisation de la puissance
extraite de la turbine ont été explicitées.

Ces algorithmes ont été validés par des résultats de simulation, qui ont montré leurs inconvénients
et leurs avantages.

La dernière partie de ce chapitre a fait l'objet d'une étude permettant d'illustrer les principales
méthodes pour contrôler la puissance aérodynamique recueillie par la turbine et ainsi limiter cette
puissance lorsque le vent devient trop élevé. Dans cette partie, nous avons décrit deux correcteurs
permettant le réglage de l'angle pour un fonctionnement à puissance électrique constante. Une de ces
stratégies a été validée au moyen de résultats de simulation.

Dans le chapitre suivant, nous allons étudier le fonctionnement d'une chaîne de conversion éolienne,
reliée au réseau, et basée sur une génératrice asynchrone à cage.

Chapitre 3

Éolienne à vitesse variable avec génératrice asynchrone pilotée par le stator

3.1 Introduction

La génératrice asynchrone à cage est actuellement la machine électrique dont l'usage est le plus répandu dans la production d'énergie éolienne à vitesse fixe. Son principal intérêt réside dans l'absence de contacts électriques par balais-collecteurs, ce qui conduit à une structure simple, robuste et facile à construire.

La génératrice asynchrone à cage peut fonctionner à vitesse variable grâce à l'emploi des convertisseurs de puissance, et peut générer une production de puissance électrique sur une vaste gamme de vitesse du vent [Mul 03]. Une adaptation constante est ainsi possible entre la puissance aérodynamique et le réseau de distribution.

Dans ce chapitre, nous allons décrire les différentes structures d'éoliennes à machine asynchrone à vitesse variable reposant sur une alimentation par le stator.

Nous allons ensuite nous intéresser à la modélisation de la machine asynchrone à cage d'écureuil, pilotée par le stator par des convertisseurs contrôlés par Modulation de Largeur d'Impulsions (MLI). Le modèle général de la machine asynchrone dans le repère naturel (a, b, c) et dans le repère de Park (d, q) sera rappelé et présenté sous la forme d'un G.I.C. De même, les modèles du convertisseur, du filtre et du transformateur seront explicités dans ces mêmes repères et modélisés en utilisant ce formalisme. L'ordonnancement de ces différents modèles graphiques permet d'aboutir à deux modèles complets de cette chaîne de conversion. Le premier est obtenu en considérant un modèle de convertisseur comportant des interrupteurs idéaux. Le second modèle est obtenu en utilisant un modèle continu équivalent des convertisseurs de puissance.

Dans ce chapitre, c'est le second modèle qui est plus précisément étudié. Le dispositif de commande de cette éolienne est alors détaillé. Une application de cette structure de conversion est donnée dans le cadre d'une ferme éolienne comprenant trois éoliennes de cette technologie connectées à un bus continu commun. Cette application permettra de mettre en évidence une contrainte de dimensionnement du bus continu.

3.2 Éoliennes à base de génératrice alimentée par le stator

3.2.1 Éoliennes Multimachines

Une première solution consiste à équiper la turbine de deux générateurs : un générateur de faible puissance dimensionné pour les faibles vitesses de vent, et un générateur de puissance plus conséquente dimensionné pour des vitesses plus élevées. Cela complique néanmoins la construction de la machine, augmente la masse embarquée dans la nacelle. Les bénéfices économiques éventuels doivent être précisément analysés [Dub 00].

3.2.2 Structures pour éoliennes monomachine

a - Principe général

Une autre solution consiste à utiliser la génératrice triphasée dont le câblage du stator peut être changé de manière à faire varier le nombre de pôles. On dispose ainsi d'un générateur "deux en un" (figure 3.1). Cette disposition est, par exemple, utilisée pour certaines éoliennes de manière à proposer deux régimes de rotation, l'un rapide en journée, l'autre plus lent la nuit, ce qui permet de diminuer les nuisances sonores.

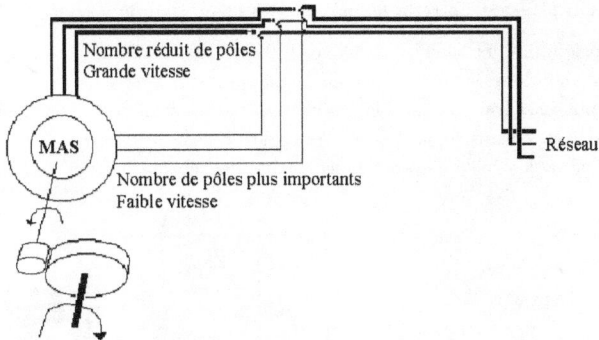

FIG. 3.1 – Vitesse variable en utilisant deux enroulements statoriques [Dub 00]

Une autre approche consiste à connecter l'éolienne au réseau par l'intermédiaire d'un dispositif électronique (figure 3.2). L'éolienne fonctionnant à vitesse variable, le générateur (synchrone ou asynchrone) produit un courant alternatif de fréquence variable [Win 03].

L'emploi de deux convertisseurs de puissance permet de découpler la fréquence du réseau de la fréquence variable des courants de la machine par la création d'un bus continu intermédiaire. Avec une telle structure, les fluctuations rapides de la puissance générée peuvent être filtrées par le condensateur en autorisant une variation de la tension du bus continu sur une plage donnée.

Les différents inconvénients de ce système sont le coût, la fiabilité de l'électronique de puissance et les pertes dans les convertisseurs de puissance. Ces convertisseurs sont dimensionnés pour 100% de la puissance nominale de la génératrice, ceci augmente significativement le coût de l'installation et les pertes. Une étude économique approfondie est nécessaire avant d'adopter ce type d'installation.

Selon la topologie des convertisseurs utilisés, deux structures de conversion peuvent être utilisées et sont maintenant détaillées.

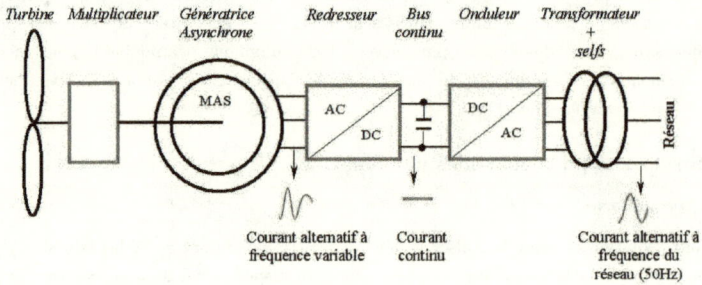

FIG. 3.2 – Éolienne à vitesse variable connectée au réseau via des convertisseurs statiques

b - Alimentation utilisant un redresseur à diodes et un onduleur contrôlés par MLI

Cette topologie utilise un onduleur à fréquence fixe (50Hz) à IGBT [1] contrôlé par MLI placé entre le bus continu et le réseau de distribution, et un redresseur à diodes entre le bus continu et la génératrice. La puissance transitée entre la génératrice et le bus continu est donc unidirectionnelle et la génératrice ne peut donc être que freinée. Cela limite fortement le réglage de la vitesse de cette génératrice et donc la possibilité d'extraction de la puissance maximale (figure 3.3).

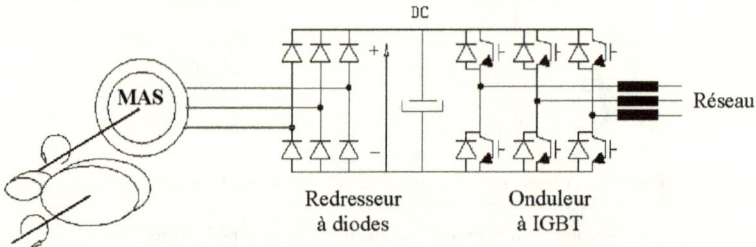

FIG. 3.3 – Alimentation avec un redresseur à diodes [Dub 00]

c - Alimentation par un redresseur et un onduleur contrôlé par MLI

Pour cette structure, le redresseur à diodes est remplacé par un convertisseur à IGBT contrôlé par MLI fonctionnant à fréquence variable. La vitesse de la génératrice est alors parfaitement contrôlable,

---

[1]Insulated Gate Bipolar Transistor

une meilleure capture de la puissance est obtenue par rapport à la structure précédente (figure 3.4). Un deuxième convertisseur, à MLI connecté au réseau est nécessaire pour générer des grandeurs à 50Hz sur le réseau électrique et contrôler les transits de puissance [Rob 01b].

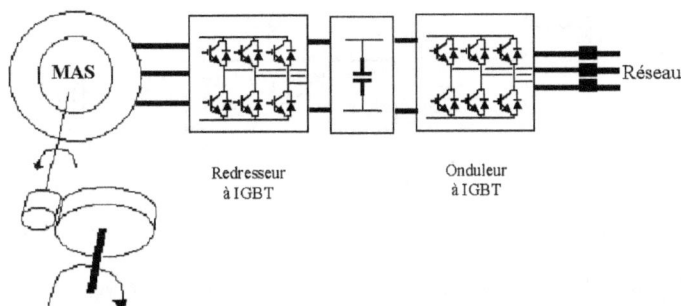

FIG. 3.4 – Alimentation avec deux convertisseurs MLI [Dub 00]

La modélisation de cette chaîne de conversion reposant sur un modèle continu équivalent des convertisseurs de puissance et un modèle à interrupteurs idéaux seront présentés dans la partie suivante. Le dispositif de commande sera également détaillé.

3.3 Modélisation globale de la chaîne de conversion de l'éolienne

3.3.1 Introduction

Dans cette partie, on modélise la chaîne de conversion éolienne alimentée par le stator au moyen de deux convertisseurs de puissance fonctionnant en MLI (figure 3.5). Nous présentons dans un premier temps le modèle de la machine asynchrone dans le repère naturel, puis dans le repère de Park. Ensuite nous étudierons la connexion de cette génératrice par l'intermédiaire des convertisseurs à IGBT contrôlés par MLI. Ces derniers seront modélisés d'abord dans le repère naturel, puis un modèle continu équivalent dans le repère de Park sera ensuite développé. Le modèle complet de l'éolienne à vitesse variable est ensuite présenté. Enfin, nous présentons les simulations de cet ensemble, en utilisant une commande vectorielle classique de la machine asynchrone .

3.3.2 Modèles de la machine asynchrone

Modèle généralisé de la machine asynchrone dans le repère naturel

La machine asynchrone triphasée est formée d'un stator fixe, et d'un rotor cylindrique mobile. Le stator a 3 enroulements couplés en étoile ou en triangle qui sont alimentés par un système triphasé de tensions. Il en résulte alors la création d'un champ magnétique glissant dans l'entrefer de la machine (Théorème de FERRARIS). La vitesse de glissement de ce champ par rapport au stator est : $\Omega_s = \frac{\omega_s}{p}$, où ω_s désigne la pulsation du réseau d'alimentation triphasé statorique et p est le nombre de bobines de chaque bobinage et également le nombre de paires de pôles du champ magnétique apparaissant

49

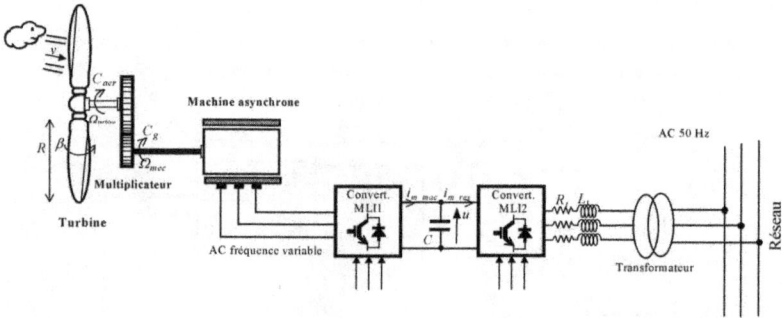

FIG. 3.5 – Éolienne basée sur une génératrice asynchrone à cage alimentée au stator par deux convertisseurs MLI

au stator. Le rotor de la machine supporte un bobinage triphasé avec un même nombre de pôles que celui du stator couplé en étoile. Ce type de rotor est dit bobiné mais on peut envisager un rotor plus sommaire constitué de barres conductrices court-circuitées par un anneau conducteur à chaque extrémité. Ce second type de machines est appelé machines asynchrone à cage. Le rotor tourne par rapport au stator à la vitesse $\Omega_{mec} = \frac{d\theta}{dt}$ (figure 3.6), θ étant l'angle entre le repère statorique et le repère rotorique.

La figure 3.6 rappelle la position des axes des phases statoriques et rotoriques dans l'espace électrique (l'angle électrique est égal à l'angle réel multiplié par le nombre p de paires de pôles par phase). Le sens des enroulements de phase est conventionnellement repéré par un point $(\cdot)$; un courant positif i entrant par ce point crée un flux ϕ compté positivement selon l'orientation de l'axe de l'enroulement.

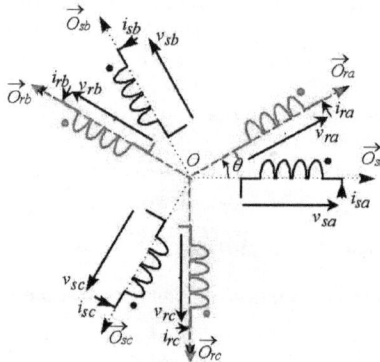

FIG. 3.6 – Représentation de la machine asynchrone triphasée dans l'espace électrique

50

Rappel sur la loi de Faraday

La loi de Faraday exprime la relation entre la tension v aux bornes d'une bobine de résistance R_B d'inductance L_B, le courant i, la variation du flux totalisé ϕ_t :

$$\Rightarrow \qquad \frac{d\phi_t}{dt} = v - R_B.i$$

Avec $\phi_t = \phi + \phi_c$ où ϕ_c est un flux de couplage magnétique avec d'autres enroulements, et ϕ est le flux propre de l'enroulement. La figure 3.7 donne le modèle GIC d'une telle bobine couplée qui est maintenant expliqué. Avec l'hypothèse de la linéarité du circuit magnétique, le flux propre et le courant i sont liés par l'inductance L_B de l'enroulement. Le flux propre résulte du flux total diminué du flux de couplage (création de la relation rigide R_3). Le flux total résulte de l'intégration de la tension apparaissant aux bornes de l'inductance (relations R_1 et R_2). La chute de tension apparaissant aux bornes de la résistance est prise en compte par la relation R_4. La représentation par G.I.C. précise ainsi le caractère causal de la loi de Faraday. Les relations caractérisant les processeurs du graphe de la figure 3.7 sont :

$$R_1 : \; \dot{\phi}_t = v - v_r, \quad R_2 : \; \phi_t = \int \dot{\phi}_t.dt + \phi_{t_0}, \quad R_3 : \; i = \frac{1}{L_B}.(\phi_t - \phi_c), \quad R_4 : \; v_r = R_B.i$$

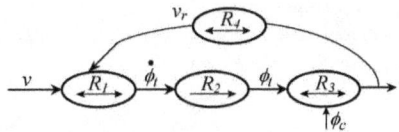

FIG. 3.7 – Modèle GIC d'une bobine couplée

Mise en équation de la partie électrique dans le plan a,b,c

Dans cette partie, on propose un modèle généralisé de la machine asynchrone à rotor bobiné, en supposant que les tensions rotoriques sont non nulles. Puis, pour modéliser la machine asynchrone à cage, ces tensions seront rendues égales à zéro.

Hypothèses simplificatrices   Le modèle utilisé repose sur les hypothèses simplificatrices classiques suivantes :

- Entrefer constant ;
- Effet des encoches négligé ;
- Distribution spatiale sinusoïdale des forces magnétomotrices d'entrefer ;
- L'influence de l'effet de peau et de l'échauffement n'est pas prise en compte ;
- Circuit magnétique non saturé et à perméabilité constante ;
- Pertes ferromagnétiques négligeables.

De ce fait, tous les coefficients d'inductance propre sont constants et les coefficients d'inductance mutuelle ne dépendent que de la position des enroulements.

En appliquant la loi de Faraday aux enroulements de la machine asynchrone, on détermine les équations différentielles exprimant les différents flux [Seg 90] :

- Pour le stator :

$$(\frac{d}{dt}) \begin{pmatrix} \Phi_{sa} \\ \Phi_{sb} \\ \Phi_{sc} \end{pmatrix} = \begin{pmatrix} v_{sa} \\ v_{sb} \\ v_{sc} \end{pmatrix} - \begin{pmatrix} R_s & 0 & 0 \\ 0 & R_s & 0 \\ 0 & 0 & R_s \end{pmatrix} \begin{pmatrix} i_{sa} \\ i_{sb} \\ i_{sc} \end{pmatrix} \qquad (3.1)$$

- Pour le rotor :

$$(\frac{d}{dt}) \begin{pmatrix} \Phi_{ra} \\ \Phi_{rb} \\ \Phi_{rc} \end{pmatrix} = \begin{pmatrix} v_{ra} \\ v_{rb} \\ v_{rc} \end{pmatrix} - \begin{pmatrix} R_r & 0 & 0 \\ 0 & R_r & 0 \\ 0 & 0 & R_r \end{pmatrix} \begin{pmatrix} i_{ra} \\ i_{rb} \\ i_{rc} \end{pmatrix} \qquad (3.2)$$

Où

- v_{sa}, v_{sb}, v_{sc}, sont les tensions simples triphasées au stator de la machine.
- i_{sa}, i_{sb}, i_{sc}, sont les courants au stator de la machine.
- Φ_{sa}, Φ_{sb}, Φ_{sc}, sont les flux propres circulants au stator de la machine.
- v_{ra}, v_{rb}, v_{rc}, sont les tensions simples triphasées au rotor de la machine.
- i_{ra}, i_{rb}, i_{rc}, sont les courants au rotor de la machine.
- Φ_{ra}, Φ_{rb}, Φ_{rc}, sont les flux propres circulants au rotor de la machine.
- R_s est la résistance des enroulements statoriques.
- R_r est la résistance des enroulements rotoriques.

On définit les vecteurs flux suivant :

$$\underline{\Phi}_s = [\Phi_{sabc}] = \begin{pmatrix} \Phi_{sa} \\ \Phi_{sb} \\ \Phi_{sc} \end{pmatrix} \qquad et \qquad \underline{\Phi}_r = [\Phi_{rabc}] = \begin{pmatrix} \Phi_{ra} \\ \Phi_{rb} \\ \Phi_{rc} \end{pmatrix}$$

Ainsi que les vecteurs courants :

$$\underline{I}_s = [i_{sabc}] = \begin{pmatrix} i_{sa} \\ i_{sb} \\ i_{sc} \end{pmatrix} \qquad et \qquad \underline{I}_r = [i_{rabc}] = \begin{pmatrix} i_{ra} \\ i_{rb} \\ i_{rc} \end{pmatrix}$$

Les flux sont exprimés également d'une façon matricielle :

$$\begin{pmatrix} \Phi_{sabc} \\ \Phi_{rabc} \end{pmatrix} = \begin{pmatrix} [L_s] & [M_{sr}] \\ [M_{sr}] & [L_r] \end{pmatrix} \begin{pmatrix} i_{sabc} \\ i_{rabc} \end{pmatrix} \qquad (3.3)$$

Où

$$[L_s] = \begin{pmatrix} l_s & m_s & m_s \\ m_s & l_s & m_s \\ m_s & m_s & l_s \end{pmatrix} = l_s \begin{pmatrix} 1 & -\frac{1}{2} & -\frac{1}{2} \\ -\frac{1}{2} & 1 & -\frac{1}{2} \\ -\frac{1}{2} & -\frac{1}{2} & 1 \end{pmatrix} \qquad (3.4)$$

Avec :

- l_s : Inductance propre des enroulements statoriques

– m_s : Inductance mutuelle des enroulements statoriques $m_s = -\frac{l_s}{2}$.

et

$$[L_r] = \begin{pmatrix} l_r & m_r & m_r \\ m_r & l_r & m_r \\ m_r & m_r & l_r \end{pmatrix} = l_r \begin{pmatrix} 1 & -\frac{1}{2} & -\frac{1}{2} \\ -\frac{1}{2} & 1 & -\frac{1}{2} \\ -\frac{1}{2} & -\frac{1}{2} & 1 \end{pmatrix} \tag{3.5}$$

Avec :

– l_r : Inductance propre des enroulements rotoriques

– m_r : Inductance mutuelle des enroulements rotoriques $m_r = -\frac{l_r}{2}$.

Et finalement :

$$[M_{sr}] = M_{max}.\begin{pmatrix} \cos(p.\theta) & \cos(p.\theta - \frac{2.\pi}{3}) & \cos(p.\theta - \frac{4.\pi}{3}) \\ \cos(p.\theta - \frac{4.\pi}{3}) & \cos(p.\theta) & \cos(p.\theta - \frac{2.\pi}{3}) \\ \cos(p.\theta - \frac{2.\pi}{3}) & \cos(p.\theta - \frac{4.\pi}{3}) & \cos(p.\theta) \end{pmatrix} \tag{3.6}$$

Où M_{max} représente la valeur maximale des coefficients d'inductance mutuelle Stator-Rotor obtenue lorsque les bobinages sont en regard l'un de l'autre.

Sous forme matricielle, les équations de la machine deviennent :

$$\frac{d}{dt}[\Phi_{sabc}] = [v_{sabc}] - [R_s][i_{sabc}] \tag{3.7}$$

$$\frac{d}{dt}[\Phi_{rabc}] = [v_{rabc}] - [R_r][i_{rabc}] \tag{3.8}$$

Où

$$\underline{V}_s = [v_{sabc}] = \begin{pmatrix} v_{sa} \\ v_{sb} \\ v_{sc} \end{pmatrix} \qquad et \qquad \underline{V}_r = [v_{rabc}] = \begin{pmatrix} v_{ra} \\ v_{rb} \\ v_{rc} \end{pmatrix}$$

$$[R_s] = R_s.[I] \qquad et \qquad [R_r] = R_r.[I] \qquad \text{Avec} \qquad [I] = \begin{pmatrix} 1 & 0 & 0 \\ 0 & 1 & 0 \\ 0 & 0 & 1 \end{pmatrix}$$

Modèle généralisé de la machine asynchrone dans le repère de Park

La transformation de Park définie par la matrice de rotation $[P(\psi)]$ permet de ramener les variables du repère triphasé (a, b, c) sur les axes d'un repère diphasé tournant $(d, q, 0)$. Les grandeurs statoriques et rotoriques sont alors exprimées dans un même repère. Le produit matriciel définissant la transformation de Park est donné par :

$$[x_{dq0}] = [P(\psi)].[x_{abc}] \tag{3.9}$$

Où

$$[P(\psi)] = \sqrt{\frac{2}{3}} \begin{pmatrix} \cos(p.\psi) & \cos(p.\psi - \frac{2.\pi}{3}) & \cos(p.\psi - \frac{4.\pi}{3}) \\ -\sin(p.\psi) & -\sin(p.\psi - \frac{2.\pi}{3}) & -\sin(p.\psi - \frac{4.\pi}{3}) \\ \frac{1}{\sqrt{2}} & \frac{1}{\sqrt{2}} & \frac{1}{\sqrt{2}} \end{pmatrix}$$

Avec :

– $\psi = \theta_s$ pour les grandeurs statoriques.

– $\psi = \theta_r$ pour les grandeurs rotoriques.

La figure 3.8 montre alors la disposition des systèmes d'axes dans l'espace électrique. $O_{s\alpha}$ et $O_{s\beta}$ (respectivement $O_{r\alpha}$ et $O_{r\beta}$) sont les axes du repère diphasé obtenu avec la transformation de Concordia correspondant aux tensions statoriques (respectivement rotoriques).

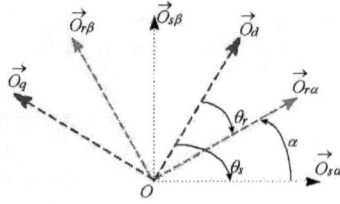

FIG. 3.8 – Repérage angulaire des systèmes d'axes dans l'espace électrique

Le rotor et le stator de la machine, alors désignée machine de Park, tournent à la même vitesse de sorte que les flux et les courants sont liés par une expression indépendante du temps. En appliquant la transformation de Park aux équations de la machine asynchrone dans le repère naturel (équations 3.1 et 3.2), un modèle de la machine est obtenu en tenant compte des composantes homopolaires :

$$\frac{d}{dt}[\Phi_{sdq0}] = [v_{sdq0}] - [R_s][i_{sdq0}] - [\lambda][\Phi_{sdq0}]\frac{d\theta_s}{dt} \tag{3.10}$$

$$\frac{d}{dt}[\Phi_{rdq0}] = [v_{rdq0}] - [R_r][i_{rdq0}] - [\lambda][\Phi_{rdq0}]\frac{d\theta_r}{dt} \tag{3.11}$$

Avec $\qquad [\lambda] = \begin{pmatrix} 0 & -1 & 0 \\ 1 & 0 & 0 \\ 0 & 0 & 0 \end{pmatrix}$

Où

– $[v_{sdq0}]$ est le vecteur tension statorique dans le repère de Park.

– $[i_{sdq0}]$ est le vecteur courant statorique dans le repère de Park.

– $[\Phi_{sdq0}]$ est le vecteur flux statorique dans le repère de Park.

– $[v_{rdq0}]$ est le vecteur tension rotorique dans le repère de Park.

– $[i_{rdq0}]$ est le vecteur courant rotorique dans le repère de Park.

– $[\Phi_{rdq0}]$ est le vecteur flux rotorique dans le repère de Park.

Dans le repère de Park, les flux et les courants sont liés par :

$$\begin{pmatrix} \Phi_{sdq0} \\ \Phi_{rdq0} \end{pmatrix} = \begin{pmatrix} [L_{sp}] & [M_{srp}] \\ [M_{srp}] & [L_{rp}] \end{pmatrix} \begin{pmatrix} i_{sdq0} \\ i_{rdq0} \end{pmatrix} \tag{3.12}$$

Avec

$$[L_{sp}] = \begin{pmatrix} l_s - m_s & 0 & 0 \\ 0 & l_s - m_s & 0 \\ 0 & 0 & l_s - m_s \end{pmatrix} \tag{3.13}$$

$$[L_{rp}] = \begin{pmatrix} l_r - m_r & 0 & 0 \\ 0 & l_r - m_r & 0 \\ 0 & 0 & l_r - m_r \end{pmatrix} \qquad (3.14)$$

$$[M_{srp}] = \begin{pmatrix} \frac{3.M_{max}}{2} & 0 & 0 \\ 0 & \frac{3.M_{max}}{2} & 0 \\ 0 & 0 & \frac{3.M_{max}}{2} \end{pmatrix} \qquad (3.15)$$

Dans la suite, on notera $\frac{3.M_{max}}{2} = M$.

Graphe Informationnel Causal de la machine asynchrone

Le graphe informationnel causal de la machine asynchrone peut être obtenu à partir d'une mise en équation des grandeurs statoriques et rotoriques (tension, courant, flux), et du couple électromagnétique dans le repère de Park sous forme causale [Lor 00].

Les équations matricielles précédentes (3.10 et 3.11) conduisent au système développé suivant :

$$\frac{d\Phi_{sd}}{dt} = v_{sd} - R_s.i_{sd} + \Phi_{sq}.\omega_s \qquad (3.16)$$

$$\frac{d\Phi_{sq}}{dt} = v_{sq} - R_s.i_{sq} - \Phi_{sd}.\omega_s \qquad (3.17)$$

$$\frac{d\Phi_{s0}}{dt} = v_{s0} - R_s.i_{s0} \qquad (3.18)$$

$$\frac{d\Phi_{rd}}{dt} = v_{rd} - R_r.i_{rd} + \Phi_{rq}.\omega_r \qquad (3.19)$$

$$\frac{d\Phi_{rq}}{dt} = v_{rq} - R_r.i_{rq} - \Phi_{rd}.\omega_r \qquad (3.20)$$

$$\frac{d\Phi_{r0}}{dt} = v_{r0} - R_r.i_{r0} \qquad (3.21)$$

On considère les *f.e.m* suivantes :

$$e_{sd} = -\Phi_{sq}.\omega_s \qquad\qquad (R_{g2sd})$$

$$e_{sq} = \Phi_{sd}.\omega_s \qquad\qquad (R_{g2sq})$$

$$e_{rd} = -\Phi_{rq}.\omega_r \qquad\qquad (R_{g2rd})$$

$$e_{rq} = \Phi_{rd}.\omega_r \qquad\qquad (R_{g2rq})$$

Le système d'équation précédent s'écrit alors :

$$\frac{d\Phi_{sd}}{dt} = v_{sd} - R_s.i_{sd} - e_{sd} \qquad\qquad (R_{1sd})$$

$$\frac{d\Phi_{sq}}{dt} = v_{sq} - R_s.i_{sq} - e_{sq} \qquad\qquad (R_{1sq})$$

$$\frac{d\Phi_{s0}}{dt} = v_{s0} - R_s.i_{s0} \qquad\qquad (R_{1s0})$$

$$\frac{d\Phi_{rd}}{dt} = v_{rd} - R_r.i_{rd} - e_{rd} \qquad\qquad (R_{1rd})$$

$$\frac{d\Phi_{rq}}{dt} = v_{rq} - R_r.i_{rq} - e_{rq} \qquad (R_{1rq})$$

$$\frac{d\Phi_{r0}}{dt} = v_{r0} - R_r.i_{r0} \qquad (R_{1r0})$$

Les relations suivantes traduisent l'opération d'intégration conduisant aux composantes du flux :

$$\Phi_{sd} = \int \frac{d\Phi_{sd}}{dt} + \Phi_{sd}(t_0) \qquad (R_{2sd})$$

$$\Phi_{sq} = \int \frac{d\Phi_{sq}}{dt} + \Phi_{sq}(t_0) \qquad (R_{2sq})$$

$$\Phi_{s0} = \int \frac{d\Phi_{s0}}{dt} + \Phi_{s0}(t_0) \qquad (R_{2s0})$$

$$\Phi_{rd} = \int \frac{d\Phi_{rd}}{dt} + \Phi_{rd}(t_0) \qquad (R_{2rd})$$

$$\Phi_{rq} = \int \frac{d\Phi_{rq}}{dt} + \Phi_{rq}(t_0) \qquad (R_{2rq})$$

$$\Phi_{r0} = \int \frac{d\Phi_{r0}}{dt} + \Phi_{r0}(t_0) \qquad (R_{2r0})$$

Sachant qu'il n'y aucun couplage magnétique entre les axes d et q, il est intéressant de faire apparaître une matrice des flux d'axe d et une matrice des flux d'axe q. A partir de l'équation 3.12, il vient :

$$\begin{pmatrix} \Phi_{sq} \\ \Phi_{rq} \end{pmatrix} = \begin{pmatrix} L_s & M \\ M & L_r \end{pmatrix} \begin{pmatrix} i_{sq} \\ i_{rq} \end{pmatrix} \qquad (3.22)$$

Où $L_s = l_s - m_s$ est appelée l'inductance cyclique du stator. $L_r = l_r - m_r$ est appelée l'inductance cyclique du rotor.

$$\Phi_{s0} = (L_s + 2.M).i_{s0} \qquad (3.23)$$

$$\begin{pmatrix} \Phi_{sd} \\ \Phi_{rd} \end{pmatrix} = \begin{pmatrix} L_s & M \\ M & L_r \end{pmatrix} \begin{pmatrix} i_{sd} \\ i_{rd} \end{pmatrix} \qquad (3.24)$$

$$\Phi_{r0} = (L_r + 2.M).i_{r0} \qquad (3.25)$$

A partir des relations inverses, on détermine les composantes directes des courants statoriques et rotoriques :

$$\begin{pmatrix} i_{sq} \\ i_{rq} \end{pmatrix} = \begin{pmatrix} L_s & M \\ M & L_r \end{pmatrix}^{-1} \begin{pmatrix} \Phi_{sq} \\ \Phi_{rq} \end{pmatrix} \qquad (R_{3q})$$

$$i_{r0} = (L_r + 2.M)^{-1}.\Phi_{r0} \qquad (R_{3r0})$$

$$\begin{pmatrix} i_{sd} \\ i_{rd} \end{pmatrix} = \begin{pmatrix} L_s & M \\ M & L_r \end{pmatrix}^{-1} \begin{pmatrix} \Phi_{sd} \\ \Phi_{rd} \end{pmatrix} \qquad (R_{3d})$$

$$i_{s0} = (L_s + 2.M)^{-1}.\Phi_{s0} \qquad (R_{3s0})$$

La figure 3.9 donne alors une représentation interprétée de la machine de Park dans l'espace électrique.

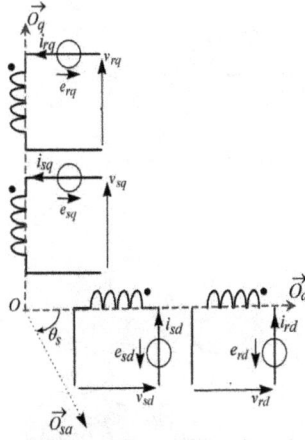

FIG. 3.9 – Représentation des enroulements de la machine de Park

Le graphe inormationnel causal du modèle de la partie électrique de la machine est représenté à la figure 3.10.

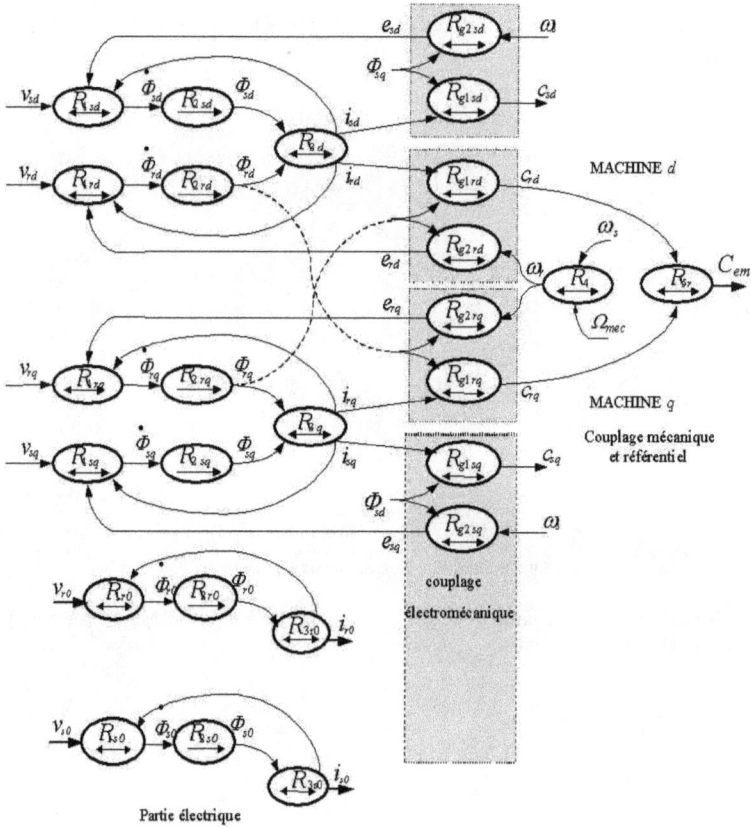

FIG. 3.10 – Graphe Informationel Causal généralisé de la machine asynchrone dans le repère de Park

Calcul du couple électromagnétique

On obtient la puissance instantanée absorbée par la machine en calculant la somme des produits de chaque f.e.m avec son courant :

$$p_m = (e_{sd}.i_{sd} + e_{sq}.i_{sq}) + (e_{rd}.i_{rd} + e_{rq}.i_{rq})$$

En exprimant les f.e.m (relations R_{g2sd}, R_{g2sq}, R_{g2rd}, R_{g2rq}) et en factorisant par rapport aux vitesses angulaires, on obtient :

$$p_m = (\Phi_{sd}.i_{sq} - \Phi_{sq}.i_{sd}).\omega_s + (\Phi_{rd}.i_{rq} - \Phi_{rq}.i_{rd}).\omega_r$$

58

En exprimant les flux en fonction des courants à partir des équations 3.22 et 3.24, on constate que :

$$\Phi_{sd}.i_{sq} - \Phi_{sq}.i_{sd} = -(\Phi_{rd}.i_{rq} - \Phi_{rq}.i_{rd})$$

Dans ces conditions, on obtient deux expressions pour le couple électromagnétique :

$$C_{em} = p.(\Phi_{sd}.i_{sq} - \Phi_{sq}.i_{sd}) \qquad ou \qquad C_{em} = p.(\Phi_{rd}.i_{rq} - \Phi_{rq}.i_{rd})$$

Si l'on s'intéresse à l'expression utilisant les grandeurs au rotor, on pose

$$c_{rd} = p.\Phi_{rd}.i_{rq} \qquad\qquad (R_{g1rd})$$

$$c_{rq} = -p.\Phi_{rq}.i_{rd} \qquad\qquad (R_{g1rq})$$

On écrit alors

$$C_{em} = c_{rd} + c_{rq} \qquad\qquad (R_{5r}) \qquad\qquad (3.26)$$

Si l'on utilise les grandeurs statoriques, l'expression du couple devient :

$$C_{em} = p.(\Phi_{sd}.i_{sq} - \Phi_{sq}.i_{sd})$$

On pose :

$$c_{sd} = p.\Phi_{sd}.i_{sq} \qquad\qquad (R_{g1sd})$$

$$c_{sq} = -p.\Phi_{sq}.i_{sd} \qquad\qquad (R_{g1sq})$$

On écrit alors :

$$C_{em} = c_{sd} + c_{sq} \qquad\qquad (R_{5s})$$

La première expression du couple conduit à la commande vectorielle de la machine dite "à flux rotorique orienté", alors que la seconde expression sera utilisée pour la commande dite "à flux statorique orienté". En dérivant la relation reliant l'angle statorique à celui du rotor suivante :

$$\theta_s = \theta_r + \alpha$$

On retrouve alors la relation entre la pulsation statoriques ω_s et la pulsation rotorique ω_r :

$$\omega_r = \omega_s - p.\Omega_{mec} \qquad\qquad (R_4)$$

Ω_{mec} est la vitesse de rotation de la machine.

Le Graphe Informationnel Causal correspondant montre la décomposition de la machine en deux parties : une partie électrique et un couplage électromécanique (figure 3.10).

A partir de ce graphe, la représentation macroscopique du modèle de cette génératrice asynchrone peut être déduite en considérant

– $\underline{I}_{s-dq0}$: Le vecteur courant statorique, dans le repère de Park défini par

$$\underline{I}_{s-dq0} = \begin{pmatrix} i_{sd} \\ i_{sq} \\ i_{s0} \end{pmatrix}$$

– $\underline{V}_{s-dq0}$: Le vecteur tension statorique, dans le repère de Park défini par

$$\underline{V}_{s-dq0} = \begin{pmatrix} v_{sd} \\ v_{sq} \\ v_{s0} \end{pmatrix}$$

– $\underline{I}_{r-dq0}$: Le vecteur courant rotorique, dans le repère de Park défini par

$$\underline{I}_{r-dq0} = \begin{pmatrix} i_{rd} \\ i_{rq} \\ i_{r0} \end{pmatrix}$$

– $\underline{V}_{r-dq0}$: Le vecteur tension rotorique, dans le repère de Park défini par

$$\underline{V}_{r-dq0} = \begin{pmatrix} v_{rd} \\ v_{rq} \\ v_{r0} \end{pmatrix}$$

La représentation énergétique macroscopique de la machine asynchrone (obtenue à partir de son GIC) comprend alors trois entrées : la vitesse de la machine, le vecteur tension imposée au stator et le vecteur tension imposée au rotor. Trois sorties apparaissent également : le couple électromagnétique, le vecteur courant au stator, le vecteur courant au rotor (figure 3.11). La partie mécanique de la machine est intégrée dans le modèle turbine-multiplicateur (chapitre 2).

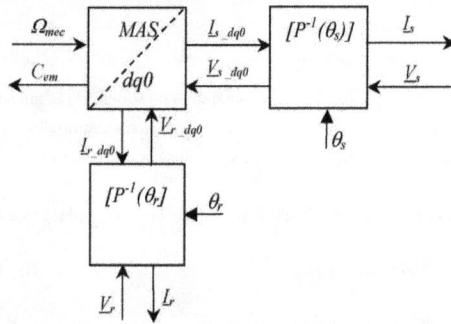

FIG. 3.11 – Représentation énergétique macroscopique de la machine asynchrone

Modèle en équilibré de la machine asynchrone dans le repère de Park

Si les grandeurs électriques triphasées sont équilibrées, alors les grandeurs homopolaires sont égales à zéro. Dès lors, les transformées de Park induisent des vecteurs comportant seulement les deux composantes directe et quadrature. On définit alors :

– $\underline{I}_{s-dq}$: Le vecteur courant statorique, dans le repère de Park défini par

$$\underline{I}_{s-dq} = \begin{pmatrix} i_{sd} \\ i_{sq} \end{pmatrix}$$

– $\underline{V}_{s-dq}$: Le vecteur tension statorique, dans le repère de Park défini par

$$\underline{V}_{s-dq} = \begin{pmatrix} v_{sd} \\ v_{sq} \end{pmatrix}$$

– $\underline{I}_{r-dq}$: Le vecteur courant rotorique, dans le repère de Park défini par

$$\underline{I}_{r-dq} = \begin{pmatrix} i_{rd} \\ i_{rq} \end{pmatrix}$$

– $\underline{V}_{r-dq}$: Le vecteur tension rotorique, dans le repère de Park défini par

$$\underline{V}_{r-dq} = \begin{pmatrix} v_{rd} \\ v_{rq} \end{pmatrix}$$

On a donc la représentation macroscopique illustrée sur la figure 3.12.

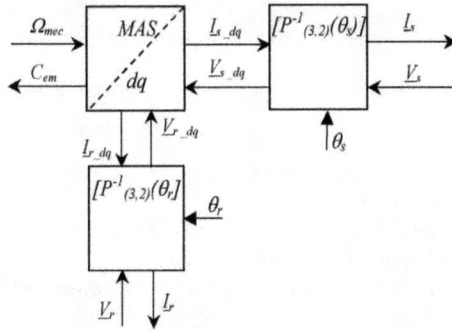

FIG. 3.12 – Représentation macroscopique de la machine asynchrone en équilibré

On définit, la matrice de Park $[P_{3,2}(\psi)]$ pour une régime triphasé équilibré :

$$[P_{3,2}(\psi)] = \sqrt{\frac{2}{3}} \begin{pmatrix} \cos(p.\psi) & \cos(p.\psi - \frac{2.\pi}{3}) & \cos(p.\psi - \frac{4.\pi}{3}) \\ -\sin(p.\psi) & -\sin(p.\psi - \frac{2.\pi}{3}) & -\sin(p.\psi - \frac{4.\pi}{3}) \end{pmatrix}$$

3.3.3 Modèles du convertisseur de puissance

a - Modèle du convertisseur de puissance dans le repère naturel

Dans cette partie, nous nous intéressons à la modélisation du convertisseur de puissance (constitués d'IGBT et de diodes en anti-parallèles) dans le repère triphasé naturel. Le convertisseur considéré dans notre étude, est celui relié au réseau. La structure de l'ensemble de la liaison au réseau, constituée du bus continu, du convertisseur MLI, du filtre d'entrée et du transformateur est rappelée sur la figure 3.13.

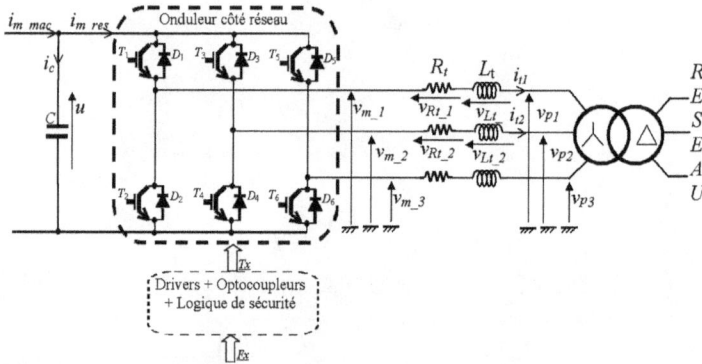

FIG. 3.13 – Schéma électrique de la liaison au réseau via un convertisseur MLI

Où :

- i_{m-mac} est le courant fourni par la génératrice.
- i_c est le courant traversant le condensateur.
- u est la tension aux bornes du condensateur (tension du bus continu).
- i_{m-res} est le courant modulé par le convertisseur MLI.
- T_i, D_i, avec $i \in \{1, 2, 3, 4, 5, 6\}$ désignent respectivement le transistor IGBT et la diode en anti-parallèle.
- v_{m-i}, avec $i \in \{1, 2, 3\}$ sont les tensions simples modulées par le convertisseur MLI.
- R_t, L_t sont la résistance et l'inductance du filtre.
- v_{Rt-i} et v_{Lt-i}, avec $i \in \{1, 2, 3\}$ sont respectivement la tension aux bornes de la résistance et de l'inductance du filtre.
- v_{pi}, avec $i \in \{1, 2, 3\}$ sont les tensions simples appliquées aux bornes du transformateur.
- i_{t1}, i_{t2} sont les courants circulant dans le filtre et fournis au réseau.

Afin de générer (et envoyer) un courant sur le réseau électrique, il faut que la tension du bus continu (u) soit supérieure à la valeur crête des tensions composées apparaissant du côté du filtre. Soit : $u > \sqrt{6}.v_{p-eff}$, où v_{p-eff} est la valeur efficace de la tension apparaissant du côté du filtre.

En supposant un mode de fonctionnement continu, chaque ensemble transistor-diode peut être considéré comme un interrupteur idéal (bidirectionnel en courant, unidirectionnel en tension) (figure 3.14). Le convertisseur associé à son interface de contrôle est alors équivalent à une topologie matricielle

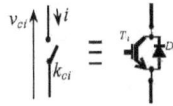

FIG. 3.14 – Interrupteur bidirectionnel en courant

composée de trois cellules de commutation dont les deux interrupteurs idéaux sont dans des états complémentaires.

L'état fermé d'un interrupteur idéal sera quantifié par une fonction dite de connexion égale à 1 : $f_{ic} = 1$. L'état ouvert est caractérisé par une fonction de connexion nulle : $f_{ic} = 0$. L'indice c correspond à la cellule de commutation $c \in \{1, 2, 3\}$ et l'indice i à l'emplacement de l'interrupteur dans cette cellule $i \in \{1, 2\}$ (figure 3.15).

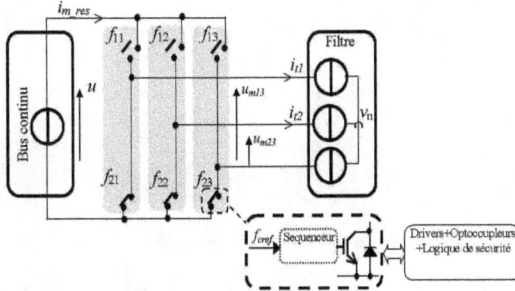

FIG. 3.15 – Matrice d'interrupteurs idéaux équivalente au convertisseur MLI

La condition de ne pas court-circuiter la source de tension (u) et de ne pas interrompre la circulation des courants issus du filtre, impose que les interrupteurs d'une même cellule soient dans des états complémentaires. On doit avoir donc : $f_{1c} + f_{2c} = 1$.

Les tensions modulées sont obtenues à partir de la tension du bus continu et des fonctions de conversion selon :

$$u_{m13} = m_1.u \qquad (Rm3)$$

$$u_{m23} = m_2.u \qquad (Rm4)$$

Les fonctions m_1 et m_2 sont appelées fonctions de conversion. L'onduleur ayant une structure matricielle, les fonctions de conversion dépendent elles-même des fonctions de connexion selon [Fra 96] :

$$m_1 = f_{11} - f_{13} \qquad (Rm5)$$

$$m_2 = f_{12} - f_{13} \qquad (Rm6)$$

Les tensions simples modulées sont issues des tensions composées modulées selon l'expression suivante :

$$v_{m-1} = \frac{2}{3}.u_{m13} - \frac{1}{3}.u_{m23} \qquad (Rm1)$$

$$v_{m-2} = \frac{1}{3}.u_{m23} - \frac{2}{3}.u_{m13} \qquad (Rm2)$$

Le courant modulé est obtenu à partir des courants du filtre et des fonctions de conversion selon :

$$i_{m-res} = m_1.i_{t1} + m_2.i_{t2} \qquad (Rm7)$$

Les tensions modulées ont trois valeurs $(-u, 0, u)$ (figure 3.16) dont la durée dépend de l'instant d'ouverture et de fermeture des grandeurs de contrôle appliquées au convertisseur.

f_{11}	f_{12}	f_{13}	f_{21}	f_{22}	f_{23}	m_1	m_2	um_{13}	um_{23}
1	1	0	0	0	1	1	1	u	u
1	0	0	0	1	1	1	0	u	0
1	0	1	0	1	0	0	-1	0	$-u$
0	0	1	1	1	0	-1	-1	$-u$	$-u$
0	1	1	1	0	0	-1	0	$-u$	0
0	1	0	1	0	1	0	1	0	u
0	0	0	1	1	1	0	0	0	0
1	1	1	0	0	0	0	0	0	0

FIG. 3.16 – Codage des fonctions de connexion et des tensions modulées

Le graphe informationnel causal correspondant est représenté sur la figure 3.17.

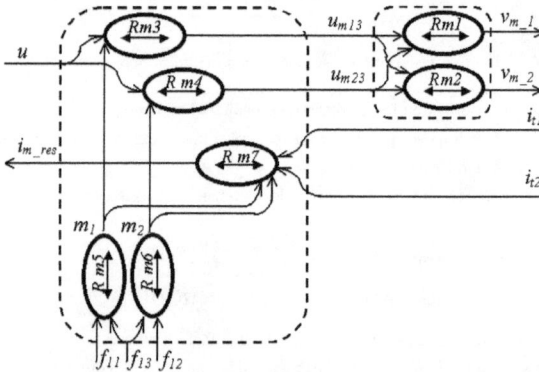

FIG. 3.17 – Graphe Informationnel Causal du modèle du convertisseur de puissance dans le repère naturel

En regroupant dans des vecteurs, les tensions et les courants :

$$\underline{V}_m = \begin{pmatrix} v_{m-1} \\ v_{m-2} \end{pmatrix} \qquad et \qquad \underline{I}_t = \begin{pmatrix} i_{t1} \\ i_{t2} \end{pmatrix}$$

Ce système génère un vecteur de tensions modulées et un courant modulé à partir de la tension du bus continu, des courants transités ainsi que les fonctions de connexion regroupées dans un vecteur :

$$\underline{F} = \begin{pmatrix} f_{11} \\ f_{12} \\ f_{13} \end{pmatrix}$$

On obtient la R.E.M de ce modèle (figure 3.18)

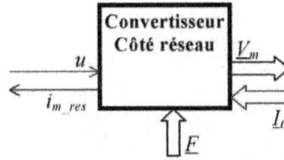

FIG. 3.18 – Représentation macroscopique du convertisseur de puissance

b - Modèle continu équivalent du convertisseur de puissance

Les convertisseurs de puissance sont par nature des systèmes discrets [Hau 99, Lab 98], tandis que les générateurs et le réseau d'énergie sont des systèmes continus. Pour l'analyse du comportement dynamique d'un système complet de génération d'énergie et pour la synthèse des différents correcteurs, il est pratique d'adopter un modèle continu équivalent du système complet. Pour cela, il est nécéssaire de développer un modèle continu équivalent des convertisseurs de puissance [Buy 99].

La dynamique du système étudié est lente par rapport à la fréquence de commutation des convertisseurs MLI. Pour l'étude de cette dynamique, seules les composantes basses fréquences sont utiles pour le modèle à développer. Les harmoniques générés par les convertisseurs ne sont pas à prendre en compte dans cette étude. Un modèle moyen équivalent des convertisseurs dans le repère de Park a été développé dans l'hypothèse d'un fonctionnement triphasé équilibré (tensions et courants). Ainsi, dans le repère de Park, les tensions simples modulées par le convertisseur du côté du réseau dépendent des tensions de réglage du convertisseur [Rob 02] et sont exprimées par :

$$v_{md} = u_{dw-res}.\frac{u}{2} \qquad\qquad (Rd1)$$

$$v_{mq} = u_{qw-res}.\frac{u}{2} \qquad\qquad (Rd2)$$

Où v_{md} et v_{mq} sont les composantes directe et en quadrature des tensions modulées.

u_{dw-res} et u_{qw-res} sont les composantes directe et quadrature des tensions de réglage du convertisseur comprises entre $-\sqrt{\frac{3}{2}}$ et $+\sqrt{\frac{3}{2}}$.

Les tensions simples modulées sont retrouvées en utilisant une transformée inverse de Park.

$$\begin{pmatrix} v_{m1} \\ v_{m2} \end{pmatrix} = P[(\psi)]^{-1}.\begin{pmatrix} v_{md} \\ v_{mq} \end{pmatrix} \qquad\qquad (Rp^{-1})$$

$[P(\psi)]^{-1}$ est la matrice transposée de la matrice de Park en deux dimensions, définie par :

$$[P(\psi)] = \sqrt{\frac{2}{3}} \begin{pmatrix} \cos(p.\psi) & \cos(p.\psi - \frac{2.\pi}{3}) \\ -\sin(p.\psi) & -\sin(p.\psi - \frac{2.\pi}{3}) \end{pmatrix}$$

Où $\psi = \theta_{res}$, avec θ_{res}, l'angle obtenu à partir de l'intégration de la pulsation du réseau $\omega_{res} = 2.\pi.50$.

Le courant modulé par les convertisseurs a pour expression :

$$i_{m-res} = \frac{1}{2}.(u_{dw-res}.i_{td} + u_{dw-res}.i_{tq}) \qquad (Rd3)$$

Où i_{td} et i_{tq} sont les composantes directe et en quadrature des courants envoyés au réseau :

$$\begin{pmatrix} i_{td} \\ i_{tq} \end{pmatrix} = P[(\psi)].\begin{pmatrix} i_{t1} \\ i_{t2} \end{pmatrix} \qquad (Rp)$$

Le graphe informationnel causal du modèle continu équivalent du convertisseur est donc représenté sur la figure 3.19.

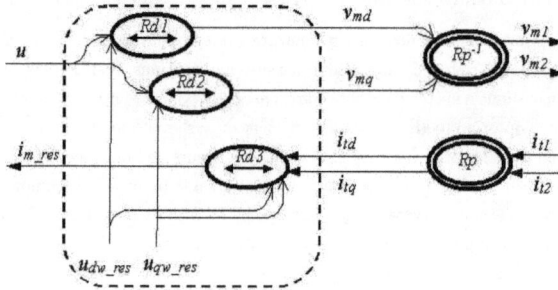

FIG. 3.19 – Graphe Informationnel Causal du modèle continu équivalent du convertisseur de puissance

En définissant le vecteur tension modulées dans le repère de Park par :

$$\underline{V}_{m-dq} = \begin{pmatrix} v_{md} \\ v_{mq} \end{pmatrix}$$

et le vecteur courant du filtre dans le repère de Park par :

$$\underline{I}_{t-dq} = \begin{pmatrix} i_{td} \\ i_{tq} \end{pmatrix},$$

on établit la représentation énergétique macroscopique du convertisseur MLI dans le repère de Park (figure 3.20)

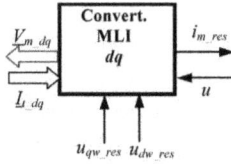

FIG. 3.20 – Représentation énergétique macroscopique dans le repère de Park du convertisseur de puissance

3.3.4 Modélisation de la liaison au réseau

a - Modélisation du bus continu

L'évolution temporelle de la tension du bus continu est obtenue à partir de l'intégration du courant capacitif :

$$\frac{du}{dt} = \frac{1}{C}.i_c \qquad (Rl10)$$

Le courant du condensateur est issu d'un noeud où circulent deux courants modulés par chaque convertisseur (figure 3.13) :

$$i_c = i_{m-mac} - i_{m-res} \qquad (Rl11)$$

Le graphe informationnel causal correspondant est représenté à la figure 3.21. On a également

$$u = \int \frac{du}{dt} + u(t_0) \qquad (Rl)$$

Où $u(t_0)$ est la valeur de la tension à l'instant initial t_0.

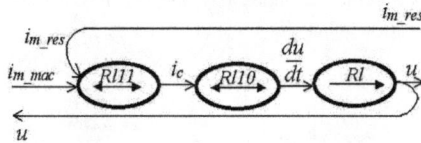

FIG. 3.21 – Graphe Informationnel Causal du modèle du bus continu

L'ensemble de ces équations modélise le bus continu qui peut être vu comme un système ayant une tension de sortie u et deux courants en entrée : i_{m-mac} et i_{m-res} (figure 3.22).

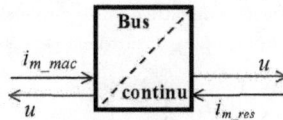

FIG. 3.22 – Représentation macroscopique du bus continu

b - Modélisation du filtre dans le repère naturel

Le schéma de la figure 3.13 montre que la liaison au réseau électrique est réalisée via un filtre d'entrée et un transformateur. Dans cette partie, on va d'abord modéliser le filtre d'entrée, ensuite, nous établirons le modèle continu équivalent du transformateur.

Les courants transités entre le convertisseur et le réseau sont imposés par les bobines et sont obtenus par intégration de leur tension :

$$i_{tx}(t) = \int \frac{di_{tx}}{dt} + i_x(t_0) \qquad (Rl0)$$

Où $i_x(t_0)$ est la valeur du courant à l'instant initial et $x \in \{1, 2\}$.

$$\frac{di_{t1}}{dt} = \frac{1}{L_t}.v_{Lt-1} \qquad (Rl1)$$

$$\frac{di_{t2}}{dt} = \frac{1}{L_t}.v_{Lt-2} \qquad (Rl2)$$

Le troisième courant peut être obtenu, si nécessaire, à partir de la connaissance des deux autres :

$$i_{t3} = -(i_{t1} + i_{t2}) \qquad (Rl3)$$

Les tensions apparaissant aux bornes des résistances valent :

$$v_{Rt1} = R_t.i_{t1} \qquad (Rl4)$$

$$v_{Rt2} = R_t.i_{t2} \qquad (Rl5)$$

La tension apparaissant aux bornes de l'inductance (v_{Ltx}) de la bobine dépend alors de la tension aux bornes de la résistance et de la bobine (v_{bx}) selon :

$$v_{Lt1} = v_{b1} - v_{Rt1} \qquad (Rl6)$$

$$v_{Lt2} = v_{b2} - v_{Rt2} \qquad (Rl7)$$

L'application de la loi des mailles permet de déterminer les tensions apparaissant aux bornes des bobines :

$$v_{b1} = v_{m1} - v_{p1} \qquad (Rl8)$$

$$v_{b2} = v_{m2} - v_{p2} \qquad (Rl9)$$

Le graphe informationnel causal du modèle du filtre d'entrée est représenté sur la figure 3.23

L'ensemble de ces équations modélise le filtre d'entrée qui peut être vu comme un système ayant un vecteur courant de sortie :

$$\underline{I}_t = \begin{pmatrix} i_{t1} \\ i_{t2} \end{pmatrix}$$

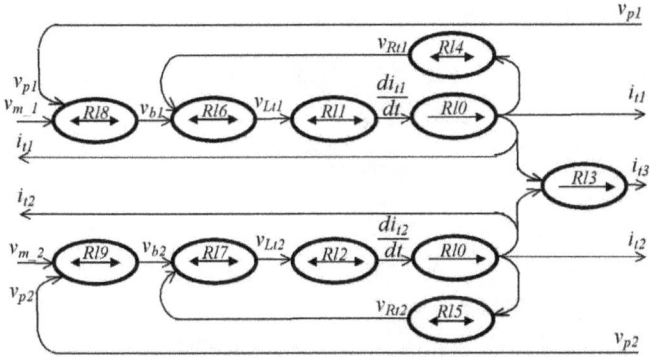

FIG. 3.23 – Graphe Informationnel Causal du modèle du filtre

et deux vecteurs d'entrées, l'un imposé par le réseau électrique :

$$\underline{V}_p = \begin{pmatrix} v_{p1} \\ v_{p2} \end{pmatrix}$$

et l'autre influencé par le convertisseur de puissance

$$\underline{V}_m = \begin{pmatrix} v_{m-1} \\ v_{m-2} \end{pmatrix}$$

La R.E.M du modèle du filtre d'entrée est montrée à la figure 3.24.

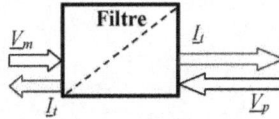

FIG. 3.24 – Représentation macroscopique du filtre d'entrée

c - Modélisation du filtre dans le repère de Park

En regroupant l'ensemble des équations déterminées précédemment, on trouve les équations différentielles suivantes :

$$\begin{pmatrix} v_{m-1} \\ v_{m-2} \\ v_{m-3} \end{pmatrix} = R_t \cdot \begin{pmatrix} i_{t1} \\ i_{t2} \\ i_{t3} \end{pmatrix} + L_t \cdot \frac{d}{dt} \cdot \begin{pmatrix} i_{t1} \\ i_{t2} \\ i_{t3} \end{pmatrix} + \begin{pmatrix} v_{p1} \\ v_{p2} \\ v_{p2} \end{pmatrix}$$

69

En appliquant la transformation de Park, l'équation précédente devient :

$$v_{md} \quad = \quad R_t.i_{td} + L_t.\frac{di_{td}}{dt} - L_t.\omega_s.i_{tq} + v_{pd} \tag{3.27}$$

$$v_{mq} \quad = \quad R_t.i_{tq} + L_t.\frac{di_{tq}}{dt} + L_t.\omega_s.i_{td} + v_{pq} \tag{3.28}$$

On considère les tensions de couplage suivantes :

$$e_q = -L_t.\omega_s.i_{tq} \qquad (Rcl3)$$

$$e_d = L_t.\omega_s.i_{td} \qquad (Rcl4)$$

Les équations différentielles peuvent être simplifiées en :

$$v_{bd} \quad = \quad R_t.i_{td} + L_t.\frac{di_{td}}{dt} \tag{3.29}$$

$$v_{bq} \quad = \quad R_t.i_{tq} + L_t.\frac{di_{tq}}{dt} \tag{3.30}$$

Où les tensions aux bornes des bobines sont définies par :

$$v_{bd} = v_{md} - e_q - v_{pd} \qquad (Rcl1)$$

$$v_{bq} = v_{mq} - e_d - v_{pq} \qquad (Rcl2)$$

En appliquant la transformée de Laplace sur les équations précédentes, on fait apparaître deux fonctions de transfert identiques :

$$F(s) = \frac{i_{td}(s)}{v_{bd}(s)} = \frac{1}{R_t + L_t.s} \qquad (Rcl5)$$

$$F(s) = \frac{i_{tq}(s)}{v_{bq}(s)} = \frac{1}{R_t + L_t.s} \qquad (Rcl6)$$

Le Graphe Informationnel Causal correspondant est représenté sur la figure 3.25.

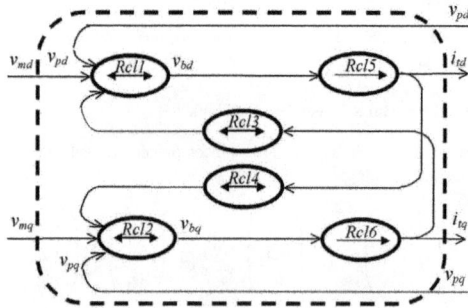

FIG. 3.25 – Graphe Informationnel Causal du modèle du filtre dans le repère de Park

On définit le vecteur tension au primaire du transformateur dans le repère de Park par :

$$\underline{V}_{p-dq} = \begin{pmatrix} v_{pd} \\ v_{pq} \end{pmatrix}$$

et le vecteur courant généré par le filtre le repère de Park par :

$$\underline{I}_{t-dq} = \begin{pmatrix} i_{td} \\ i_{tq} \end{pmatrix}$$

et le vecteur tension modulée par le convertisseur dans le repère de Park par

$$\underline{V}_{m-dq} = \begin{pmatrix} v_{md} \\ v_{mq} \end{pmatrix}$$

La représentation macroscopique correspondante du filtre dans le repère de Park est représentée sur la figure 3.26.

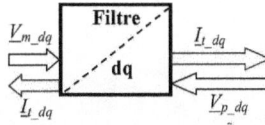

FIG. 3.26 – Représentation macroscopique du filtre d'entrée dans le repère de Park

Modèle continu équivalent du transformateur

Le modèle du transformateur que nous considérons pour développer la stratégie de contrôle des courants primaires est similaire au modèle de Park d'un moteur à induction [Rob 99, Ess 00] (figure 3.27).

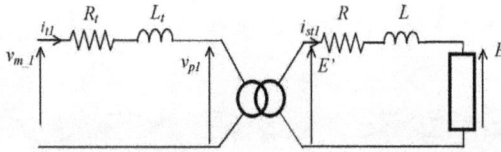

FIG. 3.27 – Schéma électrique monophasé équivalent de l'ensemble selfs + transformateur + réseau

Dans ce modèle, les pertes fer sont modélisées par une résistance en parallèle avec l'inductance de magnétisation. Afin de simplifier les équations du modèle, l'impédance constituée de la résistance représentant les pertes fer en parallèle avec l'inductance de la puissance magnétisante (r_μ et X_μ), est transformée en une impédance en série (r_{ms} et l_{ms}) [Seg 90]. Les inductances introduites pour réduire les ondulations de courants et les impédances de courants et les impédances R, L de la ligne peuvent être ajoutées aux résistances et inductances des enroulements du secondaires du transformateur [Sch 93].

Graphe informationnel causal du transformateur   Le schéma monophasé de la liaison au réseau : filtre-transformateur-tension du réseau est représenté sur la figure 3.28. m est le rapport de transformation, dans notre cas, ce rapport est égal à l'unité.

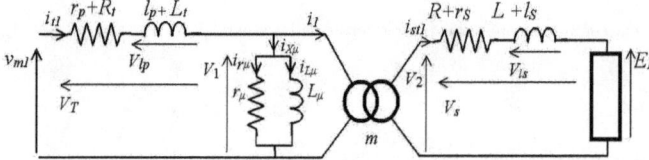

FIG. 3.28 – Schéma électrique de l'ensemble selfs + transformateur + réseau

Les équations du modèle de ce transformateur monophasé donnent :

$$\frac{di_{t1}}{dt} = \frac{1}{(l_p + L_t)}.v_{lp} \qquad (R_{tf1})$$

$$v_{lp} = V_t - v_{rp} \qquad (R_{tf2})$$

$$v_{rp} = (r_p + R_t).i_{t1} \qquad (R_{tf3})$$

$$V_T = v_{m1} - V_1 \qquad (R_{tf4})$$

$$\frac{di_{L\mu}}{dt} = \frac{1}{L_\mu}.V_1 \qquad (R_{tf5})$$

$$V_1 = r_\mu.i_{r\mu} \qquad (R_{tf6})$$

$$i_{r\mu} = i_{X\mu} - i_{L\mu} \qquad (R_{tf7})$$

$$i_1 = m.i_{st1} \qquad (R_{tf8})$$

$$V_2 = m.V_1 \qquad (R_{tf9})$$

$$i_{X\mu} = i_{t1} - i_1 \qquad (R_{tf10})$$

$$V_s = V_2 - E_1 \qquad (R_{tf11})$$

$$V_{ls} = V_s - V_{rs} \qquad (R_{tf12})$$

$$\frac{di_{st1}}{dt} = \frac{1}{(l_s + L)}.V_{Ls} \qquad (R_{tf13})$$

$$V_{rs} = (r_s + R).i_{st1} \qquad (R_{tf14})$$

Le G.I.C. correspondant est représenté sur la figure 3.29.

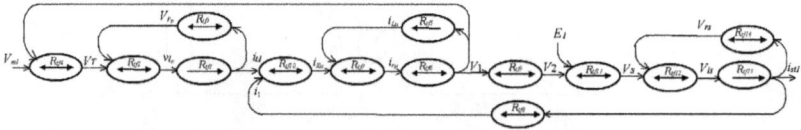

FIG. 3.29 – Graphe Informationnel causal du transformateur

En définissant le vecteur courant au secondaire du transformateur dans le repère de Park par :

$$\underline{I}_{st-dq} = \begin{pmatrix} i_{std} \\ i_{stq} \end{pmatrix}$$

et enfin le vecteur tension appliquée par le réseau au secondaire du transformateur dans le repère de

Park par :

$$\underline{E}_{-dq} = \begin{pmatrix} E_d \\ E_q \end{pmatrix}$$

On établit alors la représentation énergétique macroscopique du transformateur dans le repère de Park (figure 3.30)

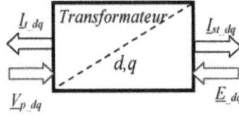

FIG. 3.30 – Représentation énergétique macroscopique dans le repère de Park du transformateur

3.3.5 Modèle complet de la chaîne de conversion éolienne

a - Modèle utilisant des interrupteurs idéaux des convertisseurs de puissance

Un premier modèle de la chaîne de conversion éolienne de la figure 3.5 peut être établi en utilisant les modèles à interrupteurs idéaux des convertisseurs (figure 3.31). Le filtre et le transformateur sont alors modélisés dans le repère de naturel (a, b, c). Le modèle du convertisseur sera identique, il faudra, cependant, considérer, à chaque fois les tensions et les courants correspondants.

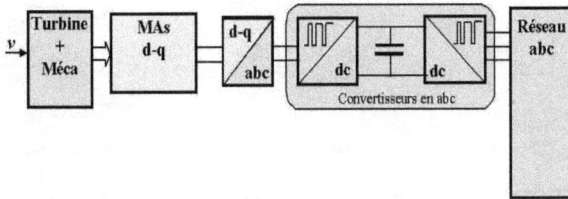

FIG. 3.31 – Modèle à interrupteurs idéaux de la machine asynchrone reliée au réseau via un onduleur

En utilisant une mise en cascade des différents macro-blocs définis précédemment, la représentation macroscopique du modèle de cette chaîne de conversion est illustrée sur la figure 3.32.

Ce type de modèle ne sera pas détaillé plus amplement pour cette chaîne de conversion. Il le sera au chapitre suivant dans le cadre d'une éolienne à double alimentation.

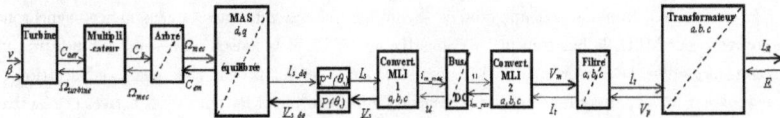

FIG. 3.32 – R.E.M du Modèle de la chaîne de conversion étudiée basée sur des interrupteurs idéaux

b - Modèle utilisant le modèle continu équivalent des convertisseurs de puissance

Un second modèle de la chaîne de conversion éolienne peut être établi en utilisant les modèles continus équivalents des convertisseurs de puissance (figure 3.33). Dans ce cas, la représentation macroscopique du modèle de cette chaîne de conversion ne comprend que les macroblocs définis dans le repère de Park (figure 3.34). Ce modèle est établi dans le repère de Park, et prend en compte les composantes utiles des courants et tensions au niveau de la génératrice, du bus continu et du réseau. Le modèle continu équivalent ne permet pas de prédire les harmoniques de courant et de tension, puisque la fréquence de commutation des semi-conducteurs n'est pas prise en compte. Le bus continu est relié au réseau de distribution par un second convertisseur MLI qui permet de contrôler les échanges des puissances active et réactive avec le réseau.

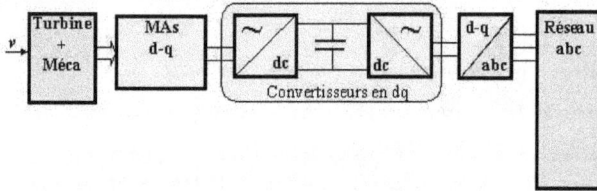

FIG. 3.33 – Modèle continu équivalent de la machine asynchrone reliée au réseau via un onduleur

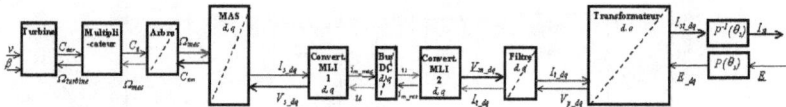

FIG. 3.34 – R.E.M du modèle continu équivalent de la chaîne de conversion étudiée

Dans le cadre de cette thèse, nous n'avons étudié que le second modèle. Sa commande est maintenant expliquée.

3.4 Dispositif de commande d'une éolienne à base de MAS à vitesse variable

3.4.1 Architecture de commande

La chaîne de conversion éolienne étudiée (figure 3.5), comprend, outre la génératrice asynchrone, le convertisseur MLI1, le bus continu, le convertisseur MLI2, et la liaison au réseau via un filtre puis un transformateur. Le convertisseur MLI1 permet de contrôler le flux et la vitesse de la génératrice. Le convertisseur MLI2 permet de contrôler la tension du bus continu et les puissances actives et réactives échangées avec le réseau et d'établir les courants à la fréquence adéquate.

L'architecture du dispositif de commande est obtenue en inversant la R.E.M. du modèle continu équivalent de cette éolienne (figure 3.35).

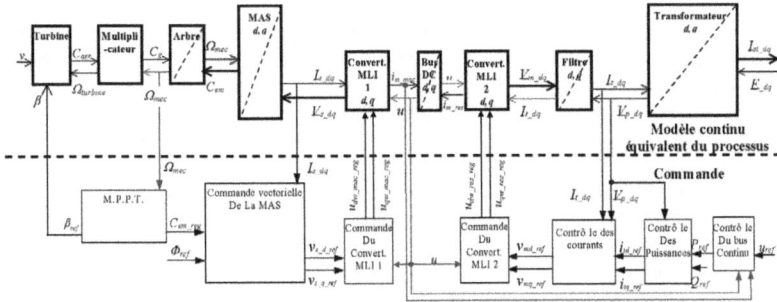

FIG. 3.35 – R.E.M du Modèle et de la commande de la chaîne de conversion étudiée

De part l'existence d'un bus continu intermédiaire, le dispositif de commande peut se décomposer en deux parties. La commande de la génératrice asynchrone est basée sur trois fonctions (figure 3.36)

1. L'algorithme d'extraction du maximum de puissance (M.P.P.T)

2. La commande vectorielle de la machine asynchrone

3. Le contrôle du convertisseur MLI1

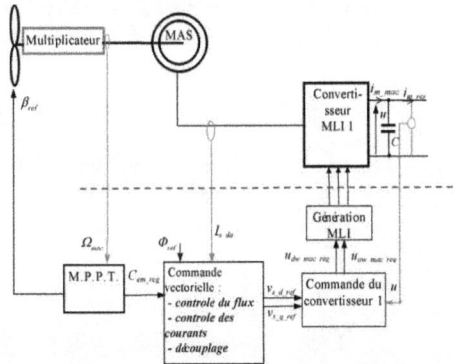

FIG. 3.36 – Commande de la génératrice asynchrone

Plusieurs algorithmes de M.P.P.T ont été décrits dans le chapitre 2. Quelque soit la technique utilisée, elle permet de maximiser la puissance extraite en imposant un couple de réglage (C_{em-reg}). Un contrôle vectoriel de la machine fixe les tensions de réglage à appliquer ($v_{sdq-reg}$) aux bornes de la machine pour obtenir ce couple. La commande rapprochée du convertisseur détermine les signaux nécessaires à la MLI. Le contrôle du convertisseur MLI1 est identique à celui du convertisseur MLI2.

Les ordres de commande des interrupteurs du convertisseur MLI 2 sont déterminés par la commande rapprochée correspondante. Les courants au primaire du transformateur sont contrôlés au moyen de correcteurs PI (Annexe 3). Afin de déterminer les références des courants à partir d'un bilan des puissances, les tensions au primaire du transformateur sont mesurées. Le contrôle de la tension du bus continu fixe la référence de la puissance active à transiter. Chaque fonction de ce dispositif de commande est maintenant détaillée.

3.4.2 Commande de la machine asynchrone

Dans ce paragraphe, on va décrire, d'une façon assez générale, la commande vectorielle de la génératrice asynchrone, qui se décompose en trois parties :
- Le contrôle du flux
- Le contrôle des courants statoriques
- Le découplage ou compensation.

a - Commande vectorielle à flux rotorique orienté

Pour établir la commande vectorielle de la génératrice, on considère les hypothèses simplificatrices suivantes :
- Les enroulements statoriques ou rotoriques de la machine sont supposés triphasés équilibrés, donc, toutes les composantes homopolaires sont annulées.
- La machine étudiée est à cage d'écureuil, donc les composantes directe et quadrature de la tension rotorique sont annulées également.

Dans ces conditions et à partir du modèle général de la machine asynchrone dans le repère de Park (relations R_{1sd}, R_{1sq}, R_{1s0}, R_{1rd}, R_{1rq}, R_{1r0}), le modèle de Park de la machine asynchrone à cage devient :

$$\frac{d\Phi_{sd}}{dt} = v_{sd} - R_s.i_{sd} - e_{sd} \tag{3.31}$$

$$\frac{d\Phi_{sq}}{dt} = v_{sq} - R_s.i_{sq} - e_{sq} \tag{3.32}$$

$$\frac{d\Phi_{s0}}{dt} = 0 \tag{3.33}$$

$$\frac{d\Phi_{rd}}{dt} = -R_r.i_{rd} - e_{rd} \tag{3.34}$$

$$\frac{d\Phi_{rq}}{dt} = -R_r.i_{rq} - e_{rq} \tag{3.35}$$

$$\frac{d\Phi_{r0}}{dt} = 0 \tag{3.36}$$

L'expression du couple électromagnétique (3.26) peut être simplifiée (et rendue analogue à celle délivrée par une machine à courant continu) si un des deux termes de son expression est annulé. En effet, en orientant le flux rotorique sur l'axe q du repère de Park, on a :

$\Phi_{rd} = \Phi_{ref}$, $\Phi_{rq} = 0$

où Φ_{ref} est le flux de référence de la machine. On obtient :

$$C_{em} = c_{rd} = p.\Phi_{rd}.i_{rq} \qquad (R_1)$$

Les courants rotoriques n'étant pas mesurables, ils sont exprimés en fonction des courant statoriques en utilisant les équations 3.24 et 3.22 :

$$i_{rd} = \frac{\Phi_{rd} - M.i_{sd}}{L_r} \tag{3.37}$$

$$i_{rq} = -\frac{M}{L_r}.i_{sq} \tag{3.38}$$

L'expression du couple électromoteur peut alors être écrite en fonction de la composante en quadrature du courant statorique (en utilisant l'équation 3.38) :

$$C_{em} = p.\frac{M}{L_r}.i_{sq}.\Phi_{rd}$$

Le couple peut donc être contrôlé par le courant statorique d'axe q (i_{sq}) si la composante du flux rotorique d'axe d est maintenue constante ($\Phi_{rd} = \Phi_{ref}$).

L'évolution temporelle du flux rotorique est exprimée par les relations 3.34 et 3.35 et en supposant la composante quadrature constamment nulle, on obtient :

$$\frac{d\Phi_{rd}}{dt} = -R_r.i_{rd} \tag{3.39}$$

$$\frac{d\Phi_{rq}}{dt} = -R_r.i_{rq} - e_{rq} = 0 \tag{3.40}$$

En remplaçant par les expressions des courants rotoriques (3.37) et (3.38), on obtient :

$$\frac{d\Phi_{rd}}{dt} = -\frac{R_r}{L_r}.\Phi_{rd} + \frac{R_r}{L_r}.M.i_{sd} \tag{3.41}$$

En remplaçant les courants rotoriques (équations 3.34 et 3.35) dans l'expression des flux statoriques (équations 3.24 et 3.22), on obtient :

$$\Phi_{sd} = \sigma.L_s.i_{sd} + \frac{M}{L_r}.\Phi_{rd} \tag{3.42}$$

$$\Phi_{sq} = \sigma.L_s.i_{sq} \tag{3.43}$$

Avec

$$\sigma = 1 - \frac{M^2}{L_s.L_r}$$

le coefficient de dispersion entre les enroulements d et q.

L'évolution temporelle des courants est déterminée en remplaçant ces flux dans les équations différentielles au stator (équations 3.31 et 3.32) :

$$\sigma.L_s.\frac{di_{sd}}{dt} = v'_{sd} - R_s.i_{sd} \tag{3.44}$$

$$\sigma.L_s.\frac{di_{sq}}{dt} = v'_{sq} - R_s.i_{sq} \tag{3.45}$$

$$v'_{sd} = v_{sd} - e_{sd} - v_{\Phi rd} \qquad (3.46)$$

$$v'_{sq} = v_{sq} - e_{sq} \qquad (3.47)$$

$$v_{\Phi rd} = \frac{M}{L_r} \cdot \frac{d\Phi_{rd}}{dt} \qquad (3.48)$$

Les commandes vectorielles indirectes de flux classiques [Nov 96] sont très sensibles aux incertitudes sur la résistance rotorique. Ceci est principalement dû à la méthode permettant de déterminer la vitesse angulaire statorique, qui assure l'orientation du flux calculé à partir de la vitesse mécanique et de la valeur estimée de la vitesse angulaire de glissement. Toutefois, la vitesse angulaire statorique peut être également déterminée à partir des tensions et courants statoriques [Car 95, Rob 98]. Dans notre étude nous allons considérer l'expression de la vitesse angulaire du rotor de la machine donnée en fonction de la composante en quadrature du courant statorique obtenue à partir de l'équation 3.40 :

$$\omega_r = \frac{M.R_r.i_{sq}}{L_r.\Phi_{rd-est}} \qquad (3.49)$$

Φ

$rd-est$ est la composante directe du flux rotorique estimée à partir de l'équation 4.26, ce qui donne la relation $R2_{est}$ (tableau 3.1).

b - Représentation sous la forme d'un graphe informationnel causal

Le G.I.C. correspondant au modèle de la machine asynchrone à cage ayant son flux rotorique orienté suivant l'axe d est représentée à la figure 3.37. Ce graphe fait clairement apparaître un couplage des tensions statoriques avec e_{sd} et e_{sq} (3.46 et 3.47) des équations différentielles à l'origine des courants statoriques (R_5 et R_4). Il fait également apparaître une relation à l'origine du courant rotorique d'axe quadrature (R_3), le couplage entre la composante directe du flux rotorique et la composante en quadrature du courant rororique(R_1).

Pour la conception de la commande, on suppose que les courants mesurés ainsi que la vitesse mesurée ou estimée sont égaux aux courants et à la vitesse réels.

Pour établir le graphe informationnel causal de la commande, on inverse les relations explicitées dans le tableau 3.1. L'architecture du dispositif de commande repose sur l'utilisation :

– De relations de découplages (R_{cg2sd} et R_{cg2sq})
– De régulateurs des courants statoriques (R_{c4} et R_{c5})
– D'un régulateur de flux (R_{c2}) associé à un estimateur de flux (R_{2-est})
– Du calcul de la référence du courant statorique de l'axe en quadrature (R_{c3})
– D'une compensation de la composante directe du flux rotorique (R_{c1})

Les notations utilisées sont les suivantes :

– C_i : Régulateur PI (Annexe 3) des courants statoriques d'axe d et q.
– C_Φ régulateur Régulateur PI (Annexe 3) du flux rotorique.

La partie commande du graphe de la figure 3.37 met en évidence la commande vectorielle à flux orienté de la machine asynchrone.

	Processus		Commande
$R1$	$C_{em} = p.\Phi_{rd}.i_{rq}$	$Rc1$	$i_{rq-ref} = \frac{1}{p.\Phi_{ref}}.C_{em-reg}$
$R2$	$\frac{d\Phi_{rd-est}}{dt} = -\frac{R_r}{L_r}.\Phi_{rd} + M.i_{sd}$	$Rc2$	$i_{sd-ref} = C_\Phi.(\Phi_{ref} - \Phi_{rd-est})$
$R2_{est}$	$\frac{d\Phi_{rd-est}}{dt} = -\frac{R_r}{L_r}.\Phi_{rd-est} + M.i_{sd}$		
$R3$	$i_{rq} = -\frac{M}{L_r}.i_{sq}$	$Rc3$	$i_{sq-ref} = -\frac{L_r}{M}.i_{rq-ref}$
$R4$	$\frac{di_{sd}}{dt} = \frac{1}{\sigma.L_s}.(v'_{sd} - R_s.i_{sd})$	$Rc4$	$v'_{sd-ref} = C_i.(i_{sd-ref} - i_{sd})$
$R5$	$\frac{di_{sq}}{dt} = \frac{1}{\sigma.L_s}.(v'_{sq} - R_s.i_{sq})$	$Rc5$	$v'_{sq-ref} = C_i.(i_{sq-ref} - i_{sq})$
$R6$	$v'_{sd} = v_{sd} - e_{sd} - v_{\Phi rd}$	$Rc6$	$v_{sd-ref} = v'_{sd-ref} + e_{sd-est} + v_{\Phi rd}$
$R7$	$v'_{sq} = v_{sq} - e_{sq}$	$Rc7$	$v_{sq-ref} = v'_{sq-ref} + e_{sq-est}$
R_{g2sd}	$e_{sd} = -\Phi_{sq}.\omega_s$	Rc_{g2sd}	$e_{sd-est} = -\Phi_{sq}.\omega_s$
R_{g2sq}	$e_{sq} = \Phi_{sd}.\omega_s$	Rc_{g2sq}	$e_{sq-est} = \Phi_{sd}.\omega_s$

TAB. 3.1 – Relations du processus et de la commande vectorielle à flux rotorique orienté de la machine asynchrone

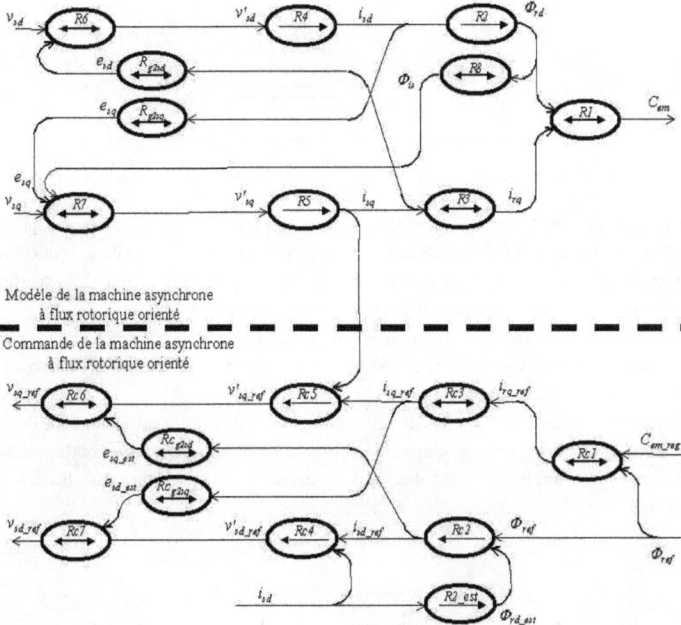

FIG. 3.37 – Graphe Informationnel Causal du modèle de la machine à flux rotorique orienté et sa commande

3.4.3 Contrôle de la liaison au réseau

a - Contrôle du convertisseur de puissance

Le convertisseur MLI2 est situé entre le bus continu et le transformateur. La REM de l'ensemble du modèle continu équivalent et de la commande (obtenue par inversion) de la liaison au réseau est donnée sur la figure 3.38.

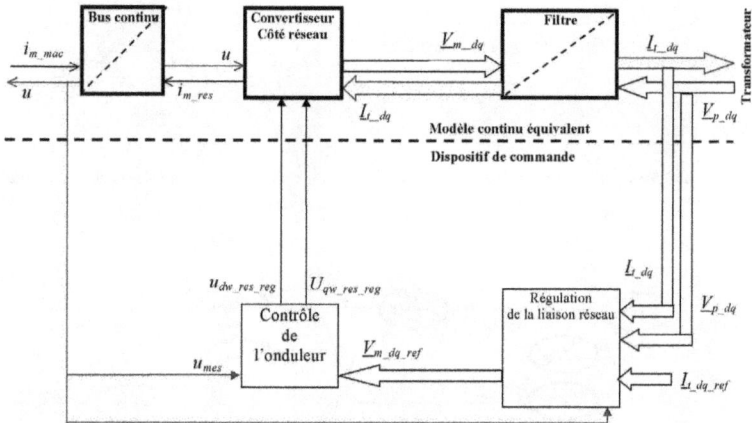

FIG. 3.38 – REM du système de commande du convertisseur coté réseau

La topologie du convertisseur permet de générer et également d'appeler un courant provenant du réseau. C'est notamment le cas lors de la phase de démarrage durant laquelle le condensateur doit être chargé. L'objectif du convertisseur relié au réseau électrique est de maintenir la tension du bus continu constante quel que soit l'amplitude et le sens de la puissance.

Le convertisseur coté réseau a été commandé de manière à contrôler les courants transités par le filtre. Un contrôle vectoriel dans le repère de Park des courants a été réalisé en utilisant un repère synchronisé avec les tensions du réseau.

A partir de la mesure de la tension du bus continu, le convertisseur est commandé de manière à imposer des références aux tensions simples selon la relation inverse du modèle continu équivalent du convertisseur. Cette relation inverse est donnée pour une référence à un point milieu fictif de la tension du bus continu :

$$u_{dw-res-reg} = v_{md-reg}.\frac{2}{u}$$

$$u_{qw-res-reg} = v_{mq-reg}.\frac{2}{u}$$

Par réglage de ces deux tensions simples de référence, les composantes de Park des courants (i_{td-ref}, i_{tq-ref}) sont régulées à l'aide d'un correcteur Proportionnel - Integral (PI) (Annexe 3).

Contrôle des courants envoyés au réseau

Le dispositif de commande des courants (i_{td}, et i_{tq}) a été obtenu à partir de l'inversion du G.I.C. du modèle de la liaison au réseau dans le repère de Park (figure 3.39).

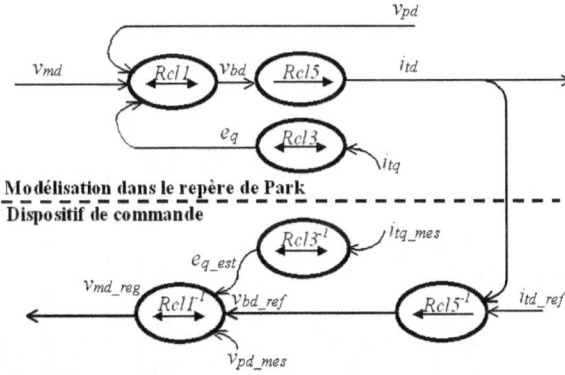

FIG. 3.39 – Graphe Informationnel Causal du dispositif de contrôle de la composante directe du courant i_{td}

Il comprend trois actions spécifiques :
– Une compensation de la tension au secondaire du transformateur,

$$e_{q-est} = L_t.\omega_s.i_{tq} \qquad (Rcl3^{-1})$$

$$e_{d-est} = L_t.\omega_s.i_{tq} \qquad (Rcl4^{-1})$$

– Une action de découplage des courants :

$$v_{md-reg} = v_{bd-ref} - e_{q-est} + v_{pd-mes} \qquad (Rcl1^{-1})$$

$$v_{mq-reg} = v_{bq-ref} - e_{d-est} + v_{pq-mes} \qquad (Rcl12^{-1})$$

– Un contrôle en boucle fermée des courants :

$$v_{bd-ref} = C_i.(i_{td-ref} - i_{td-mes}) \qquad (Rcl5^{-1})$$

$$v_{bq-ref} = C_i.(i_{tq-ref} - i_{tq-mes}) \qquad (Rcl6^{-1})$$

La figure 3.40 montre une représentation sous forme de schéma-blocs des lois de commande.

b - Régulation des puissances

Le dispositif de commande précédemment expliqué permet d'imposer égaux les courants transités à leurs références. Cela entraîne les puissances active et réactive transitées suivantes :

$$P = v_{pd}.i_{td} + v_{pq}.i_{tq} \qquad (Rcl7)$$

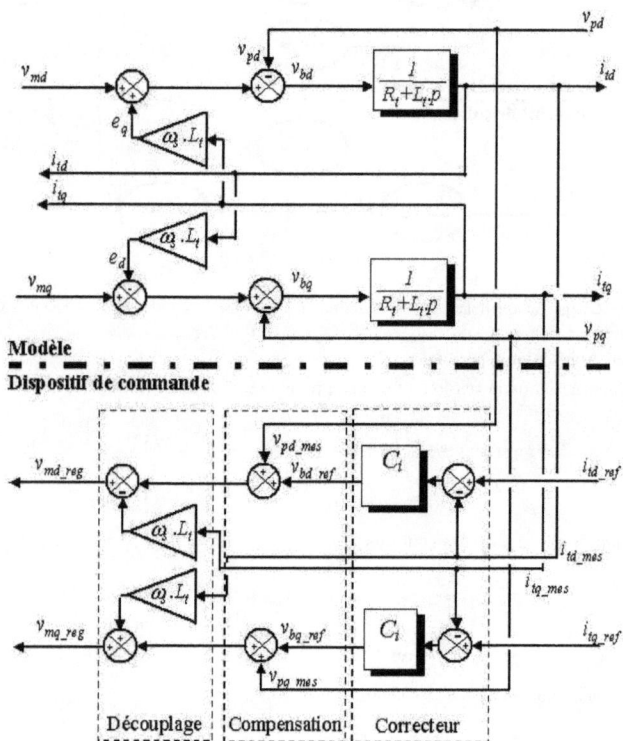

FIG. 3.40 – Représentation sous forme de schéma-blocs du contrôle des courants dans le repère de Park

$$Q = v_{pq}.i_{td} - v_{pd}.i_{tq} \qquad (Rcl8)$$

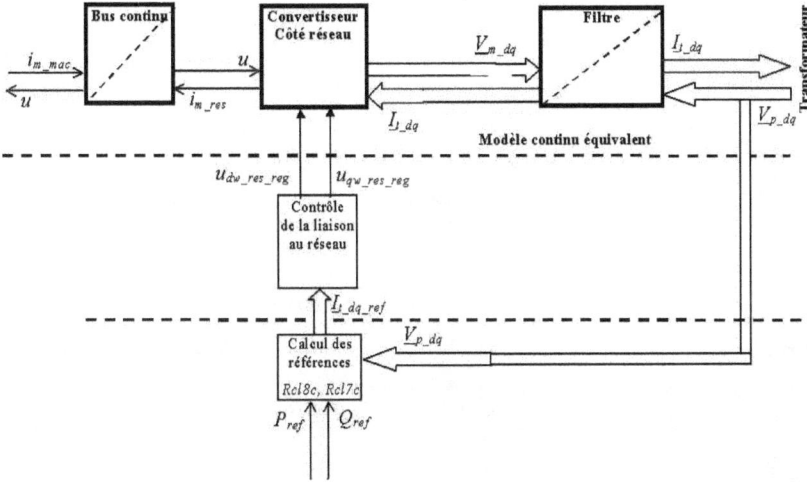

FIG. 3.41 – Dispositif de commande de contrôle des puissances transitées

Par inversion de ces relations, il est alors possible d'imposer des références pour la puissance réactive P_{ref} et la puissance réactive Q_{ref} en imposant les courants de référence suivants (figure 3.41).

$$i_{td-ref} = \frac{P_{ref}.v_{pd-mes} + Q_{ref}.v_{pq-mes}}{v_{pd-mes}^2 + v_{pq-mes}^2} \qquad (Rcl7c)$$

$$i_{tq-ref} = \frac{P_{ref}.v_{pq-mes} - Q_{ref}.v_{pd-mes}}{v_{pd-mes}^2 + v_{pq-mes}^2} \qquad (Rcl8c)$$

La composante directe du courant est utilisée pour réguler la tension du bus continu. Ce dernier est contrôlé à l'aide d'un régulateur (PI) (Annexe 2). La composante en quadrature est utilisée pour réguler la puissance réactive transitée. Un contrôle indépendant des puissances active et réactive circulant entre le convertisseur et le réseau sera expliqué.

Le système de commande doit permettre de maintenir constante la tension du bus continu, et d'obtenir des courants sinusoïdaux au primaire du transformateur d'amplitude et de fréquence identiques à celles du réseau.

Une puissance réactive nulle peut alors être imposée ($Q_{ref} = 0$).

c - Régulation du bus continu par réglage du transit de la puissance active

c-1 Modélisation des transits de puissance de la liaison au réseau

La puissance active transitée au bus continu s'exprime par :

$$P_{dc-mac} = u.i_{m-mac} \qquad (Rcl9)$$

La puissance emmagasinée dans le condensateur est notée $P_{condens}$, les pertes dissipées au sein du bus continu sont notées $P_{ertes-condens}$. Le reste de la puissance s'exprime par (figure 3.42) :

$$P_{dc-res} = P_{dc-mac} - P_{condens} - P_{pertes-condens} \qquad (Rcl10)$$

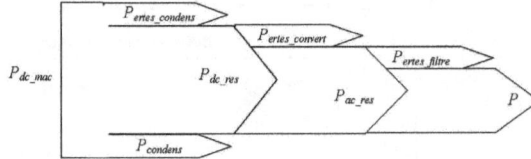

FIG. 3.42 – Diagramme des puissances transitées

Cette puissance est convertie par le convertisseur, et, en considérant que ce dernier à des pertes ($P_{ertes-convert}$), s'exprime par

$$P_{ac-res} = P_{dc-res} - P_{ertes-convert} \qquad (Rcl11)$$

Le filtre dissipe de la puissance par effet Joule et donc la puissance envoyée au réseau s'exprime par :

$$P = P_{ac-res} - P_{ertes-filtre} \qquad (Rcl12)$$

Avec

$$P_{ertes-filtre} = R_t.i_{td}^2 + R_t.i_{tq}^2$$

L'ordonnancement des différentes relations aboutit à un modèle en puissance représenté ci-dessous (figure 3.43).

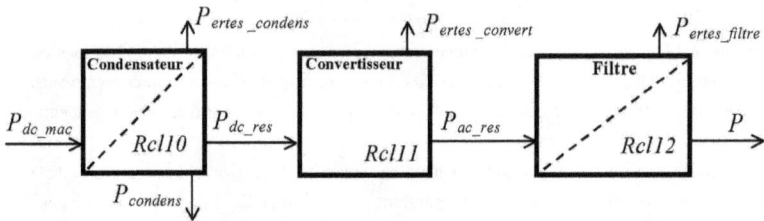

FIG. 3.43 – REM de la modélisation des puissances transitées

c-2 Contrôle des transits de puissance de la liaison au réseau

La structure du dispositif de commande permet de régler la puissance générée sur le réseau ($P = P_{ref}$). De part le principe de l'équilibre des puissances, toute réduction de la puissance transitée sur le réseau conduit à une réduction des pertes par effet Joule et, surtout, à une augmentation de la puissance stockée dans le condensateur (figure 3.42). Inversement, toute augmentation de la puissance transitée sur le réseau conduit à une augmentation des pertes et, surtout, à une diminution de la puissance stockée dans le condensateur. En ajustant la puissance transitée, il est donc possible de contrôler la puissance emmagasinée dans le condensateur et donc de régler la tension du bus continu. Pour se faire, la puissance disponible P_{dc-mac}, la puissance à stocker dans le condensateur $P_{condens}$, et les différentes pertes dissipées lors du transit de puissance doivent être connues pour déterminer la puissance de référence nécessaire à partir des relations d'estimation :

$$P_{dc-res-ref} = P_{dc-mac} - P_{condens-ref} - P_{ertes-condens-estimes} \qquad (Rcl10c)$$

$$P_{ac-res-ref} = P_{dc-res-ref} - P_{ertes-convert-estimes} \qquad (Rcl11c)$$

$$P_{ref} = P_{ac-res-ref} - P_{ertes-filtre-estimes} \qquad (Rcl12c)$$

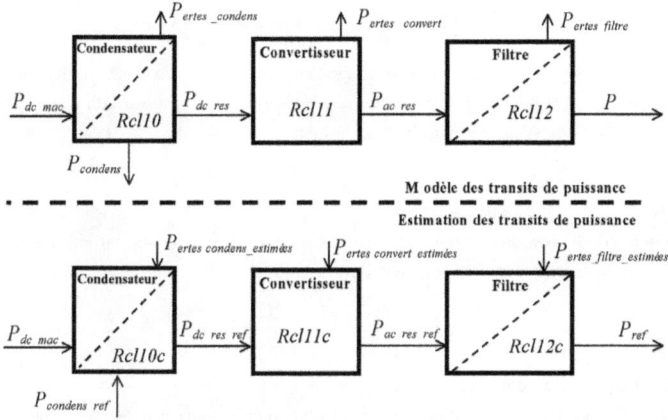

FIG. 3.44 – REM de l'estimateur de la puissance à transiter

Ce contrôle des puissances correspond à un niveau supérieur dans le dispositif de commande (figure 3.45).

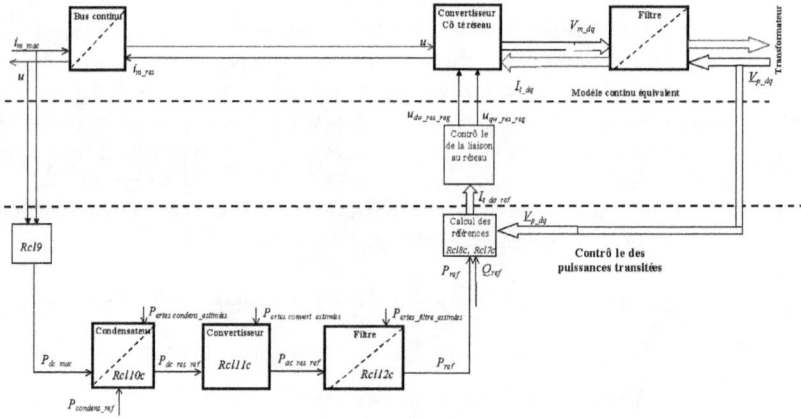

FIG. 3.45 – Régulation et génération de la puissance à transiter

Il est à noter que les pertes dans le condensateur, dans le convertisseur et dans le filtre sont négligeables devant la puissance transitée. Dans ces conditions, les relations $Rl10$, $Rl11$, $Rl12$ peuvent se simplifier. La puissance stockée dans le condensateur s'exprime par :

$$P_{condens} = u.i_c \qquad (Rcl9)$$

La référence de la puissance stockée dans le condensateur est donc rendue variable par modification de la référence du courant capacitif (figure 3.47) :

$$P_{condens-ref} = u.i_{c-ref} \qquad (Rcl9c)$$

c-3 Régulation du bus continu

La régulation des transits de puissance permet d'imposer le courant capacitif au bus continu. Le réglage du bus continu est alors réalisé au moyen d'une boucle de régulation, permettant de maintenir une tension constante du bus continu, avec un correcteur Proportionnel Intégral générant la référence du courant à injecter dans le condensateur (i_{c-ref}) (figure 3.46).

Il est à noter que le réglage du bus continu est donc réalisé par une boucle externe de régulation (les courants transités sont eux réglés par une boucle interne) et par réglage des puissances transitées (figure 3.47).

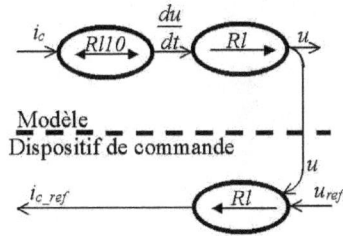

FIG. 3.46 – Graphe Informationnel Causal du dispositif de commande du bus continu

Le temps de réponse en boucle fermée du réglage du bus continu doit donc être supérieur au temps de réponse en boucle fermée des courants. Il doit être également supérieur à 10 ms. (plus petite fenêtre temporelle sur laquelle la puissance des grandeurs de fréquence 50Hz peut être calculée). En négligeant les pertes dans le condensateur, dans le convertisseur et dans le filtre, la représentation sous forme d'un schéma bloc du dispositif de commande est donnée sur la figure 3.48.

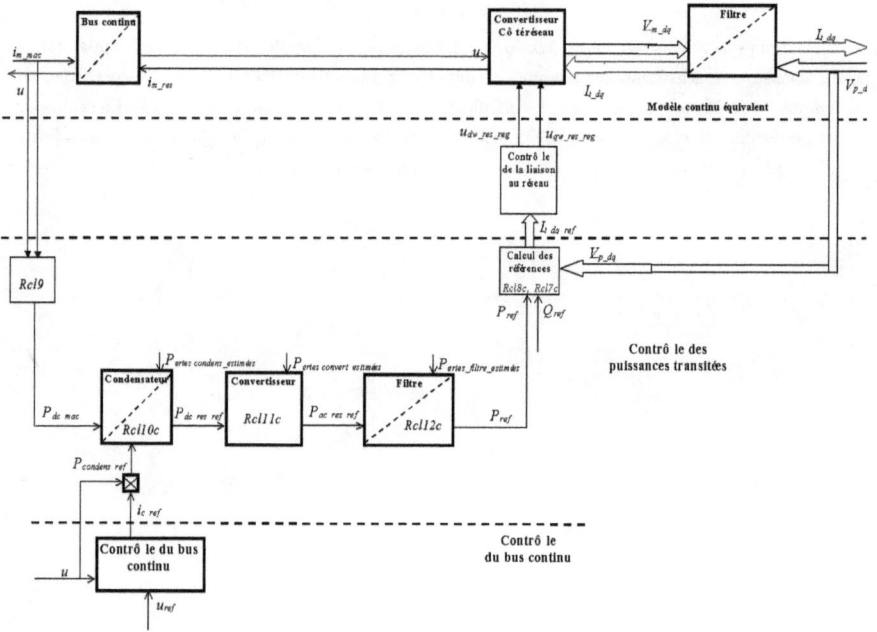

FIG. 3.47 – Contrôle du bus continu pour la régulation de puissance et génération de la puissance de référence

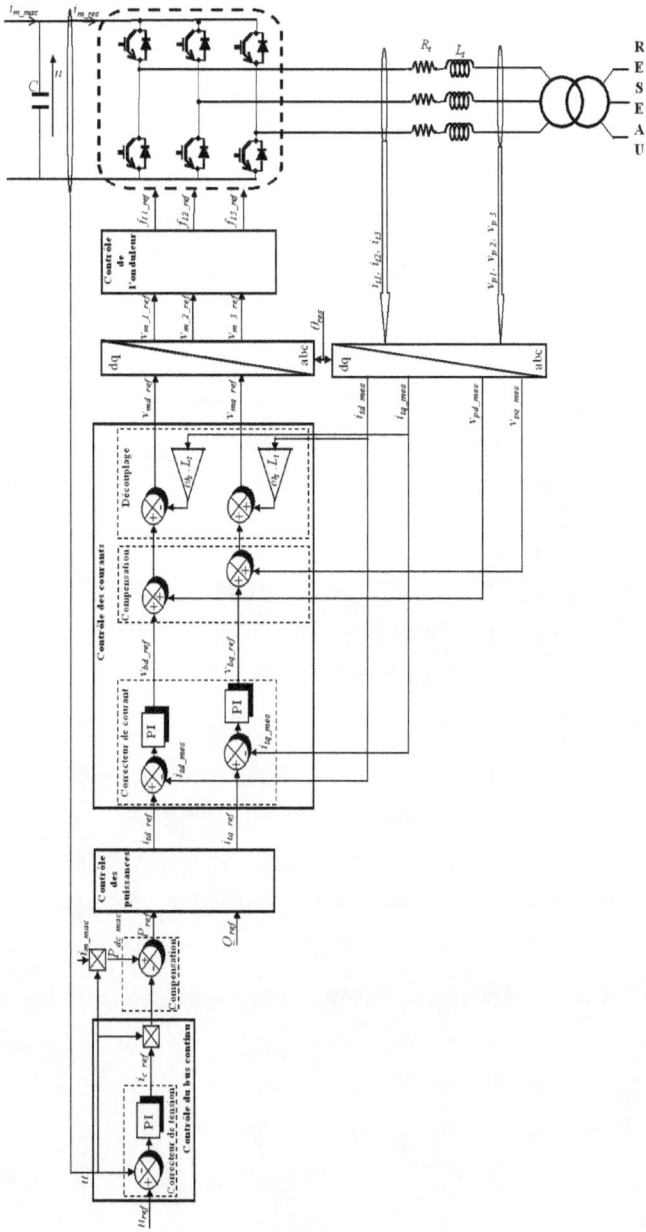

FIG. 3.48 – Représentation sous forme d'un schéma bloc du contrôle de la liaison réseau

3.5 Etude d'une ferme éolienne

3.5.1 Modèle global

Afin d'augmenter la puissance générée par l'éolienne étudiée précédemment, nous avons considéré l'exemple d'une ferme éolienne représentée à la figure 3.49. Elle est constituée de 3 éoliennes de 300 kW basées sur une génératrice asynchrone à vitesse variable. Les trois génératrices sont reliées à un bus continu commun par 3 convertisseurs MLI. L'association de génératrices éoliennes autour d'un bus continu commun est actuellement envisagée pour des centrales éoliennes off-shore. La modélisation de ces éoliennes n'est pas traitée dans cette partie, puisqu'elle est similaire à l'étude de l'éolienne précédente. Dans ce paragraphe, le modèle est étendu à un ensemble d'éoliennes. Le contrôle de la tension du bus continu sera particulièrement étudié en relation avec le transit de puissance entre les éoliennes et le réseau. En effet, si la connexion de plusieurs génératrices sur un bus continu commun réduit le nombre de convertisseurs de puissance, il rend le contrôle de la tension du bus continu plus délicat. De plus, le convertisseur relié au réseau doit être dimensionné pour pouvoir transiter le total de la puissance générée sur le réseau électrique.

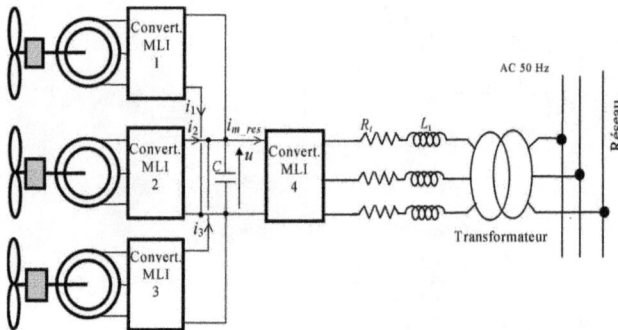

FIG. 3.49 – Centrale à trois éoliennes

En utilisant la R.E.M. de la génératrice asynchrone étudiée dans la partie précédente, on peut établir la R.E.M. du modèle continu équivalent de la ferme éolienne (figure 3.50).

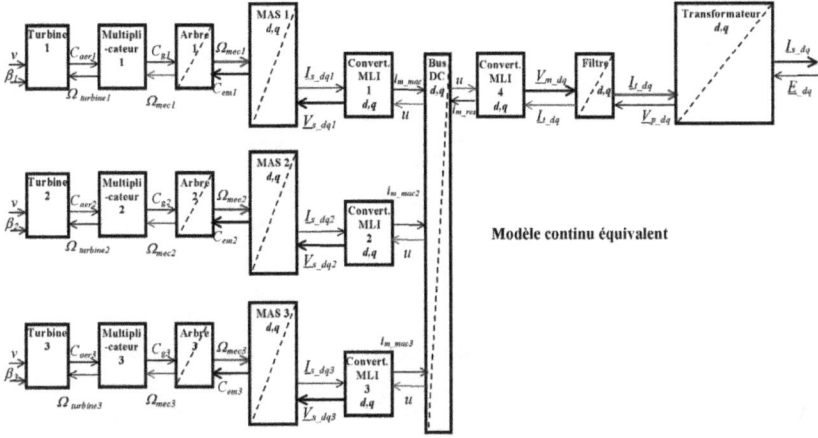

FIG. 3.50 – R.E.M du modèle continu équivalent d'une centrale à trois éoliennes

3.5.2 Dimensionnement du bus continu

a - Limitation du bus continu

Pour montrer les limitations au niveau du bus continu, on considère le modèle équivalent monophasé de la figure 3.51 en sortie de l'onduleur avec i, le courant total dans la ligne, E, la valeur crête de la tension du réseau, U_m, la valeur crête du fondamental de la tension modulée par l'onduleur [Ela 02b].

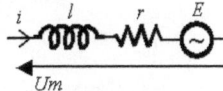

FIG. 3.51 – Schéma monophasé de la liaison réseau

Le diagramme vectoriel correspondant (figure 3.52-a) permet d'écrire :

$$(E + r.i)^2 + (l.\omega_s.i)^2 = U_m^2 \qquad (3.50)$$

Un fonctionnement à facteur unitaire n'est possible que si $U_m < u$ (figure 3.52-a) (c'est à dire pour une valeur efficace du courant telle que

$$i^2 < \frac{1}{r^2 + (l.\omega_s)^2}.(u^2 - E^2) \qquad (3.51)$$

u est la valeur de la tension du bus continu. Compte tenu de la valeur importante du courant ($i = i_{m-mac} + i_{m-mac2} + i_{m-mac3}$), il est nécessaire d'augmenter significativement la valeur du bus continu u pour pouvoir maintenir un facteur de puissance unitaire (figure3.52-b).

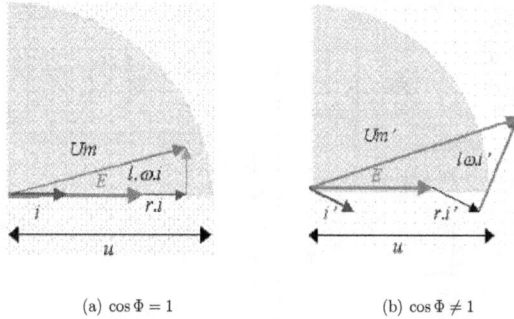

(a) $\cos \Phi = 1$ (b) $\cos \Phi \neq 1$

FIG. 3.52 – Diagramme vectoriel de la liaison réseau en valeur crête

b - Calcul de la tension du bus continu

Pour déterminer la valeur de la tension du bus continu nécessaire pour transiter une puissance donnée, on utilise un schéma équivalent monophasé simplifié de la liaison entre le bus continu, l'onduleur et le réseau (en négligeant la résistance du filtre d'entrée). Pour cela, l'onduleur et le réseau sont considérés comme des sources de tension monophasées (figure 3.53)[Ela 02b].

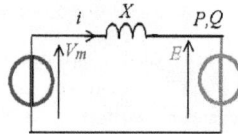

FIG. 3.53 – Schéma monophasé simplifié de la liaison réseau

V_m est la valeur efficace du fondamental de la tension modulée par l'onduleur, E est la valeur efficace de la tension simple à l'entrée du transformateur. X est l'impédance monophasée de la self de lissage. On a représenté sur la figure 3.54 le diagramme vectoriel correspondant.

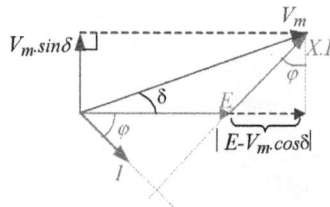

FIG. 3.54 – Diagramme vectoriel des grandeurs électriques en valeur crête

On peut donc exprimer, les puissances actives et réactives consommées du coté de l'onduleur et au primaire du transformateur, en triphasé. La puissance réactive envoyée sur le réseau (au primaire du transformateur), on a :

$$Q = 3E.I.\sin\varphi \tag{3.52}$$

Cette quantité peut être écrite en fonction du déphasage entre E et V_m : δ. On considère la projection du vecteur XI sur l'axe porté par E : $X.I.\sin\varphi$. Cette dernière est équivalente à la quantité $E - Vm.\cos\delta$ d'où

$$Q = \frac{3.E(E - V_m.\cos\delta)}{X} \tag{3.53}$$

La puissance active s'exprime par :

$$P = 3.E.I.\cos\varphi \tag{3.54}$$

Or, la projection de XI sur l'axe perpendiculaire à celui porté par E : $XI.\cos\varphi$, s'écrit aussi sous la forme $V_m.\sin\delta$. D'où :

$$P = \frac{3.E.V_m.\sin\delta}{X} \tag{3.55}$$

Pour l'application considérée, la vitesse de la machine est asservie de manière à obtenir un maximum de puissance extraite du vent. On définit le paramètre r, appelé taux de modulation, qui permet de caractériser la valeur efficace du fondamental de la tension modulée par l'onduleur :

$$V_m = \frac{r.u}{2.\sqrt{2}} \tag{3.56}$$

Pour dimensionner la tension du bus continu u, on introduit le paramètre α [Bar 96] :

$$u = \alpha.E.2.\sqrt{2} \tag{3.57}$$

De (3.56) et (3.57) on déduit

$$V_m = r.\alpha.E \tag{3.58}$$

Les puissances sont alors exprimées en fonction de ce paramètre selon :

$$Q = \frac{3.E^2.(1 - r.\alpha.\cos\delta)}{X} \tag{3.59}$$

$$P = \frac{3.E^2.\sin\delta.r.\alpha}{X} \tag{3.60}$$

Or, pour un fonctionnement souhaité à puissance réactive nulle (qui est le cas souhaité dans notre étude), on obtient à partir de $Q = 0$ dans 3.5.2.0 :

$$r.\alpha.\cos\delta = 1 \tag{3.61}$$

Autrement dit, à partir de 3.60 :

$$P = \frac{3.E^2.\sqrt{r^2.\alpha^2 - 1}}{X} \tag{3.62}$$

Afin de transférer le maximum de puissance sur le réseau, le taux de modulation est unitaire. Donc, la relation 3.62 devient :

$$r = 1 \Rightarrow \mid P \mid = \frac{3.E^2.\sqrt{\alpha^2 - 1}}{X} \tag{3.63}$$

93

Connaissant la puissance maximale fournie par notre éolienne, on peut déterminer le paramètre α. A partir de ce paramètre et de la valeur efficace des tensions du réseau, on fixe la valeur de la tension du bus continu correspondante en utilisant l'équation 3.57.

3.5.3 Résultats de simulation

Dans cette partie, quelques résultats de simulation d'une éolienne à vitesse variable reposant sur une machine asynchrone (dont les paramètres sont fournis en annexe 4.1), obtenus (sous MATLAB-SIMULINK TM. La vitesse du vent varie entre 13 et 14 m/s, la période de cette vitesse est de 120s, sa vitesse moyenne sur cette durée vaut 12.5 m/s (figure 3.55-a). Les résultats inhérents à cette simulation sont présentés à (figure 3.55) et (figure 3.56). On constate que la vitesse de la génératrice (figure 3.55-b) est effectivement rendue variable de manière à extraire un maximum de puissance active. La tension du bus continu est maintenue constante (figure 3.56-a) et la puissance réactive est négligeable par rapport à la puissance active (figure 3.57a-b).

La simulation d'une ferme éolienne composée de ces trois éoliennes a été également effectuée. Le bus continu été dimensionné en conséquence.

La puissance maximale $P_{max} = 300kW$ est considérée pour une valeur de la tension simple efficace du réseau de $E = 230V$. L'impédance de la self de lissage de $5mH$, a comme valeur : $X = 0.314.\Omega$. Dans ce cas, l'équation 3.63 donne :

$$\alpha^2 = \frac{P_{max}.X^2}{9.E^4} + 1 = 1.35 \qquad ou \qquad \alpha = \sqrt{\frac{P_{max}.X^2}{9.E^4} + 1}$$

Et donc, en utilisant l'équation 3.57, on détermine la tension du bus continu

$$u = \alpha.E.2.\sqrt{2} \# 760V$$

En utilisant trois éoliennes, la puissance maximale transitée passe à $P_{max} = 900kW$ et on trouve $u = 1350V$.

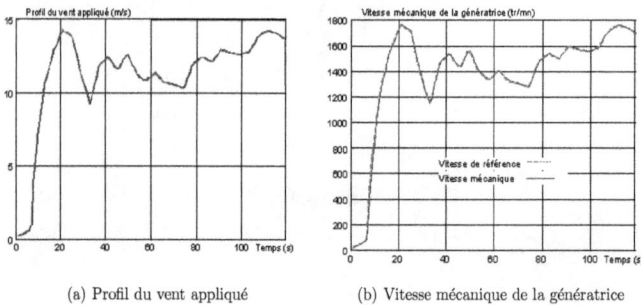

(a) Profil du vent appliqué (b) Vitesse mécanique de la génératrice

FIG. 3.55 – Vent et vitesse mécanique pour une éolienne

(a) Tension du bus continu

(b) Courant éolien fourni par l'éolienne

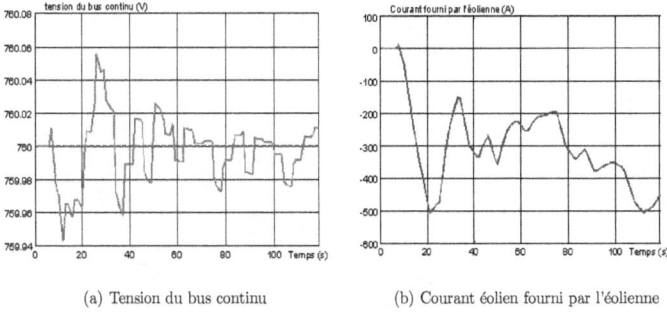

FIG. 3.56 – Tension du bus continu et courant éolien fourni pour une éolienne de 300kW

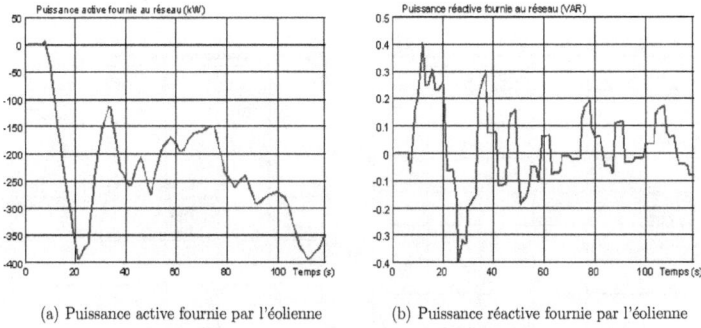

(a) Puissance active fournie par l'éolienne

(b) Puissance réactive fournie par l'éolienne

FIG. 3.57 – Puissances actives et réactives pour une éolienne de 300 kW

Nous avons donc étudié ce système sous une tension du bus continu de 1350V en considérant le cas le plus défavorable pour lequel les éoliennes reçoivent le même profil du vent simultanément. On constate une bonne régulation du bus continu (figure 3.58-a), et l'évolution de la puissance active est multipliée par trois comme attendue initialement (figure 3.59).

(a) Tension du bus continu pour 3 éoliennes

(b) Courant éolien fourni par trois éoliennes

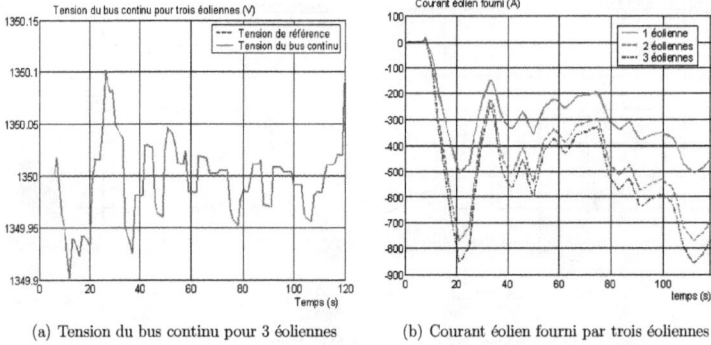

FIG. 3.58 – Tension du bus continu et courant éolien fourni pour 3 éoliennes

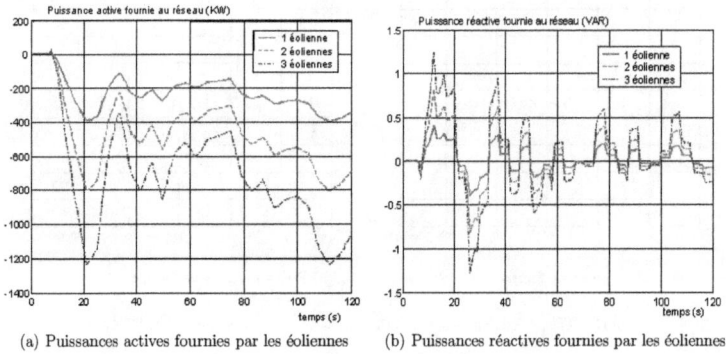

(a) Puissances actives fournies par les éoliennes

(b) Puissances réactives fournies par les éoliennes

FIG. 3.59 – Puissances actives et réactives pour 3 éoliennes

3.6 Conclusion

Dans ce chapitre, nous avons décrit les différentes structures d'éoliennes à vitesse variable basées sur une génératrice asynchrone. Nous avons ensuite établi un modèle de la chaîne de conversion de l'éolienne constituée d'une machine asynchrone à cage pilotée par le stator par des convertisseurs contrôlés par MLI et reliés au réseau via un bus continu, un filtre et un transformateur.

A partir de ce modèle nous avons construit un dispositif de commande de l'ensemble afin de faire fonctionner l'éolienne de manière à extraire le maximum de puissance de l'énergie du vent. L'architecture de commande de cette chaîne de conversion est composée de différents blocs de commande. Nous avons principalement décrit la commande vectorielle à flux rotorique orienté de la machine asynchrone, le contrôle de la liaison au réseau avec la régulation du bus continu.

La dernière partie de ce chapitre a décrit la connexion d'une éolienne de (300kW) au réseau de distribution en appliquant une méthodologie de modélisation et de commande pour l'ensemble à partir d'un modèle continu équivalent. Les résultats de simulation ont été présentés. Dans l'objectif d'augmenter le flux de puissance transitée, on a adopté une configuration à trois éoliennes associées à un bus continu commun. Les résultats de simulation ont montré qu'il est possible de réaliser ce genre de système mais avec une condition sur le dimensionnement du bus continu en fonction du courant transité, et sur le dimensionnement du convertisseur de connexion au réseau.

Dans le chapitre suivant, nous allons étudier le fonctionnement d'une chaîne de conversion éolienne, reliée au réseau, et basée sur une machine asynchrone à double alimentation (MADA).

Chapitre 4

Éolienne à vitesse variable basée sur une machine asynchrone à double alimentation

4.1 Introduction

Actuellement, la majorité des projets éoliens supérieurs à 1MW reposent sur l'utilisation de la machine asynchrone pilotée par le rotor. Son circuit statorique est connecté directement au réseau électrique. Un second circuit placé au rotor est également relié au réseau mais par l'intermédiaire de convertisseurs de puissance. Étant donné que la puissance rotorique transitée est moindre, le coût des convertisseurs s'en trouve réduit en comparaison avec une éolienne à vitesse variable alimentée au stator par des convertisseurs de puissance. C'est la raison principale pour laquelle on trouve cette génératrice pour la production en forte puissance. Une seconde raison est la possibilité de régler la tension au point de connexion où est injectée cette génératrice.

Plusieurs technologies de machines asynchrones à double alimentation ainsi que plusieurs dispositifs d'alimentation sont envisageables et sont présentés.

Ensuite les modèles d'une éolienne à double alimentation utilisant un modèle continu équivalent et un modèle à interrupteurs idéaux des convertisseurs sont présentés.

Puis, le dispositif de commande de la chaîne de conversion est détaillé.

4.2 Double alimentation par le stator

Pour réaliser une double alimentation par le stator, la machine asynchrone est munie de deux bobinages statoriques distincts (figure 4.1).

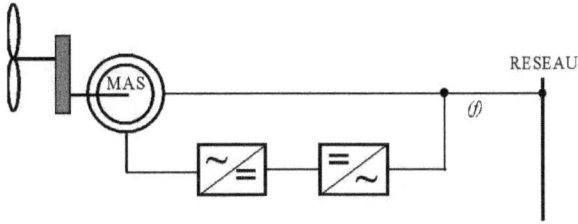

FIG. 4.1 – Machine asynchrone à double bobinage statorique

Un bobinage statorique de la génératrice est directement connecté au réseau et constitue le principal support de transmission de l'énergie générée. En agissant sur les tensions appliquées au second bobinage statorique, la vitesse de la génératrice est contrôlée autour d'un point de fonctionnement. Ce second enroulement sera appelé enroulement d'excitation. Ce dernier possède un autre nombre de paire de pôles que celui du premier bobinage. L'enroulement d'excitation a donc une masse de cuivre généralement inférieure, car seule une partie du courant nominal du générateur y circule. Cet enroulement est connecté à des convertisseurs électronique de puissance qui sont dimensionnés pour une fraction de la puissance nominale de la turbine, le coût s'en trouve réduit. Le convertisseur de puissance connecté à l'enroulement d'excitation, permet de contrôler le flux statorique de la machine, le glissement peut être ainsi contrôlé, et donc la vitesse de la génératrice. En augmentant le flux, les pertes au rotor augmentent, le glissement aussi. En diminuant le flux, les pertes diminuent et le glissement également. Un second convertisseur est nécessaire pour créer le bus continu. Comme les machines asynchrones ont un facteur de puissance faible à cause de l'inductance magnétisante, le convertisseur relié au réseau peut être commandé de manière à minimiser la puissance réactive (STATCOM). Comme pour toutes les machines asynchrones à double alimentation, la puissance nominale du convertisseur de puissance est proportionnelle au glissement maximum. Il a été vérifié que cette structure génère des puissances fluctuantes sur le réseau induisant ce qu'on appelle des flickers [Hop 01].

4.3 Double alimentation par le stator et le rotor

4.3.1 Principe

La structure de conversion est constituée d'une génératrice asynchrone à rotor bobiné entraînée par une turbine éolienne (figure 4.2).

Pour expliquer son principe de fonctionnement, on néglige toutes les pertes. En prenant en compte cette hypothèse, la puissance P est fournie au stator et traverse l'entrefer : une partie de cette puissance fournie, $(1 - g)P$, est retrouvée sous forme de puissance mécanique ; le reste, gP sort par les balais sous forme de grandeurs alternatives de fréquence gf. Ces grandeurs, de fréquence variable, sont transformées en énergie ayant la même fréquence que le réseau électrique, auquel elle est renvoyée, par l'intermédiaire du deuxième convertisseur. Ce réseau reçoit donc $(1 + g)P$ [Seg 90]. Les bobinages du rotor sont donc accessibles grâce à un système de balais et de collecteurs (figure 4.3). Une fois connecté au réseau, un flux magnétique tournant à vitesse fixe apparaît au stator. Ce flux dépend de la réluctance du circuit magnétique, du nombre de spires dans le bobinage et donc du courant

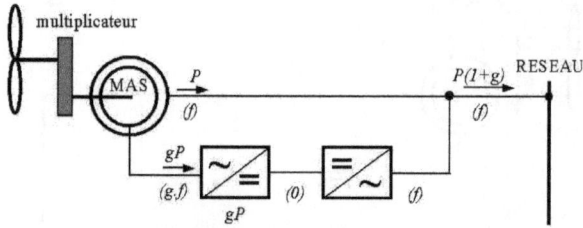

FIG. 4.2 – Schéma de principe d'une machine asynchrone à rotor bobiné pilotée par le rotor

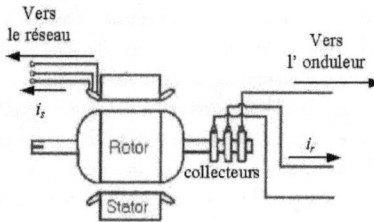

FIG. 4.3 – Machine asynchrone à rotor bobiné avec des bagues collectrices

statorique.

Pendant la rotation, le flux magnétique généré par le stator crée des f.e.m dans le bobinage du rotor. Le rapport entre les f.e.m crées au rotor et au stator est [Les 81] :

$$\frac{E_r}{E_s} = \frac{N_r}{N_s} \cdot \frac{\omega_s - \omega_{mec}}{\omega_s} \tag{4.1}$$

N_r et N_s sont respectivement le nombre de spires des bobinages rotoriques et statoriques. ω_s et ω_{mec} sont respectivement les pulsations de synchronisme et mécanique de la machine. En définissant le glissement par

$$g = \frac{\omega_s - \omega_{mec}}{\omega_s}, \tag{4.2}$$

l'équation 4.1 devient :

$$\frac{E_r}{E_s} = g \cdot \frac{N_r}{N_s} \tag{4.3}$$

Les courants au stator et au rotor sont définis comme dans le cas d'un transformateur parfait :

$$\frac{i_r}{i_s} = \frac{N_s}{N_r} \tag{4.4}$$

Donc, le rapport entre la puissance S_r au rotor et la puissance S_s au stator devient :

$$\frac{S_r}{S_s} = \frac{i_r}{i_s} \cdot \frac{E_r}{E_s} = g \tag{4.5}$$

Cette équation montre que pour une puissance constante transmise au stator, plus on transmet de la puissance par le rotor et, plus on augmente le glissement. La pulsation au stator (imposée par le réseau) étant supposée constante, il est donc possible de contrôler la vitesse de la génératrice (équation 4.2) en agissant simplement sur la puissance transmise au rotor via le glissement g.

4.3.2 Contrôle du glissement par dissipation de la puissance rotorique

Le glissement peut être rendu variable par extraction d'une fraction de puissance au circuit rotorique et dissipation dans une résistance en utilisant un redresseur alimentant un hacheur commandé (figure 4.4)[Hei 98]. Plus la pulsation rotorique est proche de la pulsation du synchronisme, plus la puissance extraite par le rotor est importante.

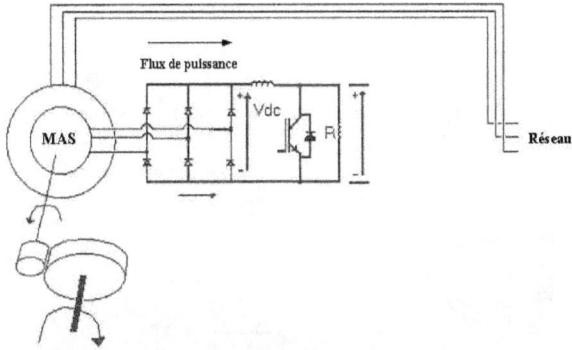

FIG. 4.4 – MADA avec un contrôle du glissement par dissipation de la puissance rotorique

Vue la taille réduite de la résistance R (car située au circuit rotorique), cette configuration permet uniquement des faibles variations de vitesse. Le fabricant des turbines éoliennes Vestas utilise cette topologie, sans bagues collectrices. Le convertisseur de puissance et la charge résistive sont assemblés sur le rotor et tournent avec lui. Le signal de commande du hacheur est transmis via un signal optique. Le glissement maximum obtenu avec ce système Vestas appelé " opti-slip " est de 10% [krü 01]. L'inconvénient de ce principe est que la puissance dissipée dans la résistance diminue le rendement du système de conversion.

4.3.3 Transfert de la puissance rotorique sur le réseau

a - Principe

Au lieu de dissiper la puissance disponible au rotor par effet Joule, on peut récupérer cette puissance en la renvoyant sur le réseau électrique. Ceci améliore le rendement du système. Dans le passé, on utilisait à cet effet des machines tournantes à courant continu ou alternatif (montages Kramer, Sherbius, Rimcoy, etc). De nos jours, on utilise, pour cette récupération, un système statique de conversion d'énergie constitué de convertisseurs de puissance ainsi qu'un transformateur [Ame 02]. Le convertisseur est dimensionné pour transiter seulement la puissance rotorique, (soit environ 25% de la puissance nominale) pour obtenir un glissement maximal et donc la puissance statorique nominale. C'est un compromis qui mène à une meilleure capture de l'énergie éolienne et à une faible fluctuation de la puissance du coté du réseau.

101

Il faut noter que tous les éléments du circuit de récupération (courants du circuit rotorique) ne sont dimensionnés que pour gP, donc, pour une puissance d'autant plus faible que le glissement maximum désiré est plus faible. Ce procédé est intéressant quand on peut se contenter d'une variation de vitesse réduite.

b - Pont à diodes et pont à thyristors

Une première structure pour l'alimentation électrique consiste à utiliser un pont à diodes et un pont à thyristors [Ref 99], cette structure est appelée "Montage de Kramer". Les tensions entre bagues sont redressées par le pont à diodes. L'onduleur à thyristors applique à ce redresseur une tension qui varie par action sur l'angle d'amorçage des thyristors. Ce dispositif permet de faire varier la plage de conduction des diodes, de rendre variable la puissance extraite du circuit rotorique et donc le glissement de la génératrice asynchrone (figure 4.5). Le principal avantage est que l'onduleur est assez classique, et moins coûteux, puisqu'il s'agit d'un onduleur non autonome dont les commutations sont assurées par le réseau.

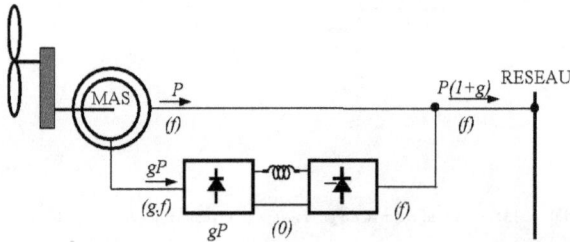

FIG. 4.5 – MADA alimentée par un pont à diodes et thyristors

Inconvénients :
Cette structure d'alimentation ne permet pas l'asservissement électrique de la vitesse de la machine. De plus, l'onduleur triphasé utilisé pour cette structure injecte des courants harmoniques basses fréquences d'amplitude importante. Cette injection d'harmoniques multiples de 50Hz est préjudiciable pour la durée de vie des appareillages électriques raccordés sur le réseau. Pour éviter cet inconvénient, on utilise d'autres structures.

c - Pont à diodes et pont à transistors

La structure consiste à remplacer les onduleurs à commutation naturelle constitués de thyristors, par des onduleurs à commutations forcées et à modulation de largeur d'impulsion (MLI), constitués par des transistors de puissance (figure 4.6). Ce type d'onduleur fonctionnant à fréquence de découpage élevée, n'injecte pratiquement pas de courants harmoniques en basses fréquences. Cette structure permet aussi de contrôler le flux de puissance réactive. Par contre, elle ne permet pas d'asservir la vitesse de la génératrice étant donné l'utilisation d'un pont de diodes. Cette structure permet donc de magnétiser la machine asynchrone par le biais du bus continu, ce qui alourdit le dispositif en terme de coût et de complexité de mise en oeuvre. De plus, les enroulements staoriques du moteur sont alors soumis à des $\frac{dv}{dt}$ importants qui peuvent réduire leur durée de vie [Sch 01].

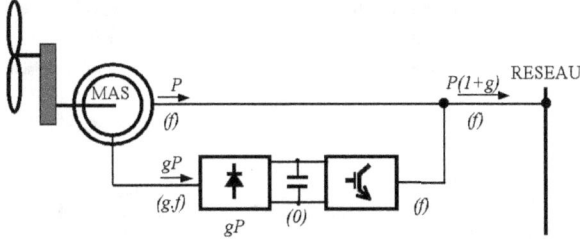

FIG. 4.6 – MADA alimentée par un pont à diodes et un onduleur MLI

d - Cycloconvertisseur

Cette configuration possède les mêmes caractéristiques que la précédente, sauf que l'énergie de glissement peut être transférée dans les deux sens. Cette topologie, présente donc plus de marge de manoeuvre pour la commande (figure 4.7) [Smi 81].

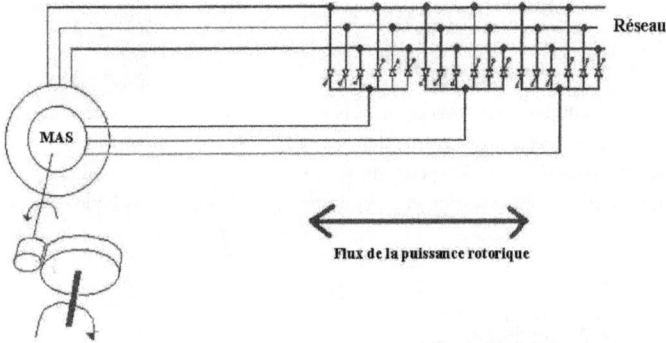

FIG. 4.7 – MADA avec un contrôle bidirectionnel de la puissance rotorique récupérée

Ce montage est aussi connu sous la dénomination "topologie statique Sherbius". Formellement, le principe de Sherbius est basé sur l'utilisation de machines tournantes au lieu des convertisseurs de puissance. Dans cette configuration, le principe de Scherbius est reproduit à l'aide d'un cycloconvertisseur. Celui utilisé dans la figure ci-dessus est conçu pour des valeurs de fréquence rotorique très inférieures à celles du réseau autrement dit pour des glissements très faibles. Ainsi, ceci permet l'utilisation de thyristors qui sont intéressants du point de vue coût. Comme le flux de la puissance est bidirectionnel, il est possible d'augmenter ou de diminuer l'énergie de glissement et ainsi faire fonctionner la machine en génératrice ou en moteur.

Une telle structure a été utilisée pour une éolienne de 750kW dont la vitesse de la turbine varie entre 20 et $25tr/min$, avec un convertisseur dimensionné pour 200kW [Dub 00].

e - Convertisseurs MLI

Une autre structure intéressante (figure 4.8) utilise deux ponts triphasés d'IGBT commandables par modulation de largeur d'impulsions. Ce choix permet d'agir sur deux degrés de liberté pour chaque convertisseur : un contrôle du flux et de la vitesse de rotation de la génératrice asynchrone du coté de la machine et un contrôle des puissances actives et réactives transitées du coté du réseau.

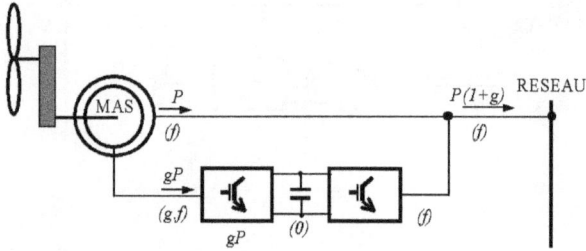

FIG. 4.8 – MADA alimentée par deux onduleurs à MLI

Cette configuration hérite des mêmes caractéristiques que la structure précédente. La puissance rotorique est bidirectionnelle. Il est à noter cependant que le fonctionnement en MLI de l'onduleur du coté réseau permet un prélèvement des courants de meilleure qualité.

f - Structure à trois convertisseurs MLI

On peut également disposer les convertisseurs à la fois au rotor et au stator, la structure est montrée sur la figure 4.9. Cette structure est intéressante car elle permet de contrôler le flux statorique. En effet suite aux variations du vent, la réponse du système en fonctionnement transitoire peut causer des variations significatives du flux statorique. Ceci provoque à la fois des oscillations mécaniques et électriques faiblement atténuées.

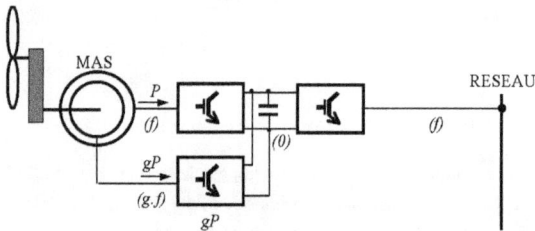

FIG. 4.9 – Structure à convertisseurs au stator et au rotor

Les avantages de cette structure d'alimentation sont les suivants :
- Les convertisseurs disposés aux bornes du circuit rotorique et statorique permettent le contrôle de leur flux.
- Cette configuration présente une certaine insensibilité par rapport à des défauts provenant du réseau électrique (creux de tension). En effet, un découplage est réalisé avec le réseau entre les

circuits rotoriques et statoriques par l'utilisation d'un bus continu intermédiaire.

– Elle offre deux degrés de libertés supplémentaires pour la commande des puissances transitées par le stator.

L'inconvénient majeur est l'utilisation de trois onduleurs dont un connecté au réseau de très forte puissance. Ils sont donc assez coûteux [Kel 01].

4.3.4   Conclusion sur les différentes structures à base de MADA

Nous avons présenté différentes structures d'alimentation basées sur l'utilisation d'une MADA, dont les caractéristiques sont résumées dans le tableau de la figure 4.10.

Parmi les configurations présentées, la configuration utilisant une machine asynchrone avec un second bobinage au stator est une solution intéressante dans la mesure où un système de balais-collecteur n'est pas nécessaire.

Une autre configuration intéressante est la machine asynchrone avec un rotor bobiné associé à des bagues collectrices. Les bagues collectrices sont soumises à une usure mécanique, ce qui nécessite une vérification qui peut être planifiée dans le programme de maintenance et ne représente donc pas un inconvénient. La structure d'alimentation à deux convertisseurs MLI offre un contrôle de quatre grandeurs, à savoir le flux et la vitesse de la génératrice et les flux des puissances transitées au réseau. Cette configuration permet une variation de 100% de la vitesse en utilisant des pâles orientables. Les convertisseurs ne sont dimensionnés que pour seulement 25% de la puissance nominale de la génératrice donc les pertes dans le convertisseur sont peu importantes. Par conséquent, cette structure d'alimentation est la plus intéressante du point de vue coût et performance et celle-ci qui est plus amplement étudiée maintenant.

Technologie	Type de MADA	Convertisseur utilisé	Transfert de puissance	Variation de la vitesse du rotor
Machine sans balais à double alimentation	Double bobinage au stator	Convertisseur MLI au stator et coté réseau	Transfert bidirectionnel de l'énergie du glissement	Variable 25%
Double alimentation par le rotor et le stator, et dissipation d'énergie	Un seul bobinage au stator et un rotor bobiné	Redresseur pour le contrôle du glissement hacheur connecté à une charge résistive	Transfert unidirectionnel de l'énergie de glissement	Variable 25%
Double alimentation par le rotor et le stator, et récupération d'énergie de glissement (Kramer)	Un seul bobinage au stator et un rotor bobiné	Redresseur à diodes Onduleur à thyristors	Transfert unidirectionnel d'énergie de glissement	Variable 25%
Double alimentation par le rotor et le stator, et récupération d'énergie de glissement	Un seul bobinage au stator et un rotor bobiné	Cyclo convertisseur Sherbius	Transfert bidirectionnel d'énergie de glissement	Variable 50%
Double alimentation par le rotor et le stator, et récupération d'énergie de glissement	Un seul bobinage au stator et un rotor bobiné	Double convertisseur MLI	Transfert bidirectionnel d'énergie de glissement	Variable 50%

FIG. 4.10 – Principales caractéristiques des différentes structures de la machine à double alimentation

4.4 Modélisation globale de la chaîne de conversion de l'éolienne basée sur la MADA

4.4.1 Introduction

Dans cette partie, on modélise la chaîne de conversion éolienne directement connectée au réseau de distribution par le stator, et alimentée par le rotor au moyen de deux convertisseurs de puissance fonctionnant en MLI (figure 4.11). Nous rappelons le modèle de la machine asynchrone à double alimentation, ce dernier est identique à celui utilisé dans le chapitre 3. Ensuite, nous étudierons la connexion de cette génératrice par l'intermédiaire des convertisseurs à IGBT contrôlés par MLI. Le modèle des convertissurs est également similaire à celui présenté dans le chapitre 3. Le dispositif de commande de l'éolienne à vitesse variable est ensuite présenté.

4.4.2 Modélisation de la MADA

Le rotor et le stator de la machine, modélisée dans le repère de Park, tournent à la même vitesse de sorte que les flux et les courants sont liés par une expression indépendante du temps. En appliquant la transformation de Park aux équations de la machine asynchrone dans le repère naturel, ces dernières sont obtenues en tenant compte des composantes homopolaires (équations 3.10 et 3.11) :

$$\frac{d}{dt}[\Phi_{sdq0}] = [v_{sdq0}] - [R_s][i_{sdq0}] - [I][\Phi_{sdq0}]\frac{d\theta_s}{dt} \qquad (4.6)$$

$$\frac{d}{dt}[\Phi_{rdq0}] = [v_{rdq0}] - [R_r][i_{rdq0}] - [I][\Phi_{rdq0}]\frac{d\theta_r}{dt} \qquad (4.7)$$

Où

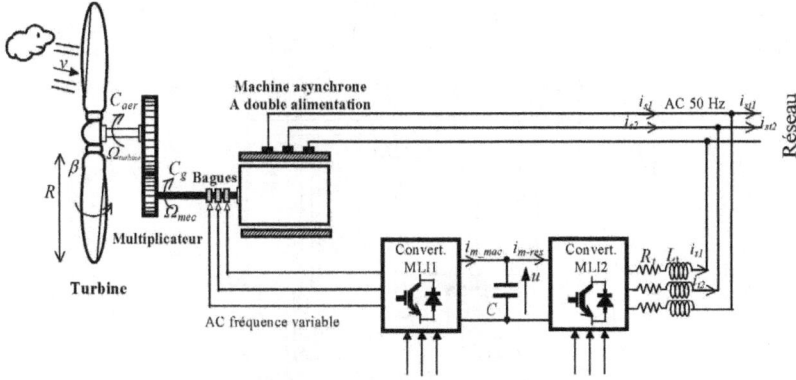

FIG. 4.11 – MADA connectée au réseau

- $[v_{sdq0}]$ est le vecteur tension statorique dans le repère de Park.
- $[i_{sdq0}]$ est le vecteur courant statorique dans le repère de Park.
- $[\Phi_{sdq0}]$ est le vecteur flux statorique dans le repère de Park.
- $[v_{rdq0}]$ est le vecteur tension rotorique dans le repère de Park.
- $[i_{rdq0}]$ est le vecteur courant rotorique dans le repère de Park.
- $[\Phi_{rdq0}]$ est le vecteur flux rotorique dans le repère de Park.

Le couple électromagnétique de la machine peut s'exprimer sous différentes formes. Celle qui sera utilisée pour concevoir le système de commande utilise uniquement les grandeurs au stator :

$$C_{em} = p.(\Phi_{sd}.i_{sq} - \Phi_{sq}.i_{sd}) \tag{4.8}$$

4.4.3 Modèle complet de la chaîne de conversion éolienne

a - Modèle utilisant des interrupteurs idéaux pour les convertisseurs de puissance

Un premier modèle de la chaîne de conversion éolienne de la figure 4.11 peut être établi en utilisant les modèles à interrupteurs idéaux des convertisseurs et le modèle généralisé (avec prise en compte des composantes homopolaires) de la MADA (figure 4.12).

Le filtre est alors modélisé dans le repère naturel (a, b, c). Le modèle du convertisseur sera identique à celui étudié dans le chapitre 3. Il faut cependant considérer l'équation du noeud de connexion :

$$i_{st1} = i_{s1} + i_{t1} \tag{4.9}$$
$$i_{st2} = i_{s2} + i_{t2} \tag{4.10}$$

Soit, sous forme vectorielle :

$$\underline{I}_{st} = \underline{I}_s + \underline{I}_t \tag{4.11}$$

Où

- $\underline{I}_{st}$ est le vecteur courant issu du noeud de connexion et transféré au réseau.

- $\underline{I}_s$ est le vecteur courant du circuit statorique.
- $\underline{I}_t$ est le vecteur courant issu du filtre de sortie.

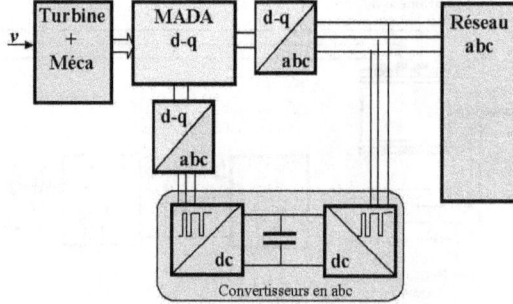

FIG. 4.12 – Décomposition globale du modèle utilisant un modèle à interrupteurs idéaux des convertisseurs

En utilisant une mise en cascade des différents macro-blocs définis précédemment, la représentation énergétique macroscopique du modèle de cette chaîne de conversion est illustrée sur la figure 4.13.

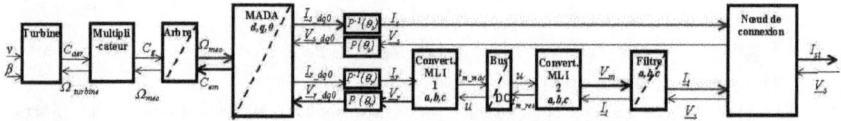

FIG. 4.13 – REM utilisant un modèle des convertisseurs de puissance équivalent correspondant à des interrupteurs idéaux

Le modèle à interrupteurs idéaux sera utilisé au chapitre 6 pour estimer le taux d'harmoniques générés par les convertisseurs.

b - Modèle utilisant le modèle continu équivalent des convertisseurs de puissance

Un second modèle de la chaîne de conversion éolienne peut être établi en utilisant les modèles continus équivalents des convertisseurs de puissance. Ce modèle est établi dans le repère de Park et prend en compte les composantes utiles des courants et tensions au niveau des génératrices, du bus continu et du réseau. Le modèle continu équivalent ne permet pas de prédire les harmoniques de courant et de tension, puisque la fréquence de commutation des semi-conducteurs n'est pas prise en compte (figure 4.14). Dans ce cas, la représentation macroscopique du modèle de cette chaîne de conversion ne comprend que les macroblocs définis dans le repère de Park (figure 4.15).

Les composantes directe et quadrature du courant issu du noeud de connexion sont exprimées par :

$$i_{std} = i_{sd} + i_{td} \qquad (4.12)$$
$$i_{stq} = i_{sq} + i_{tq} \qquad (4.13)$$

En définissant

– le vecteur courant circulant au filtre par $\underline{I}_{t-dq}$, on a

$$\underline{I}_{t-dq} = \begin{pmatrix} i_{td} \\ i_{tq} \end{pmatrix}$$

– le vecteur courant provenant du stator par $\underline{I}_{s-dq}$, on a

$$\underline{I}_{s-dq} = \begin{pmatrix} i_{sd} \\ i_{sq} \end{pmatrix}$$

– le vecteur courant envoyé au réseau de distribution par $\underline{I}_{st-dq}$, on a

$$\underline{I}_{st-dq} = \begin{pmatrix} i_{std} \\ i_{stq} \end{pmatrix}$$

Sous forme vectorielle, les équations 4.12 et 4.13 deviennent :

$$\underline{I}_{st-dq} = \underline{I}_{s-dq} + \underline{I}_{t-dq} \tag{4.14}$$

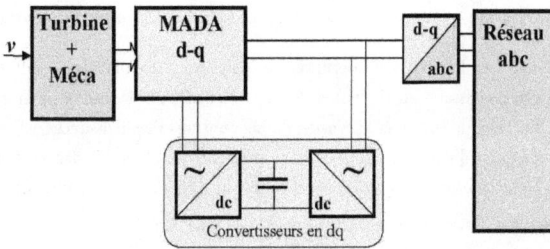

FIG. 4.14 – Décomposition globale du modèle utilisant un modèle continu équivalent des convertisseurs

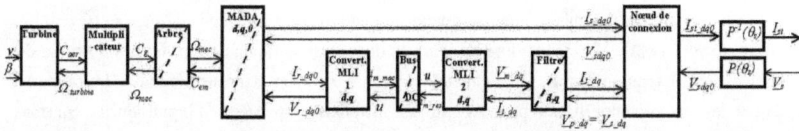

FIG. 4.15 – R.E.M de la chaîne de conversion utilisant un modèle continu équivalent des convertisseurs

Dans la suite de ce chapitre, nous détaillons le dispositif de commande de cette génératrice, obtenu par inversion du modèle continu équivalent.

4.5 Dispositif de commande d'une éolienne à base de MADA à vitesse variable

4.5.1 Architecture du dispositif de commande

L'architecture du dispositif de commande est obtenue en inversant la R.E.M. du modèle continu équivalent de cette éolienne (figure 4.16).

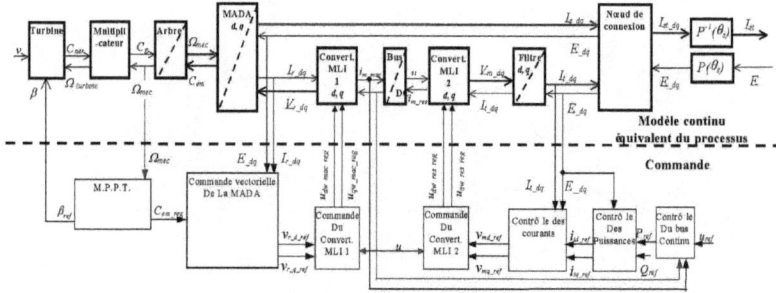

FIG. 4.16 – R.E.M du modèle continu équivalent et de la commande de la chaîne de conversion basée sur la MADA

De part l'existence d'un bus continu intermédiaire, le dispositif de commande peut se décomposer en deux parties. Le convertisseur MLI1 permet de contrôler le flux et la vitesse de la génératrice. Le convertisseur MLI2 permet de contrôler la tension du bus continu et les puissances actives et réactives échangées avec le réseau et d'établir les courants à la fréquence du réseau de distribution.

La commande de la génératrice asynchrone est basée sur trois fonctions (figure 4.17) :

1. L'algorithme d'extraction du maximum de puissance (M.P.P.T)

2. La commande vectorielle de la machine asynchrone à double alimentation

3. Le contrôle du convertisseur MLI1

Plusieurs algorithmes de M.P.P.T ont été décrits dans le chapitre 2. Quelque soit la technique utilisée, elle permet de maximiser la puissance extraite en imposant un couple de réglage (C_{em-reg}). Un contrôle vectoriel de la machine fixe les tensions de réglage à appliquer aux bornes du rotor de la MADA pour obtenir ce couple. La commande rapprochée du convertisseur détermine les rapports cycliques des interrupteurs utilisés pour réaliser une modulation de largeur d'impulsion. Le contrôle (rapporoché) du convertisseur MLI1 est identique à celui du convertisseur MLI2.

Les courants du filtre de sortie sont contrôlés au moyen de correcteurs PI (figure 4.16). Afin de déterminer les références des courants à partir d'un bilan des puissances, les tensions du réseau sont mesurées. Le contrôle de la tension du bus continu fixe la référence de la puissance active à transiter. Chaque fonction de ce dispositif commande est maintenant détaillée.

4.5.2 Commande vectorielle de la machine asynchrone à double alimentation

Dans cette partie, nous expliquons la commande vectorielle d'une MADA à rotor bobiné alimentée par un onduleur de tension.

110

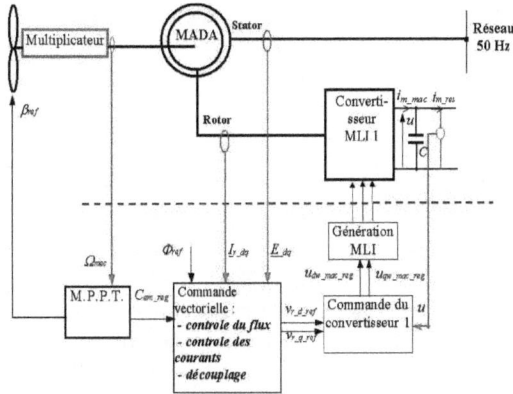

FIG. 4.17 – Commande de la génératrice asynchrone à double alimentation

" La commande à flux orienté " appliquée aux moteurs électriques est utilisée pour obtenir le mode de fonctionnement recherché en positionnant d'une manière optimale les vecteurs courants et les vecteurs flux résultants.

De nombreuses variantes de ce principe de commande ont été présentées dans la littérature, que l'on peut classifier suivant l'orientation du repère (d-q) sur :

- Le flux rotorique,
- Le flux statorique,
- Le flux d'entrefer,

suivant la détermination de la position du flux :

- Directe par mesure ou observation du vecteur flux (module, phase)
- Indirecte par contrôle de la fréquence du glissement.

Dans le cadre de cette thèse, nous développons la commande vectorielle de la génératrice asynchrone à double alimentation avec orientation du repère (d-q) suivant le flux statorique.

Cette dernière se décompose en trois parties :

- Le contrôle du flux
- Le contrôle des courants statoriques
- Le découplage ou compensation.

Pour établir la commande vectorielle de la génératrice, on considère l'hypothèse simplificatrice que les enroulements statoriques ou rotoriques de la machine sont supposés triphasés équilibrés, donc, toutes les composantes homopolaires sont annulées.

4.5.3 Modèle de la MADA avec orientation du flux statorique

La particularité de la MADA est qu'elle possède deux courants à contrôler directement à savoir i_{rd}, i_{rq}, et deux courant contrôlés indirectement i_{sd}, i_{sq}.

On rappelle d'abord le système d'équations différentielles de la machine :

$$\frac{d\Phi_{sd}}{dt} = v_{sd} - R_s.i_{sd} + \Phi_{sq}.\omega_s \tag{4.15}$$

$$\frac{d\Phi_{sq}}{dt} = v_{sq} - R_s.i_{sq} - \Phi_{sd}.\omega_s \tag{4.16}$$

$$\frac{d\Phi_{rd}}{dt} = v_{rd} - R_r.i_{rd} + \Phi_{rq}.\omega_r \tag{4.17}$$

$$\frac{d\Phi_{rq}}{dt} = v_{rq} - R_r.i_{rq} - \Phi_{rd}.\omega_r \tag{4.18}$$

$$\tag{4.19}$$

En orientant un des flux, le modèle obtenu de la MADA se simplifie et le dispositif de commande qui en résulte l'est également. Un contrôle vectoriel de cette machine a été conçu en orientant le repère de Park pour que le flux statorique suivant l'axe q soit constamment nul : $\Phi_{sq} = 0$.

Une simplification des équations de la machine asynchrone (au stator et rotor) est obtenue en supposant les composantes homopolaires nulles :

$$\frac{d\Phi_{sd}}{dt} = v_{sd} - R_s.i_{sd} \tag{4.20}$$

$$v_{sq} = R_s.i_{sq} + \omega_s.\Phi_{sd} \tag{4.21}$$

$$\frac{d\Phi_{rd}}{dt} = v_{rd} - R_r.i_{rd} + \omega_r.\Phi_{rq} \tag{4.22}$$

$$\frac{d\Phi_{rq}}{dt} = v_{rq} - R_r.i_{rq} - \omega_r.\Phi_{rd} \tag{4.23}$$

A partir des équations des composantes directe et quadrature du flux statoriques (relations 3.22 et 3.24 dans le chapitre 3), on obtient les expressions suivantes des courants statoriques :

$$i_{sq} = -\frac{M}{L_s}.i_{rq} \tag{4.24}$$

$$i_{sd} = \frac{\Phi_{sd} - M.i_{rd}}{L_s} \tag{4.25}$$

Ces courants statoriques sont remplacés dans les équations des composantes directe et quadrature des flux rotoriques (équation 3.22 et 3.24 du chapitre 3) :

$$\Phi_{rd} = (L_r - \frac{M^2}{L_s}).i_{rd} + \frac{M}{L_s}.\Phi_{sd} = L_r.\sigma.i_{rd} + \frac{M}{L_s}.\Phi_{sd} \tag{4.26}$$

$$\Phi_{rq} = L_r.i_{rq} - \frac{M^2}{L_s}.i_{rq} = L_r.\sigma.i_{rq} \tag{4.27}$$

σ est le coefficient de dispersion entre les enroulements d et q :

$$\sigma = 1 - \frac{M^2}{L_s.L_r}$$

En remplaçant les expressions des composantes directe et quadrature des courants statoriques (4.24 et 4.25) dans les équations (4.20 et 4.21), puis les expressions des composantes directe et quadrature des flux rotoriques (4.26 et 4.27) dans les équations (4.22 et 4.23), on obtient :

$$v_{sd} = \frac{R_s}{L_s}.\Phi_{sd} - \frac{R_s}{L_s}.M.i_{rd} + \frac{d\Phi_{sd}}{dt} \tag{4.28}$$

$$v_{sq} = -\frac{R_s}{L_s}.M.i_{rq} + \omega_s.\Phi_{sd} \tag{4.29}$$

$$v_{rd} = R_r.i_{rd} + L_r.\sigma.\frac{di_{rd}}{dt} + \frac{M}{L_s}.\frac{d\Phi_{sd}}{dt} - L_r.\omega_r.\sigma.i_{rq} \tag{4.30}$$

$$v_{rq} = R_r.i_{rq} + L_r.\sigma.\frac{di_{rq}}{dt} + L_r.\sigma.\omega_r.i_{rd} + \omega_r.\frac{M}{L_s}.\Phi_{sd} \tag{4.31}$$

Les équations rotoriques (4.30 et 4.31) permettent de déterminer les courants rotoriques :

$$\frac{di_{rd}}{dt} = \frac{1}{L_r.\sigma}.(v_{rd} - R_r.i_{rd} + \omega_r.L_r.\sigma.i_{rq} - \frac{M}{L_s}.\frac{d\Phi_{sd}}{dt}) \tag{4.32}$$

$$\frac{di_{rq}}{dt} = \frac{1}{L_r.\sigma}.(v_{rq} - R_r.i_{rq} - \omega_r.L_r.\sigma.i_{rd} - \omega_r.\frac{M}{L_s}.\Phi_{sd}) \tag{4.33}$$

En notant les f.e.m suivantes :

$$e_d = -L_r.\omega_r.\sigma.i_{rq} + \frac{M}{L_s}.\frac{d\Phi_{sd}}{dt} \qquad (R_{ed})$$

$$e_\Phi = \omega_r.\frac{M}{L_s}.\Phi_{sd} \qquad (R_{e\Phi})$$

$$e_q = L_r.\omega_r.\sigma.i_{rd} \qquad (R_{eq})$$

On obtient,

$$\frac{di_{rd}}{dt} = \frac{1}{L_r.\sigma}.(v_{rd} - R_r.i_{rd} - e_d) \tag{4.34}$$

$$\frac{di_{rq}}{dt} = \frac{1}{L_r.\sigma}.(v_{rq} - R_r.i_{rq} - e_q - e_\Phi) \tag{4.35}$$

Le couple a pour expression :

$$C_{em} = p.(\Phi_{sd}.i_{sq} - \Phi_{sq}.i_{sd}) \tag{4.36}$$

Avec une orientation du flux statorique telle que $\Phi_{sq} = 0$, on obtient une expression simplifiée :

$$C_{em} = p.\Phi_{sd}.i_{sq} \tag{4.37}$$

Le courant i_{sq} ne pouvant être directement contrôlé, en utilisant l'équation (4.24), on fait apparaître la composante en quadrature du courant rotorique dans l'expression du couple électromagnétique :

$$C_{em} = -p.\frac{M}{L_s}.\Phi_{sd}.i_{rq} \tag{4.38}$$

4.5.4 Représentation sous la forme d'un graphe informationnel causal

Le G.I.C. correspondant au modèle de la machine asynchrone à double alimentation ayant son flux statorique orienté est représenté à la figure 4.18.

Ce graphe fait clairement apparaître un couplage des tensions rotoriques (e_d et e_q) dans les équa-

113

	Processus		Commande
R1	$C_{em} = p.\frac{M}{L_s}.\Phi_{sd}.i_{rq}$	Rc1	$i_{rq-ref} = \frac{1}{p.\Phi_{ref}}.\frac{L_s}{M}.C_{em-reg}$
R2	$\frac{d\Phi_{sd-est}}{dt} = v_{sd} + \frac{R_s}{L_s}.M.i_{rd} - \frac{R_s}{L_s}.\Phi_{sd}$	Rc2	$i_{rd-ref} = C_\Phi.(\Phi_{ref} - \Phi_{sd-est})$
R2$_{est}$	$\frac{d\Phi_{sd}}{dt} = v_{sd} + \frac{R_s}{L_s}.M.i_{rd} - \frac{R_s}{L_s}.\Phi_{sd-est}$		
R4	$\frac{di_{rd}}{dt} = \frac{1}{\sigma.Lr}.(v_d - R_r.i_{rd})$	Rc4	$v_{d-ref} = C_{ir}.(i_{rd-ref} - i_{rd})$
R5	$\frac{di_{rq}}{dt} = \frac{1}{\sigma.Lr}.(v_q - R_r.i_{rq})$	Rc5	$v_{q-ref} = C_{ir}.(i_{rq-ref} - i_{rq})$
R6	$v_d = v_{rd} - e_d$	Rc6	$v_{rd-ref} = v_{d-ref} + e_{d-ref}$
R7	$v_q = v_{rq} - e_q - e_\Phi$	Rc7	$v_{rq-ref} = v_{q-ref} + e_{sq-ref} + e_\Phi$
R$_{ed}$	$e_d = -L_r.\omega_r.\sigma.i_{rq}$	Rc$_{ced}$	$e_{d-ref} = L_r.\omega_r.\sigma.i_{rq-ref}$
R$_{eq}$	$e_q = L_r.\omega_r.\sigma.i_{rd}$	Rc$_{ceq}$	$e_{q-ref} = L_r.\omega_r.\sigma.i_{rd-ref}$
R$_{e\Phi}$	$e_\Phi = \omega_r.\frac{M}{L_s}.\Phi_{sd}$	Rc$_{e\Phi-est}$	$e_{\Phi-est} = \omega_r.\frac{M}{L_s}.\Phi_{ref}$

TAB. 4.1 – Relations du processus et de la commande vectorielle à flux rotorique orienté de la MADA

tions différentielles à l'origine des courants rotoriques ($R4$ et $R5$).

La composante directe du flux statorique est supposée parfaitement contrôlée alors le terme $\frac{d\Phi_{sd}}{dt}$ est annulé dans la relation R_{ed}.

Pour la conception de la commande, on suppose que les courants mesurés ainsi que la vitesse mesurée ou estimée sont égaux aux courants et à la vitesse réels.

La composante directe du flux statorique peut être estimée à partir de l'équation 4.28 et aboutit à la relation R_{2-est} (tableau 4.1).

Pour établir le graphe informationnel causal de la commande de la machine asynchrone à cage, on inverse les relations explicitées dans le tableau 4.1. L'architecture du dispositif de commande repose sur l'utilisation :

- De relations de découplage (R_{c6}, R_{c7}, R_{ced} et R_{ceq})
- De régulateurs des courants rotoriques (R_{c4} et R_{c5})
- D'un régulateur de flux (R_{c2}) associé à un estimateur de flux (R_{2est})
- D'une compensation de la composante directe du flux statorique ($R_{ce\Phi-est}$).

Les notations utilisées sont les suivantes :

- C_{ir} le correcteur Proportionnel - Intégral utilisé pour la boucle de régulation des courants rotoriques. Ce dernier est calculé de manière à imposer un temps de réponse trés inférieur à la dynamique de la composante fondamentale (50 Hz).
- C_Φ : Régulateur Proportionnel - Intégral utilisé pour la boucle de régulation du flux statorique d'axe d.

Le contrôle du couple de la machine est réalisé en régalant la composante en quadrature du courant rotorique à partir de la relation inverse R_{c1}.

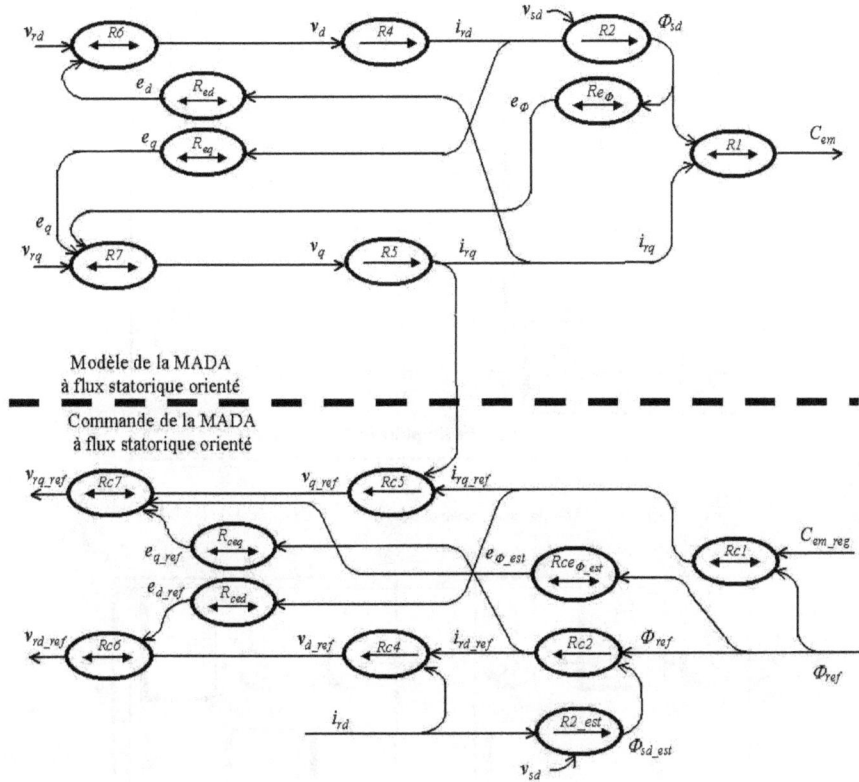

FIG. 4.18 – Graphe Informationnel Causal du modèle de la MADA et de sa commande à flux statorique orienté

On voit que le couple électromagnétique est rendu proportionnel au courant i_{rq} si le flux est maintenu constant, de préférence à sa valeur nominale de manière à avoir une excursion maximale du couple. Le courant i_{rq} sera rendu variable par action sur la tension v_{rq}. Le flux peut être contrôlé par le réglage du courant i_{rd}. Ce dernier est rendu variable par action sur la tension v_{rd}.

La figure 4.19 donne la représentation sous forme de schéma bloc du modèle à flux statorique orienté de la MADA.

En considérant le convertisseur parfaitement commandé ($v_{rd} = v_{rd-ref}$ et $v_{rq} = v_{rq-ref}$), la représentation simplifiée sous forme de schéma bloc de la régulation des courants est donnée à la figure 4.20.

A l'issue de ces réglages, on obtient $i_{rq} = i_{rq-ref}$ et $i_{rd} = i_{rd-ref}$ avec un temps de réponse choisi de manière à ce que la boucle de vitesse ait un temps de réponse supérieur à celui des courants. Le

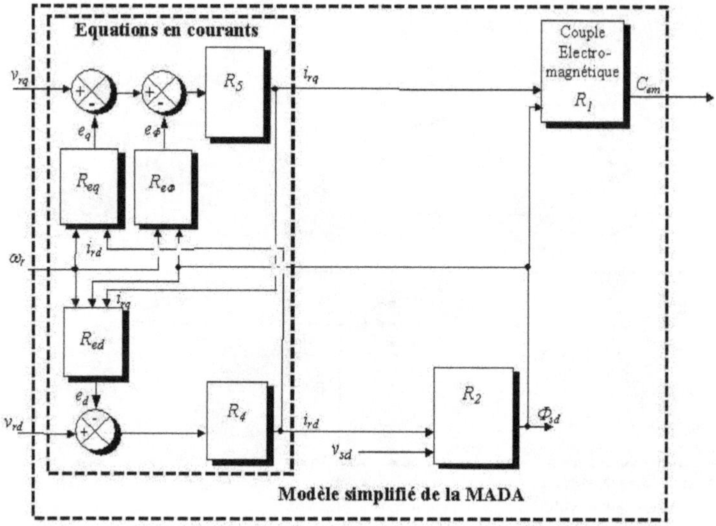

FIG. 4.19 – Représentation sous forme de schéma blocs du modèle de la MADA

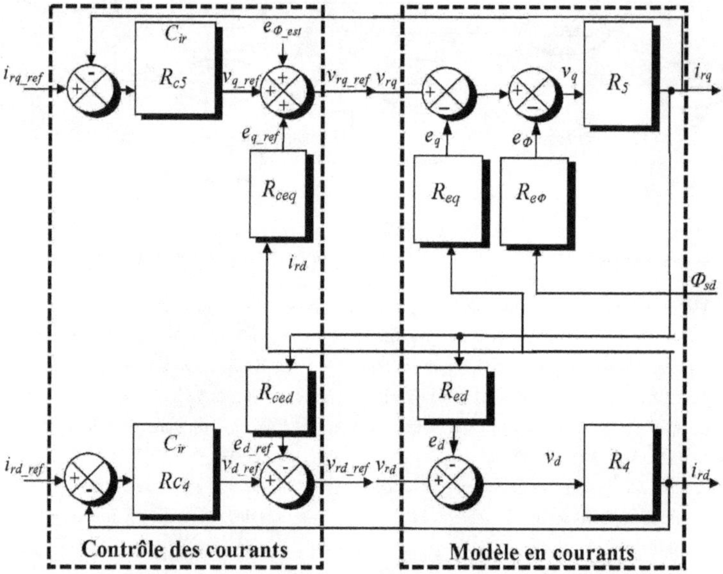

FIG. 4.20 – Régulation des courants rotoriques

courant i_{rq-ref} contrôle le couple électromagnétique.

Il existe d'autres stratégies de commande vectorielle dont les grandeurs à contrôler sont la vitesse, la tension du bus continu, le facteur de puissance coté stator et le coefficient de puissance coté réseau [Ove 02, Hof 98]. Ces structures permettent de contrôler le facteur de puissance de l'installation sur les quatre quadrants de fonctionnement. En revanche, une telle commande nécessite une boucle de régulation interne du couple et donc une bonne estimation de celui-ci.

On peut également envisager une commande vectorielle de la MADA basée sur un contrôle des puissances actives et réactives au stator [Poi 03]. Cependant cette solution n'est convenable que lorsque la génératrice fonctionne en régime normal, mais dès que le réseau est affecté par des défauts, la mesure de la puissance au stator n'est plus appropriée.

Dans notre cas d'étude, nous avons considéré comme grandeurs à contrôler, les courants rotoriques. Afin de déterminer la référence de la composante directe du courant rotorique, nous utilisons des méthodes d'estimation et de contrôle du flux statorique. Ces méthodes sont étudiées dans la partie suivante.

4.5.5 Algorithmes de contrôle du flux de la MADA

a - Principe

En fonctionnement normal, le réseau électrique impose un système de tension, de fréquence et de valeur efficace constante. Ceci induit un flux statorique d'amplitude et de vitesse constante.

La connaissance du flux statorique (via un estimateur) et son utilisation dans le contrôle de la MADA va avoir une influence sur le comportement global du générateur éolien notamment lors de l'apparition d'un creux de tension. Dans cette partie, on présente deux techniques permettant d'obtenir une estimation de la composante directe du flux statorique ainsi que différentes stratégies de commande de la machine asynchrone (MADA) reposant sur deux approches :

– Une approche basée sur un contrôle du flux en boucle ouverte, c'est une approche qui suppose que le flux statorique est imposé par le réseau. Elle sera appelée aussi : approche synchrone.
– Une approche basée sur un contrôle du flux en boucle fermée, c'est une approche intéressante, notamment, lorsque la tension statorique (et donc le flux statorique) subit une variation. De cette estimation, une régulation du flux s'avère indispensable. Elle sera appelée : approche asynchrone.

b - Estimateurs de flux

b - 1 Estimation de Φ_{sd} à partir de l'équation différentielle A partir de l'équation 4.28, on peut déterminer une estimation dynamique du flux statorique d'axe d :

$$\Phi_{sd-est} = \frac{1}{1 + T_s.s}.(T_s.v_{sd} + M.i_{rd}) \tag{4.39}$$

Où $T_s = \frac{L_s}{R_s}$ est la constante de temps statorique et s est la grandeur de Laplace.

b -2 Estimation de Φ_{sd} à partir de la mesure des courants On sait que la composante directe du flux statorique s'écrit :

$$\Phi_{sd} = L_s.i_{sd} + M.i_{rd} \tag{4.40}$$

117

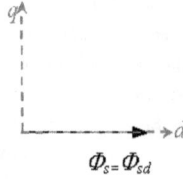

FIG. 4.21 – Orientation du flux statorique ($\Phi_{sq} = 0$)

En supposant la machine identifiée, on peut estimer ce flux à partir de la mesure des courants i_{sd} et i_{rd} accessibles.

4.5.6 Génération du courant rotorique de référence

a - Principe

Pour les deux techniques d'estimateurs de flux, l'amplitude du flux est contrôlable par la composante directe du courant rotorique.

Il existe différentes façons pour générer le courant de référence i_{rd-ref}, dans cette étude, nous adoptons trois algorithmes, qui sont :

- Génération de i_{rd-ref} pour fonctionner à puissance réactive nulle au niveau du stator.
- Génération de i_{rd-ref} à l'aide d'un algorithme de minimisation des pertes Joule statoriques et rotoriques [Tan 95].

  Ces deux algorithmes s'inscrivent dans ce qu'on appelle l'approche synchrone.
- Génération de i_{rd-ref} à partir d'un contrôle en boucle fermée de la composante directe du flux statorique. Cet algorithme fait partie de ce qu'on appelle l'approche asynchrone.

b - Contrôle en boucle fermée du flux

Par analogie avec la machine asynchrone à cage, nous allons développer un contrôle en boucle fermée du flux statorique direct (figure 4.22) :

$$i_{rd-ref} = C_\Phi.(\Phi_{ref} - \Phi_{sd-est}) \tag{4.41}$$

Où Φ_{sd-est} est la valeur du flux statorique estimé par l'équation (4.39) ou bien à partir de l'équation (4.40).

Cette approche considère une orientation parfaite du flux statorique direct, autrement dit $\Phi_{sq} = 0$.
figure 4.22

Pour cet algorithme, il est nécessaire de concevoir un régulateur du flux statorique avec un temps de réponse plus lent que la dynamique des courants rotoriques.

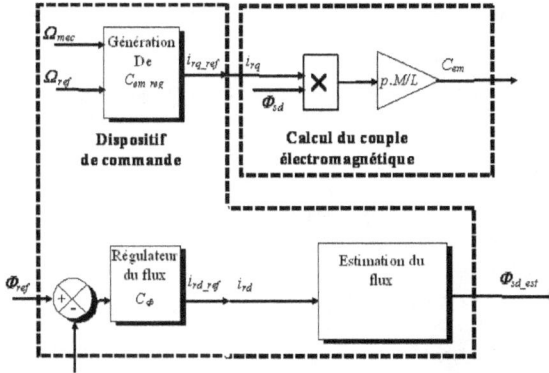

FIG. 4.22 – Estimation du flux et contrôle en boucle fermée du flux

b - Magnétisation du stator : fonctionnement à $Q_s = 0$

La composante directe du flux statorique peut être également déterminée à partir des composantes directes des courants au stator et au rotor :

$$\Phi_{sd} = L_s.i_{sd} + M.i_{rd} \qquad (4.42)$$

Si l'objectif est d'imposer le flux statorique égal à une référence alors, on déterminera la référence pour la composante directe du courant rotorique à partir de l'équation du flux suivante :

$$i_{rd-ref} = \frac{\Phi_{ref} - L_s.i_{sd-ref}}{M} \qquad (4.43)$$

Φ_{ref} étant la référence à obtenir du flux statorique.

La puissance réactive au stator est exprimée en fonction des composantes de Park des courants et tensions par :

$$Q_s = v_{sq}.i_{sd} - v_{sd}.i_{sq}$$

La référence de la composante directe du courant statorique peut donc être déterminée pour imposer une valeur de référence de la puissance réactive :

$$i_{sd-ref} = \frac{Q_{s-ref} + v_{sd}.i_{sq}}{v_{sq}}$$

En émettant quelques hypothèses, cette expression peut être simplifiée. En supposant le repère de Park orienté, on a $\Phi_{sq} = 0$. La composante directe de la tension statorique (4.28) devient en régime permanent : $v_{sd} = R_s.i_{sd}$. Généralement, la valeur de la résistance R_s est très petite, la composante directe de la tension est donc très petite et peut être considérée nulle. Pour un fonctionnement à puissance réactive nulle, la composante directe du courant statorique devient nulle. On obtient alors :

$$i_{rd-ref} = \frac{\Phi_{ref}}{M} \qquad (4.44)$$

Remarque : On a

$$\sqrt{v_{sd}^2 + v_{sq}^2} = \sqrt{\frac{3}{2}}.V_{max}$$

Avec une orientation telle que $v_{sd} = 0$, alors, la composante quadrature de la tension v_s vaut :

$$v_{sq} = \frac{U_{max}}{\sqrt{2}} = U_{eff}$$

Où U_{max} et U_{eff} représentent respectivement la valeur crête et efficace d'une tension composée. (V_{eff} étant la valeur efficace d'une tension simple).

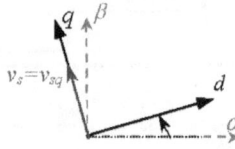

FIG. 4.23 – Tensions statoriques dans le repère de Park

Le schéma bloc correspondant à cet algorithme est représenté sur la figure 4.24.

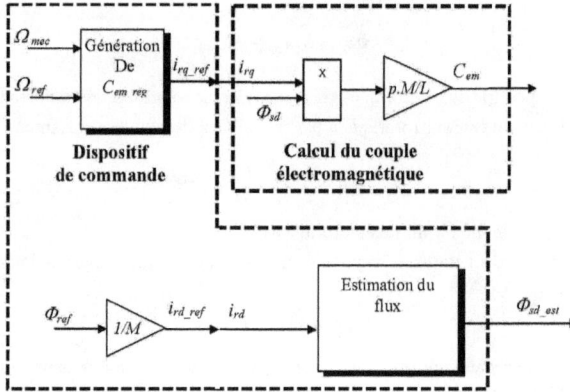

FIG. 4.24 – Estimation du flux et fonctionnement à $Q_s = 0$

c - Algorithme de minimisation des pertes rotoriques et statoriques dans la MADA

Il s'agit de concevoir un algorithme qui permet de contrôler la MADA tout en minimisant les pertes par effet Joule au stator et au rotor . Ces pertes peuvent se calculer comme suit [Tan 95] :

$$P_{cu} = \frac{3}{2}.[(R_s.(i_{sd}^2 + i_{sq}^2) + R_r.(i_{rq}^2 + i_{rd}^2)] \tag{4.45}$$

Dans cette expression, les composantes directe et quadrature du courant rotorique sont exprimées en fonction du courant statorique en utilisant les équations du flux :

$$\Phi_{sd} = L_s.i_{sd} + M.i_{rd} \tag{4.46}$$

$$\Phi_{sq} = L_s.i_{sq} + M.i_{rq} \tag{4.47}$$

En supposant le flux orienté et constant, on a $\Phi_{sq} = 0$. Dans ce cas, à partir de l'équation précédente, on peut exprimer i_{rq} en fonction de i_{sq} :

$$i_{rq} = -\frac{1}{M}.L_s.i_{sq} \tag{4.48}$$

On exprime également i_{rd} en fonction de i_{sd} :

$$i_{rd} = -\frac{1}{M}.(\Phi_{sd} - L_s.i_{sd}) \tag{4.49}$$

Les pertes dans la machine ont alors cette expression :

$$P_{cu} = \frac{3}{2}.[(R_s + \frac{L_s^2}{M^2}.R_r).i_{sq}^2 + (R_s + \frac{L_s^2}{M^2}.R_r).i_{sd}^2 + \frac{R_r}{M^2}.\Phi_{sd}^2 - 2.\frac{L_s.R_r}{M^2}.i_{sd}.\Phi_{sd}] \tag{4.50}$$

Le minimum de cette puissance dissipée est obtenu pour la valeur de i_{sd} suivante :

$$i_{sd} = \frac{L_s.R_r}{R_s.M^2 + R_r.L_s^2}.\Phi_{sd} \tag{4.51}$$

A partir de cette relation, on peut déduire la référence à imposer pour la composante directe du courant rotorique i_{rd} qui devient égale à :

$$i_{rd-ref} = -\frac{M.R_s}{R_s.M^2 + R_r.L_s^2}.\Phi_{ref} \tag{4.52}$$

La schéma bloc correspondant à cet algorithme est représenté sur la figure 4.25.

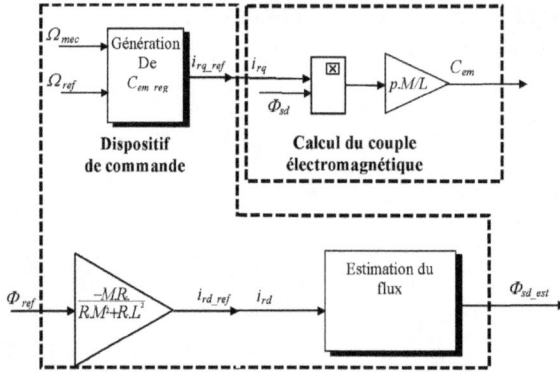

FIG. 4.25 – Estimation du flux et minimisation des pertes de la machine

4.6 Modélisation de la procédure de démarrage

Dans la partie précédente 4.5.6, le dispositif de commande de la MADA pour un fonctionnement en zones 2 et 3 (paragraphe 2.4.1, chapitre 2) a été expliqué.

La procédure de démarrage de ce dispositif de génération nécessite une modélisation particulière qui est maintenant abordée.

En fonctionnement normal, la turbine éolienne tourne au fur et à mesure que la vitesse du vent augmente. Quand la vitesse mécanique de la machine atteint une certaine valeur seuil (1000tr/mn), correspondant à une vitesse du vent d'environ 4.5m/s, un ordre de commande général enclenche la procédure de connexion de la machine (et donc le démarrage de la production). La procédure de démarrage se décompose en actions de commande ordonnées et espacées dans le temps qui sont maintenant décrites :

– La tension du réseau est d'abord appliquée au filtre via le transformateur abaisseur (15kV/690V) par la fermeture d'un contacteur.

– Le condensateur du bus continu se charge grâce à un pont de diodes.

– Le convertisseur côté réseau (MLI 2) est commandé et une compensation de la puissance réactive est réalisée de manière à avoir $Q_t = -Q_s$ où Q_t est la puissance réactive calculée à la sortie du filtre et Q_s est la puissance réactive générée au stator de la MADA. A cet instant, cette dernière est nulle car le stator n'est pas connecté au réseau.

– L'étape suivante consiste à magnétiser la MADA en appliquant les tensions correspondantes au circuit rotorique jusqu'à ce que le flux statorique atteigne sa valeur nominale (lors de cette étape, le couple de référence est nul).

– La tension statorique apparaissant aux bornes du stator de la MADA est alors synchronisée avec les tensions du réseau tout comme pour la connexion d'un alternateur synchrone. Elle est réglée en amplitude, en fréquence et en phase suivant la tension du réseau. Le circuit statorique de la MADA est alors connecté au réseau par la fermeture d'un second contacteur.

– Le couple de référence (imposé par l'algorithme M.P.P.T.) est alors appliqué et la production démarre.

Nous montrons dans ce qui suit les évolutions des grandeurs de la MADA et celles du côté du réseau. La figure 4.26 montre l'évolution temporelle de la vitesse mécanique de la génératrice à base de MADA et celle de la tension du bus continu.

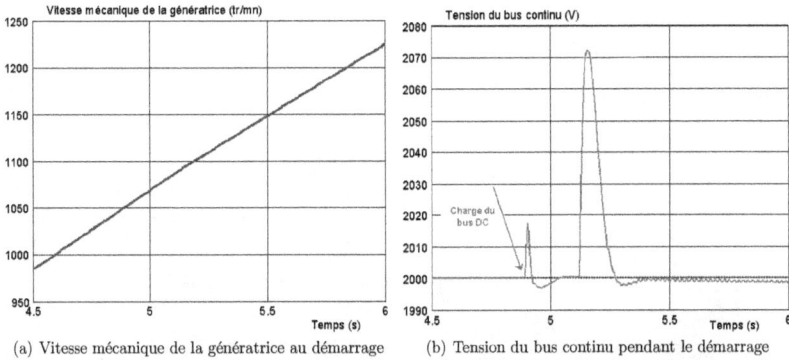

(a) Vitesse mécanique de la génératrice au démarrage

(b) Tension du bus continu pendant le démarrage

FIG. 4.26 – Vitesse mécanique de la génératrice et tension du bus continu au démarrage

Le vent appliqué au système éolien est un vent constant de 15m/s. Lorsque la vitesse de la génératrice atteint la valeur de 1050 tr/mn, la procédure de démarrage est alors lancée. Le bus continu initialement chargé par le biais d'un redresseur à diodes, se stabilise ensuite à sa valeur de référence suite à la commande.

Comme le montre la figure 4.27-a, la puissance active extraite du au réseau est positive au moment de la charge du bus continu, ensuite elle est quasiment égale à 0 pendant la compensation de la puissance statorique (figure 4.27-b). A t=5.2s, la synchronisation avec le réseau est réalisée et la connexion du stator entraîne un transitoire négatif sur la puissance active (générée) et un transitoire sur la puissance réactive rapidement compensée (figure 4.27-b).

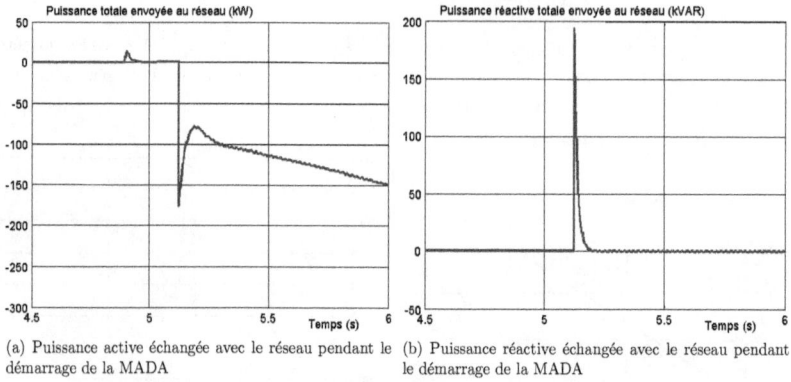

(a) Puissance active échangée avec le réseau pendant le démarrage de la MADA

(b) Puissance réactive échangée avec le réseau pendant le démarrage de la MADA

FIG. 4.27 – Puissances actives et réactives totales au démarrage de la MADA

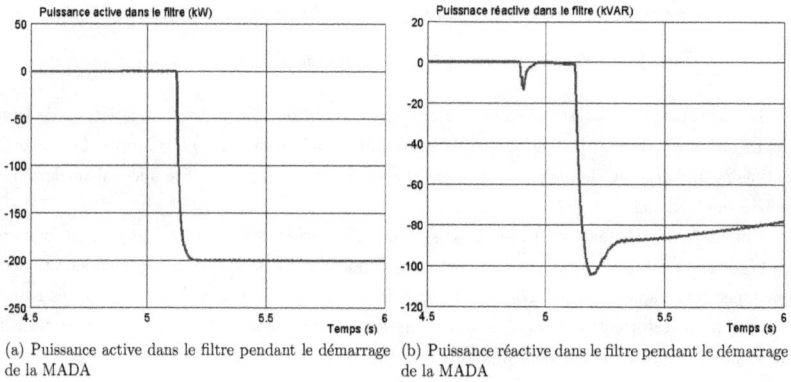

(a) Puissance active dans le filtre pendant le démarrage de la MADA

(b) Puissance réactive dans le filtre pendant le démarrage de la MADA

FIG. 4.28 – Puissances actives et réactives dans le filtre au démarrage de la MADA

Les évolutions temporelles des courants sont représentées aux figures 4.29,4.30, 4.31.

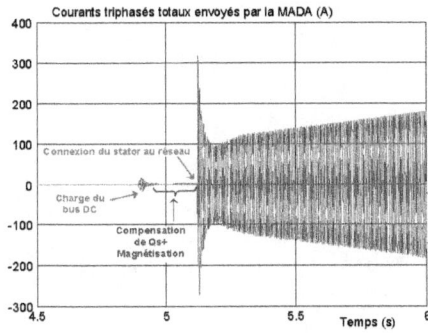

FIG. 4.29 – Courants triphasés totaux générés par la MADA

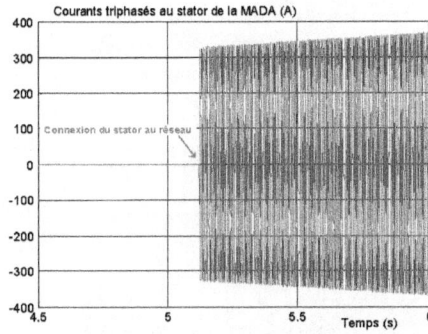

FIG. 4.30 – Courants triphasés au stator la MADA

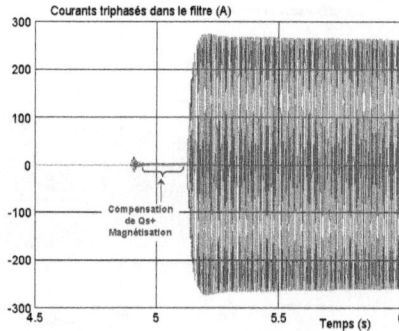

FIG. 4.31 – Courants triphasés dans le filtre

La figure 4.32 montre l'évolution de la tension d'alimentation et du courant total généré par la MADA à l'instant de la connexion du stator au réseau électrique. Le courant total envoyé au réseau est très faible et est en phase avant la connexion, puis il devient en opposition de phase avec une amplitude plus importante étant donné que la MADA fonctionneme génératrice.

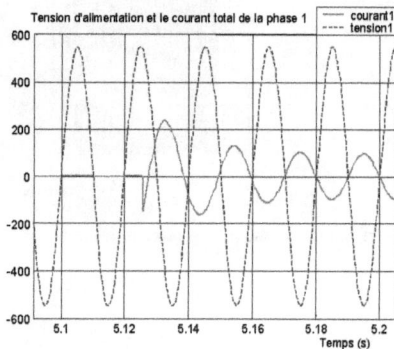

FIG. 4.32 – Tension d'alimentation et courant total envoyé par la MADA

4.7 Conclusion

Dans ce chapitre, nous avons établi une liste bibliographique des différentes structures d'alimentation trouvées dans l'abondante littérature concernant les éoliennes à double alimentation. Les caractéristiques de chaque structure d'alimentation ont été citées, notamment les compromis : variation de vitesse, génération d'harmoniques basse fréquence et coût.

Nous avons ensuite présenté une modélisation d'un système de génération d'énergie éolienne, basé sur une machine asynchrone à double alimentation pilotée par le rotor, associé à deux onduleurs commandés par MLI. Cette étude a montré que cette tâche est assez complexe, puisque le réseau est relié à la fois au rotor et au stator. Pour cela, la méthodologie causale a été d'une grande aide. Elle a permis en plus des hypothèses adoptées, de concevoir le système de commande de l'ensemble.

La dernière partie fait l'objet d'une description de deux estimateurs de flux : Une estimation dynamique et une estimation plus pratique, basée sur les courants statoriques et rotoriques. Ensuite, nous avons conçu trois stratégies de commande afin d'extraire le maximum de puissance produite par l'éolienne (fonctionnement en zone 2). Deux de ces stratégies font partie de ce qu'on appelle l'approche synchrone qui suppose que le flux statorique est imposé par le réseau. L'autre approche (appelée approche asynchrone) repose sur un contrôle en boucle fermée du flux.

Deux modes de fonctionnement peuvent être envisagés pour l'éolienne à base de la MADA. Connectée sur un réseau réseau électrique puissant, la machine peut être contrôlée pour imposer un échange de puissance réactive nulle. C'est ce mode qui sera utilisé par la suite. Connecté sur un réseau électrique de faible puissance (caractérisé par des fluctuations de tension), la machine peut être contrôlée pour produire de la puissance réactive afin de maintenir cette tension au bus de raccordement. Ce second mode n'est pas installé ou configuré de manière systématique par les constructeurs.

Le chapitre suivant, permettra de valider le modèle de cette éolienne par des résultats de mesure réalisés sur une éolienne de 1.5 MW.

Chapitre 5

Validation expérimentale sur une éolienne de 1.5 MW

5.1 Introduction

Dans les chapitres précédents, nous avons établi des modèles de précision différente pour différentes technologies d'éoliennes. A partir de ces modèles, les dispositifs de commande ont été établis et leur dimmensionnement validé à l'aide de simulations. Cependant, pour considérer les différentes caractéristiques du système, il est nécessaire de considérer une validation expérimentale de l'ensemble des résultats obtenus. L'implémentation directe des commandes testées en simulation sur une éolienne réelle n'est pas évidente. Elle requiert de nombreux essais dont le coût en temps et en matériel est important.

L'éolienne sur laquelle ont été effectués des relevés expérimentaux repose sur une génératrice asynchrone à double alimentation de 1,5 MW. Elle est située à Schelle dans la région d'Anvers. Ces relevés ont été effectués par LABORELEC sous la responsabilité de M. Frank MINNE.

Nous présentons dans une première partie, les relevés expérimentaux réalisés. Les caractéristiques statiques qui sont utilisées pour identifier les paramètres de l'éolienne sont ensuite présentées.

Dans la seconde partie, les résultats expérimentaux sont exploités pour identifier les paramètres du modèle de la turbine présentée au chapitre 2. Puis, en utilisant le profil du vent mesuré, les résultats obtenus par simulation en utilisant le modèle continu équivalent de l'éolienne complète sont comparés avec les données mesurées.

5.2 Présentation de l'éolienne

Le parc d'éoliennes de Schelle compte 3 éoliennes Enron Wind d'une puissance de 1,5 MW. La distance entre les différentes éoliennes s'élève à plus ou moins 280 m. Deux éoliennes sont dressées du côté de l'Escaut, la troisième éolienne un peu plus vers l'intérieur du pays (figure 5.1).

La puissance totale installée du parc d'éoliennes de Schelle s'élève à 4,5 MW. Au pied de chaque éolienne se trouve un transformateur qui transforme la moyenne tension en 690V pour son transport.

Le parc d'éoliennes Schelle produit chaque année environ 8 millions kWh d'électricité. (En pratique une famille consomme en moyenne 3500 kWh/an. Le Parc fournit alors à plus de 2000 familles du courant durant un an, ce qui correspond en grande partie à l'agglomération de Schelle).

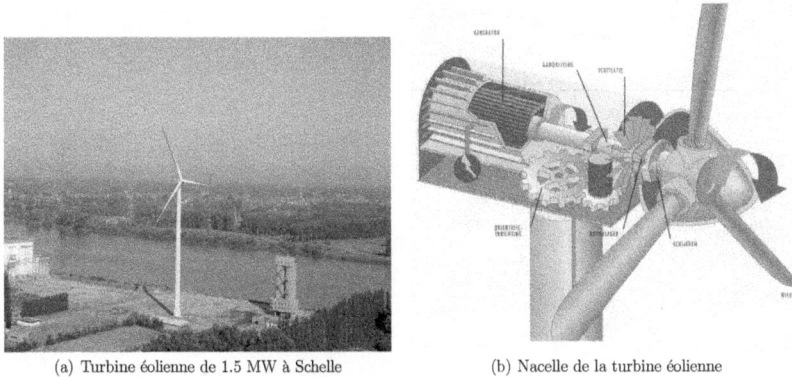

(a) Turbine éolienne de 1.5 MW à Schelle   (b) Nacelle de la turbine éolienne

FIG. 5.1 – Turbine et nacelle de l'éolienne de 1.5 MW de Schelle

Les caractéristiques disponibles de cette éolienne sont représentées dans le tableau de la figure 5.2.

General Electric 1,5 MW	
ROTOR	
Diametre	70,5 (m)
pales	3
Régulation	pitch/optiSpeed
Tour	
Hauteur	67-78-85 (m)
Données opérationnelles	
Cut in wind speed	4m/s
Nominal wind speed	16m/s
Stop wind speed	25m/s
Géneratrice	
Type	MADA
Puissance Nominale	1,5 MW
Tension et fréquence	690V/50Hz
Poids	
Tour	160t
Nacelle	57t
Rotor	23t

FIG. 5.2 – Caractéristiques techniques de l'éolienne étudiée

5.2.1 Les évolutions temporelles des relevés de mesure

Afin d'identifier les paramètres de l'éolienne ainsi que de son dispositif de commande, l'évolution temporelle de la vitesse du vent (figure 5.3-a), de la vitesse de la génératrice (figure 5.3-b), de la puissance électrique générée sur le réseau (figure 5.4-a) et de l'angle de calage des pales (figure 5.4 -b) ont été relevées.

Les relevés expérimentaux ont été réalisés toutes les 10 secondes sur une durée de dix heures. Un grand intérêt de ces relevés expérimentaux est qu'ils concernent l'ensemble des points de fonctionnement de l'éolienne.

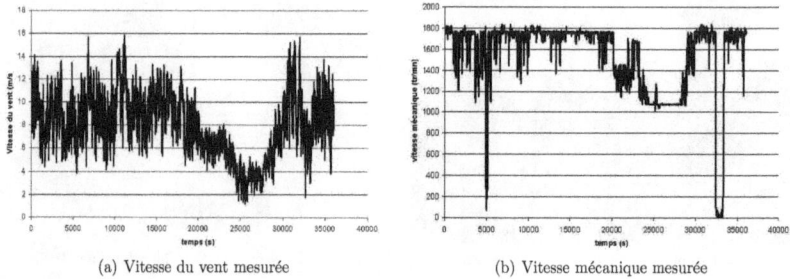

(a) Vitesse du vent mesurée

(b) Vitesse mécanique mesurée

FIG. 5.3 – Vitesse du vent et vitesse mécanique mécanique mesurés de l'éolienne de 1.5 MW

La puissance totale (envoyée sur le réseau) est représentée sur la figure 5.4-a et s'étend sur toute la plage de fonctionnement du générateur éolien. On constate que la puissance est limitée à 1.55 MW et qu'elle fluctue selon la dynamique du vent. On constate que pour 24000s<t<27500s, la vitesse du vent est fluctuante autour d'une faible valeur de 2m/s. Le point de fonctionnement se trouve dans la zone de démarrage de l'éolienne. Ensuite sa vitesse de rotation est pratiquement constante et égale à environ 1100tr/mn (figure 5.3-b). La puissance électrique produite est par conséquent très négligeable devant la puissance nominale.

On remarque également sur la figure 5.4-b qu'un arrêt de la génératrice est opéré lorsque la vitesse du vent devient inférieure à 4m/s à t=5000s et entre (33500s<t<34000s). Une orientation des pales à 85° (figure 5.4-b) a conduit à l'arrêt de la rotation.

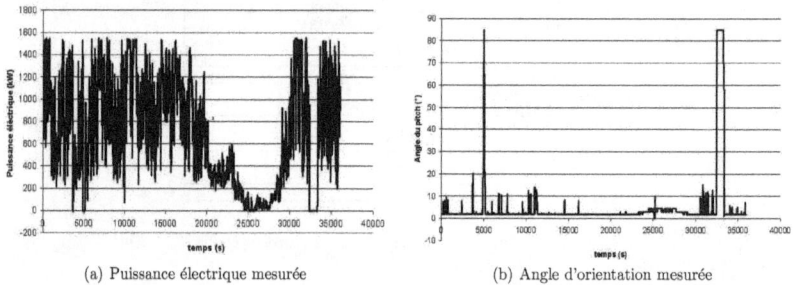

(a) Puissance électrique mesurée

(b) Angle d'orientation mesurée

FIG. 5.4 – Puissance et l'angle d'orientation mesurés de l'éolienne de 1.5 MW

130

5.3 Obtention des caractéristiques statiques

Le tableau de la figure 5.5 montre quelques points de mesure et illustre l'existence de trois zones de fonctionnement de l'éolienne (hors démarrage).

La zone 2, est la zone d'extraction maximale de la puissance produite par l'éolienne, l'angle d'orientation vaut une valeur constante égale à 2°, la vitesse mécanique est très variable et correspond à une grande plage de variation de la puissance électrique produite.

La zone 3 correspond à une vitesse mécanique quasi constante coprise entre environ 1561 et 1850 tr/mn de l'éolienne.

Dans la zone 4 on constate des valeurs très importantes de l'angle d'orientation des pales pour maintenir une puissance constante pratiquement égale à 1550 kW.

	Puissance électrique	Vitesse mécanique	Vitesse du vent	L'angle du pitch
	5,7	1076,9	3,37	2
	68,5	1080,1	4,43	2
	550,7	1680	7,35	2
	683	1741,3	8,16	2
Zone 2	996,2	1757,7	9,6	2
	996,2	1757,7	9,6	2
	998	1757,7	9,6	2
	999,9	1757,7	9,6	2
	1000,7	1757,7	9,6	2
	1148,9	1761,3	10,42	3
	1358,5	1769,8	11,66	4,5
	1358,8	1769,8	11,67	4,5
	1359,3	1769,8	11,67	4,5
	1360,2	1769,8	11,67	4,5
Zone 3	1461,9	1778,8	12,31	8,66
	1462,4	1778,8	12,31	8,69
	1463,3	1778,9	12,31	8,75
	1525,2	1798,3	13,25	65
	1525,3	1798,7	13,26	65
	1525,4	1798,8	13,26	65
	1525,5	1798,8	13,26	65
	1526,5	1800,6	13,36	85
	1526,7	1800,6	13,37	85
	1526,9	1800,8	13,37	85
Zone 4	1526,9	1800,9	13,38	85
	1527,1	1801	13,38	85
	1527,1	1801	13,39	85
	1527,1	1801,1	13,4	85
	1552,3	1836,2	15,84	85

FIG. 5.5 – Tableau des données mesurées

Afin de tracer les caractéristiques statiques de ce système, les points mesurés ont été ordonnés selon une vitesse de vent croissante qui évolue de 0.5 à 16 m/s (figure 5.6).

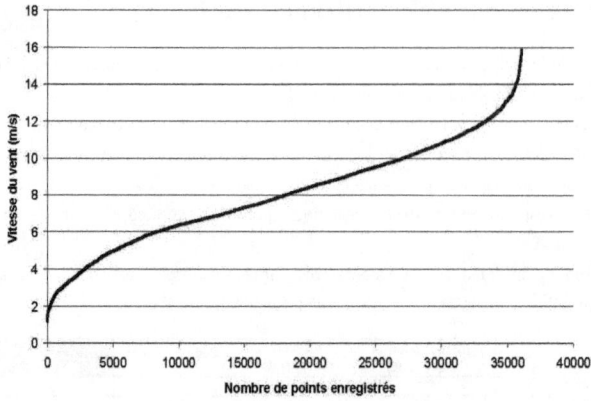

FIG. 5.6 – Ensemble des vitesses de vent mesurées et ordonnées

La figure 5.7 montre une très bonne linéarité de la puissance totale générée par rapport à la vitesse du vent. Cela est en grande partie dû au dispositif de commande qui règle à la fois l'angle de calage des pâle et le couple électromécanique (par l'intermédiaire de convertisseurs de puissance reliés au circuit rotorique de la machine). En effet, la puissance aérodynamique convertie par la turbine est proportionnelle au cube de la vitesse du vent.

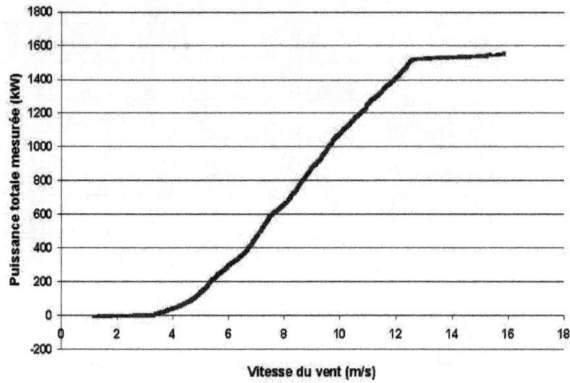

FIG. 5.7 – Puissance totale générée mesurée en fonction de la vitesse du vent

Le premier réglage réalisé est celui de la vitesse de la génératrice. Classiquement on considère le ratio du vitesse défini par :

$$\lambda = \frac{R.\Omega_{turbine}}{v} = \frac{R}{G} \cdot \frac{\Omega_{mec-mesure}}{v_{mesure}} \tag{5.1}$$

L'évolution temporelle de ce ratio de vitesse, obtenu à partir des mesures de la vitesse de la génératrice et de la vitesse du vent (la figure 5.8-a).

Dans la zone de fonctionnement correspondant au maximum de puissance MPPT (zone 2), ce ratio est maintenu constant et la vitesse mécanique est rendue proportionnelle à la vitesse du vent est représentée à la figure 5.8-b.

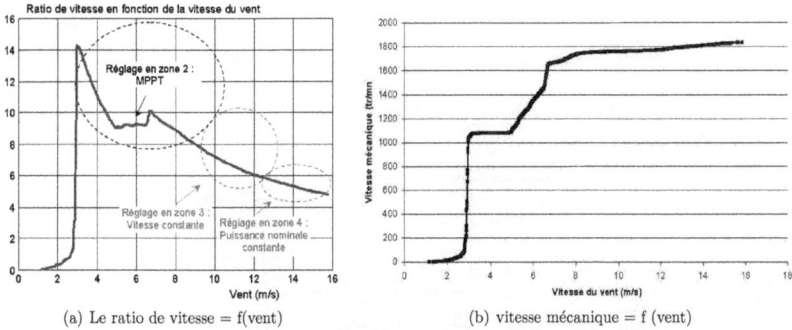

(a) Le ratio de vitesse = f(vent)

(b) vitesse mécanique = f (vent)

FIG. 5.8 – La vitesse mécanique de la génératrice et le ratio de vitesse en fonction de la vitesse du vent

On remarque qu'une seconde loi de réglage permet de diminuer le ratio de vitesse en fonction de la vitesse du vent afin de maintenir constante la vitesse de rotation de la génératrice (zone 3)(figure 5.8-a).

Le troisième réglage est réalisé en adaptant l'angle d'orientation de la pale pour maintenir la puissance électrique générée constante et égale à sa valeur nominale de 1550 kW. Une augmentation non significative de la vitesse mécanique est également notée dans cette zone. La caractéristique angle en fonction de la puissance générée est représentée à la figure 5.9.

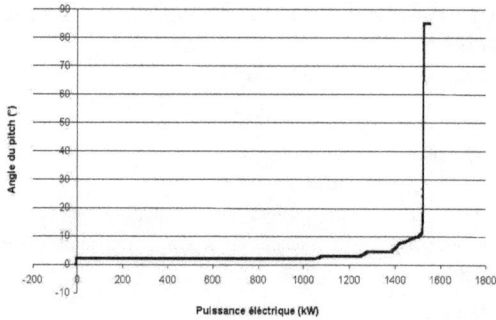

FIG. 5.9 – L'angle d'orientation en fonction de la puissance électrique mesurée

Finalement, la caractéristique statique mesurée entre la puissance électrique et la vitesse mécanique, illustrant ces trois zones de fonctionnement est montrée à la figure 5.10.

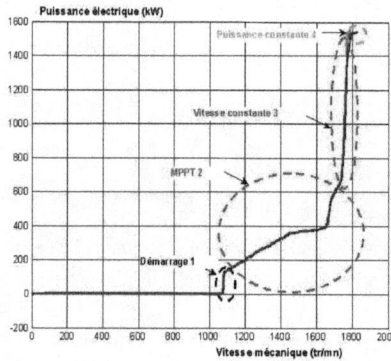

FIG. 5.10 – Caractéristique statique mesurée de l'éolienne étudiée

A partir de ces caractéristiques mesurées, il nous est possible, d'identifier les paramètres de la turbine, pour développer le modèle de cette dernière et ainsi concevoir sa commande.

5.4 Approches utilisées et identification des paramètres de la turbine

Nous avons considéré le modèle continu équivalent de l'ensemble constitué de la turbine, de la génératrice, des convertisseurs statiques, du bus continu et de la liaison au réseau pour cette validation expérimentale.

Il est évident que pour valider ce modèle, on doit appliquer les entrées provenant des résultats de mesure au système mécanique simulé sous Matlab Simulink (TM). Ces entrées sont :

– L'évolution temporelle de la vitesse du vent (figure 5.8-b).

134

– La caractéristique de MPPT et de la vitesse constante $\lambda_{ref} = f(vent)$ (figure 5.8-a) .

– La caractéristique de l'orientation des pales $\beta_{ref} = f(Puissance)$ (figure 5.9).

Ces entrées sont illustrées sur la figure 5.11. Cette figure montre le système complet simulé, ainsi que la commande appliquée au système mécanique. Les trois entrées issues des résultats expérimentaux sont représentées en blocs hachurés.

Dans la partie suivante, on va détailler le développement et l'exploitation de ces données mesurées pour determiner les différentes loi de réglage dans les zones 2, 3 et 4 de fonctionnement.

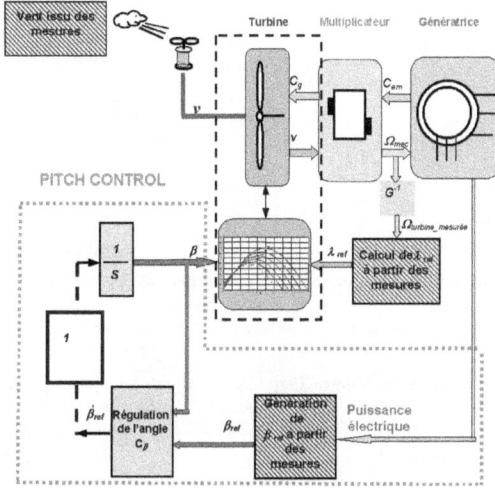

FIG. 5.11 – Représentation du modèle simulé de l'éolienne et des grandeurs mesurées

5.5 Exploitation des relevés

5.5.1 Identification du modèle de la turbine

L'objectif de cette étude est de déterminer la caractéristique de la turbine éolienne sous la forme d'une expression du coefficient de puissance ainsi que sa commande. A partir des relevés de mesure montrés dans la partie précédente, on peut, d'ors et déjà, donner des valeurs essentielles pour l'élaboration de ce modèle.

– La valeur du ratio de vitesse correspondant à C_{pmax} : λ_{cpmax} (permettant d'extraire le maximum de puissance) est 9 (figure 5.8-a).

– La valeur de l'angle d'orientation est de 2° lors de l'application du MPPT (figure 5.9).

En émettant l'hypothèse que la puissance aérodynamique P_{aer} est intégralement convertie en puissance électrique P_{elec}, les différentes valeurs du coefficient de puissance utilisées lors des relevés peuvent être tracées (figure 5.12) en utilisant cette formule.

$$C_p = \frac{2}{\rho.S} \cdot \frac{P_{elec-mesure}}{v_{mesure}^3} \tag{5.2}$$

La caractéristique de la figure 5.12-a représente l'ensemble des points tracés pour déterminer le coefficient de puissance pour différents angles d'orientation des pales. Comme le montre cette figure, nous avons plus de points pour certains angles d'orientation. De ces caractéristiques, on note que la valeur maximale du coefficient de puissance de cette éolienne vaut 0.5 et correspond à un angle d'orientation des pales de 2°. Il est donc nécessaire de reconstituer, ces différentes caractéristiques, en réalisant une interpolation de ces points pour chaque angle d'orientation, comme montrée sur la figure 5.12-b.

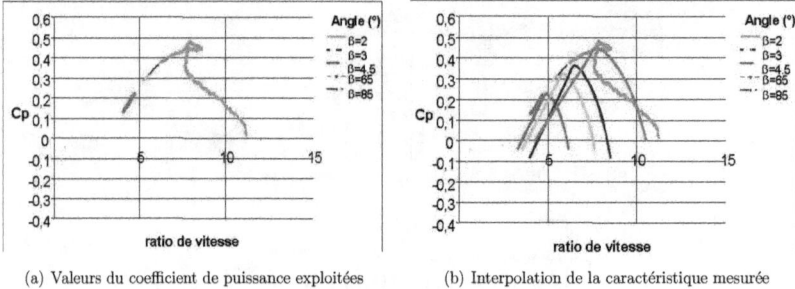

(a) Valeurs du coefficient de puissance exploitées   (b) Interpolation de la caractéristique mesurée

FIG. 5.12 – Détermination du coefficient de puissance de l'éolienne étudiée

Dans [EZZ 00], l'expression du coefficient de puissance C_p en fonction de λ et β a été approchée par l'équation suivante :

$$C_p = (0.5 - 0.167).\beta. \sin[\frac{\pi.(\lambda + 0.1)}{15 - 0.3.\beta}] - 0.00184.(\lambda - 3).\beta \qquad (5.3)$$

Cette équation, a été modifiée afin de correspondre à la turbine étudiée.

Le terme 0.5 représente la valeur du coefficient permettant d'obtenir la puissance maximale (et donc un fonctionnement en zone 2), la valeur correspondante du ratio de vitesse est de 9.

Dans l'equation 5.3, la valeur de l'angle permettant de donner $C_p = C_{pmax} = 0.5$ vaut $\beta = 0$. Pour notre cas, la valeur de l'angle d'orientation dans cette zone vaut 2°, il suffit de remplacer β dans l'expression du C_p par $(\beta - 2)$.

Pour obtenir ces points, l'expression du coefficient de puissance a donc été modifiée de la manière suivante :

$$C_p = (0.5 - 0.167).(\beta - 2). \sin[\frac{\pi.(\lambda + 0.1)}{18.5 - 0.3.(\beta - 2)}] - 0.00184.(\lambda - 3).(\beta - 2) \qquad (5.4)$$

La figure 5.13 représente le coefficient de puissance obtenu par cette équation en fonction du ratio de vitesse λ et de l'angle de l'orientation de la pale β.

5.5.2   Comparaison avec les résultats de simulation

Les résultats expérimentaux ont été comparés avec les résultats de simulation obtenus en utilisant le modèle continu équivalent de la chaîne de conversion éolienne, en adoptant un contrôle du couple sans asservissement de la vitesse mécanique et en utilisant l'approche synchrone pour la commande

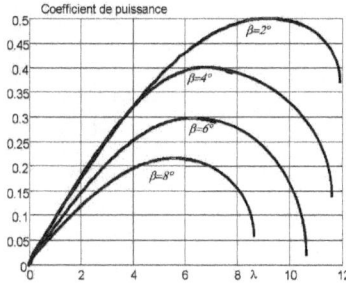

FIG. 5.13 – Coefficient aérodynamique en fonction du ratio de vitesse de la turbine

vectorielle de la MADA. Pour cela :
- Les valeurs mesurées de la vitesse du vent ont été intégrés dans le fichier de simulation
- La caractéristique expérimentale de l'angle d'orientation en fonction de la puissance (figure 5.9) générée a été utilisée dans le dispositif de commande du modèle
- La turbine éolienne est contrôlée en utilisant la loi de maximisation de la puissance sans asservissement de la vitesse mécanique.

Cette comparaison peut se décomposer en deux parties :
- Une comparaison en régime quasi-statique (évolution croissante et très lente de la vitesse du vent)
- Une comparaison en régime dynamique (mise en évidence des fluctuations de la vitesse du vent)

Cette dernière comparaison sera également réalisée par une validation du modèle de la chaîne de conversion pour les trois zones de fonctionnement.

5.5.3 En régime quasi-statique

En régime quasi-statique, le profil du vent appliqué au modèle simulé est celui ordonné de manière croissante sur une durée de 10 heures (figure 5.6). Nous obtenons les résultats illustrés sur la figure 5.14 :

On constate à partir de ces courbes, la confusion presque totale entre la caractéristique statique mesurée et celle déduite du modèle simulé.

On constate également que la loi de réglage (ratio de vitesse) appliquée au système simulé pour les trois zones de fonctionnement est quasi-identique à celle obtenue à partir des mesures, notamment au niveau de la zone 3 et 4. Elle l'est un peu moins au niveau de la zone 1, cela peut être expliqué par le manque d'informations, sur le démarrage réel de l'éolienne.

137

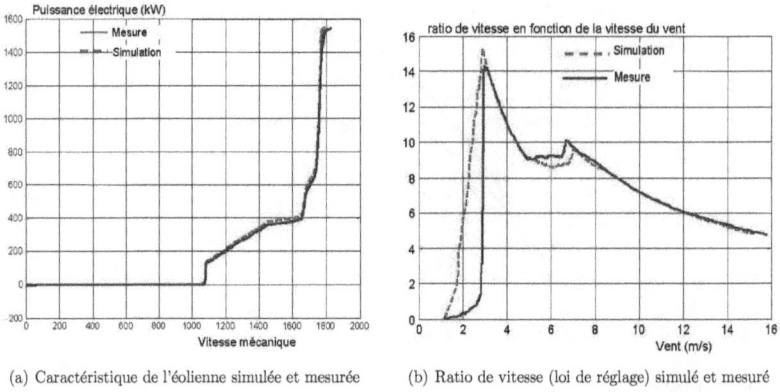

(a) Caractéristique de l'éolienne simulée et mesurée   (b) Ratio de vitesse (loi de réglage) simulé et mesuré

FIG. 5.14 – Comparaison des résultats de simulation par des résultats expérimentaux en régime statique

5.5.4 En régime dynamique

Pour l'étude en régime dynamique, on utilise le profil du vent tel qu'il a été enregistré au cours du temps (figure 5.15).

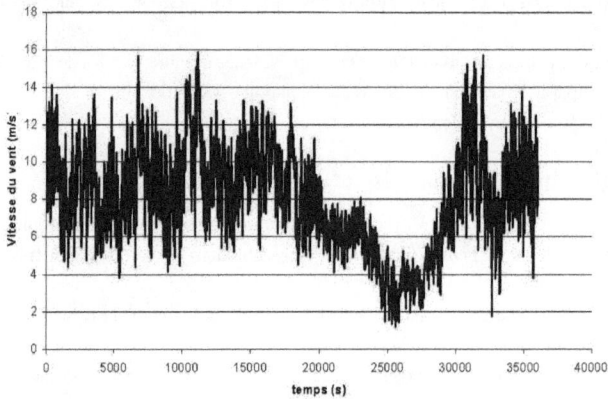

FIG. 5.15 – Profil du vent appliqué au système éolien en régime dynamique

La figure 5.16 montre la puissance électrique obtenue par simulation et celle mesurée.

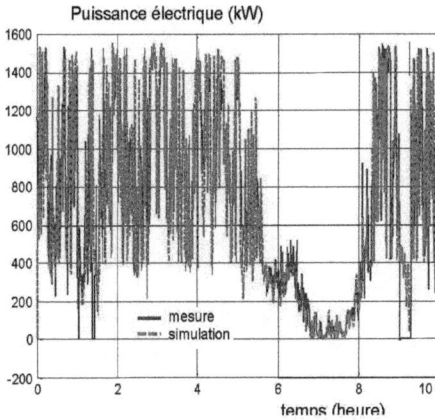

FIG. 5.16 – Puissance électrique simulée et mesurée

La vitesse mécanique de la génératrice est représentée à la figure 5.17. On constate, une bonne correspondance avec les grandeurs mesurées pour toute la plage de variation de la vitesse du vent.

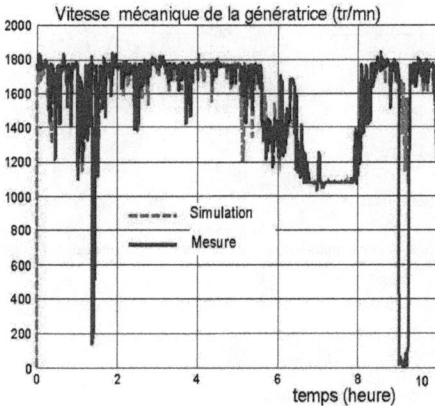

FIG. 5.17 – Vitesse mécanique simulée et mesurée

Les comparaisons sont maintenant examinées pour chaque zone de fonctionnement (figure 5.18).

Pour la zone 2 (MPPT), On constate que les tendances de l'éolienne réelle (dont les valeurs ont été approchées par des droites entre chaque point de mesure) sont bien suivies par le modèle simulé (figure 5.18). Afin d'affiner la comparaison, des zooms sont présentés aux figures 5.19 et 5.20, respectivement lors d'un fonctionnement de l'éolienne dans les zones 3 et 4.

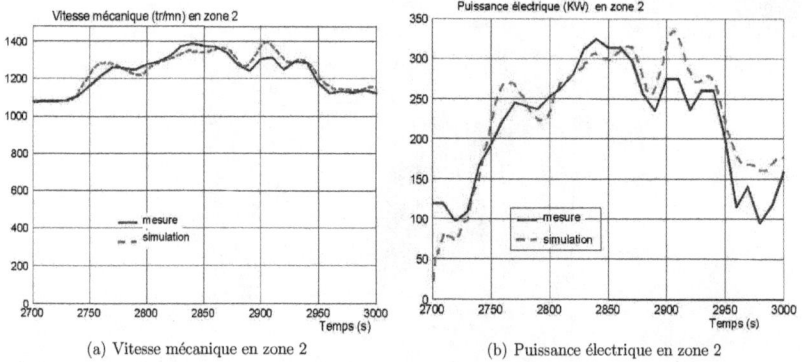

(a) Vitesse mécanique en zone 2

(b) Puissance électrique en zone 2

FIG. 5.18 – Validation des résultats de simulation par des résultats expérimentaux en zone 2 de fonctionnement

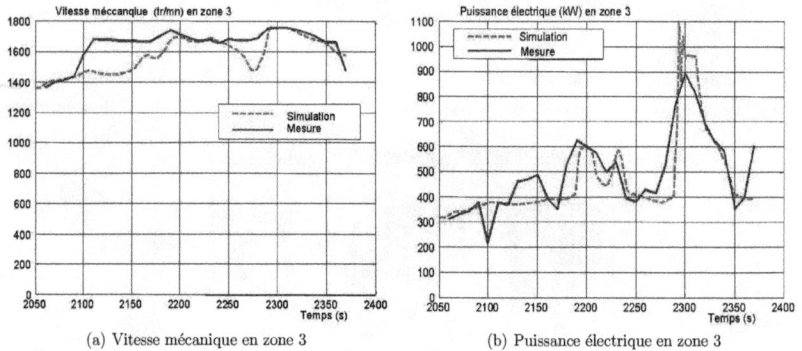

(a) Vitesse mécanique en zone 3

(b) Puissance électrique en zone 3

FIG. 5.19 – Validation des résultats de simulation par des résultats expérimentaux en zone 3 de fonctionnement

Les écarts entre les résultats de simulation et les mesures peuvent s'expliquer par une connaissance très imprécise des paramètres de la turbine (dont le coefficient de puissance, rappelons le, a été approché par une équation), et par une modélisation très simplifiée de la partie mécanique (avec la régulation de l'angle d'orientation décrite dans le chapitre 2).

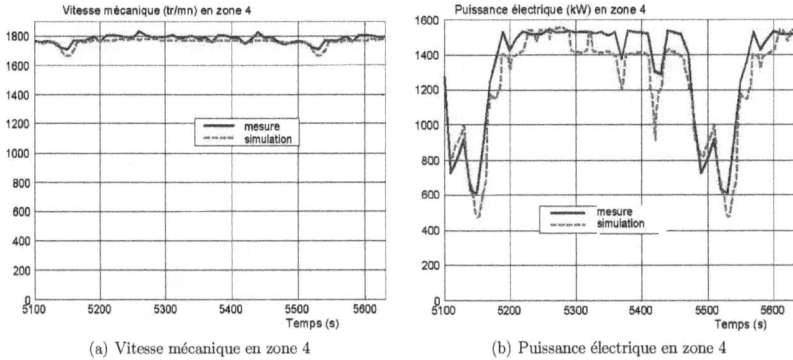

(a) Vitesse mécanique en zone 4   (b) Puissance électrique en zone 4

FIG. 5.20 – Validation des résultats de simulation par des résultats expérimentaux en zone 4 de fonctionnement

5.5.5 Résultats obtenus à partir du modèle mécanique de la turbine

Dans cette partie, nous présentons les résultats obtenus à partir de la simulation du système électromécanique de la turbine uniquement. Ces résultats sont comparés aux résultats expérimentaux pour la zone 4 de fonctionnement.

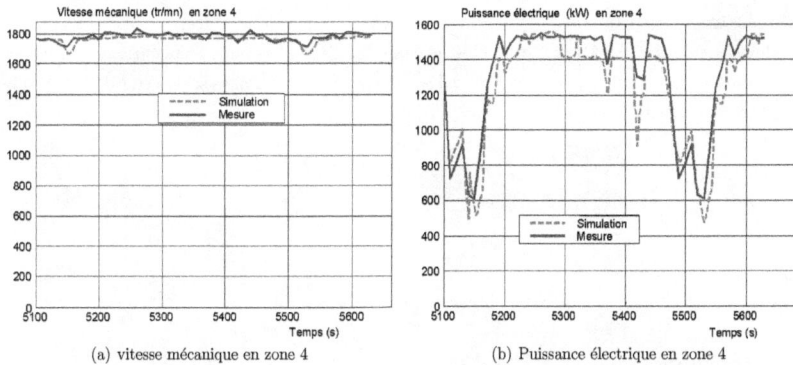

(a) vitesse mécanique en zone 4   (b) Puissance électrique en zone 4

FIG. 5.21 – Validation des résultats de simulation du système électromécanique par des résultats expérimentaux en zone 4 de fonctionnement

On constate que le système d'orientation des pales appliqué au système mécanique de l'éolienne, engendre une très légère variation de la puissance électromagnétique (figure 5.21-b) comparée à celle obtenue pour le système éolien (figure 5.20-b) pour les fortes variations de la vitesse du vent (t=5150s). En dehors de ce point, les évolutions temporelles de la puissance électromagnétique et la vitesse de la génératrice pour le système mécanique sont similaires à celles obtenues en utilisant le système complet.

141

5.6 Conclusion

Dans ce chapitre, nous avons présenté les résultats expérimentaux mesurés sur une éolienne utilisant une machine asynchrone à double alimentation de 1.5 MW. Ces mesures, réalisées dans le cadre du CNRT par Laborelec sur une éolienne de 1,5 MW (General Electric), ont permis de fixer les paramètres de dimensionnement, et les paramètres du dispositif de commande du modèle de cette éolienne (temps de réponse des boucles, etc).

Le modèle de la chaîne de conversion globale, utilisé pour la validation expérimentale, est le modèle continu équivalent dit "homogène". Ce dernier reproduit le comportement des parties mécaniques, de la machine à double alimentation, du convertisseur et de la commande dans un seul et même repère de Park.

Ensuite, nous avons montré la très proche similitude obtenue entre la caractéristique statique de la puissance en fonction de la vitesse mécanique simulée et celle obtenue expérimentalement, et ce dans les 4 zones de fonctionnement qui ont été identifiées :

 – Zone 1 : démarrage
 – Zone 2 : extraction maximale de la puissance (MPPT)
 – Zone 3 : fonctionnement à vitesse constante
 – Zone 4 : fonctionnement à puissance constante

Les mesures réalisées ont permis également une validation dynamique du modèle de l'éolienne dans ces différentes zones de fonctionnement que cela soit le modèle du système complet ou celui du système electromécanique de la turbine.

Le modèle de la MADA ayant été validé, le chapitre suivant, traite de l'intégration de ce modèle dans un réseau électrique qui permettra d'évaluer les transits de puissance selon l'état de charge d'un réseau et selon la vitesse du vent.

Chapitre 6

Evaluation de l'influence de l'éolienne sur un réseau de distribution de moyenne tension

6.1 Introduction

Le but de ce chapitre est d'étudier l'impact de l'éolienne base de MADA associée à la turbine éolienne sur un réseau de distribution. Cette dernière est directement alimentée par le réseau à travers le stator et via des convertisseurs statiques au rotor. Au chapitre précédent, l'utilisation d'un réseau électrique de type RLE a permis de tester et valider le dispositif de commande conçu pour contrôler l'éolienne dans les quatre zones de fonctionnement de l'éolienne étudiée.

Dans ce chapitre, un réseau de moyenne tension (MT) plus réaliste est considéré. L'architecture d'un réseau électrique sera tout d'abord présentée ainsi que les contraintes en terme de qualité de production que doivent satisfaire toute production connectée sur un réseau de moyenne tension.

Deux types d'impact seront traités :
- L'impact sur la qualité de la fourniture notamment la tension et le courant, ainsi que les fluctuations des puissances en fonction des fluctuations du profil du vent appliqué.
- L'impact sur la qualité de la fourniture en terme d'harmoniques de courant et de tension générés par l'utilisation de convertisseurs de l'électronique de puissance.

Deux modèles différents de ce système de génération seront utilisés : le modèle continu équivalent et le modèle assimilant le fonctionnement des convertisseurs de puissance à un convertisseur à interrupteurs idéaux. L'automate de commande rapprochée (A.C.R.) permettant le contrôle des interrupteurs idéaux sera expliqué [Hau 99]. En considérant les impédances des lignes du réseau mesurées à 50 Hz, la propagation des harmoniques pourra être évaluée en divers endroits de ce réseau avec ce second modèle.

6.2 Réseau de distribution moyenne tension étudié

L'architecture et les paramètres d'un réseau de distribution doit prendre en considération plusieurs aspects importants comme : la puissance de court circuit de la source, le consommation des différentes charges, la chute de tension due aux impédances de lignes. Le modèle utilisé doit permettre également d'effectuer certains défauts comme des court-circuits mono, bi et triphasé. L'architecture de ce réseau a été fournie par Laborelec et correspond à une partie extraite d'un réseau moyenne tension en zone rurale (figure 6.1).

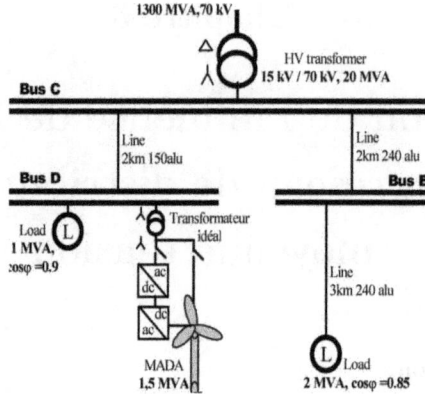

FIG. 6.1 – Intégration de la génératrice asynchrone à double alimentation dans le réseau de distribution

La génératrice éolienne est connectée à un transformateur 690V/15kV, situé à 2km du transformateur du réseau HTA (70kV/15kV).

L'éolienne utilisée au chapitre 5 pour valider les résultats expérimentaux avait une inertie de $1000kg.m^2$ et trois pales chacune de longueur de 70m. Pour réaliser le démarrage de cette éolienne et illustrer des variations de la vitesse du vent sur les différentes grandeurs du réseau, notamment la tension et le courant, il est nécessaire de prévoir un temps de calcul assez important.

Afin d'évaluer l'influence de cette inertie sur le plan en tension et en courant de ce réseau de distribution, nous avons considéré également une éolienne ayant une inertie globale de $50kg.m^2$. Étant donnée que l'inertie de cette machine est plus petite, les variations de la tension et du courant dues aux fluctuations du vent seront plus importantes cela revient à considérer le cas où la production décentralisée vue du réseau est très fluctuante.

Les charges sont remplacées par une charge unique équivalente connectée à chaque bus. Deux charges équivalentes avec des facteurs de puissance différents sont ainsi obtenues à deux bus bar. La charge située au même bus que l'éolienne (de 1.5 MW) est une charge de puissance nominale de 1 MW avec une facteur de puissance de $\cos\varphi = 0.9$. La puissance de cette charge est inférieure à la puissance nominale de l'éolienne afin de produire le transfert bidirectionnel des puissances.

La puissance de court-circuit de ce réseau vaut 1300 MVA et est calculée en considérant les trois courants de court-circuit au terminal 70kV. La source de 70kV est modélisée par un circuit équivalent de Thévenin déterminé par les amplitudes et les modules des trois courants triphasés de court-circuits (voir Annexe 6).

144

La boîte à outils Sim Power System (SPS) de Matlab Simulink a été choisie pour la simulation de ce réseau car elle possède de nombreux modèles de composants utilisés dans les réseaux (figure 6.2).

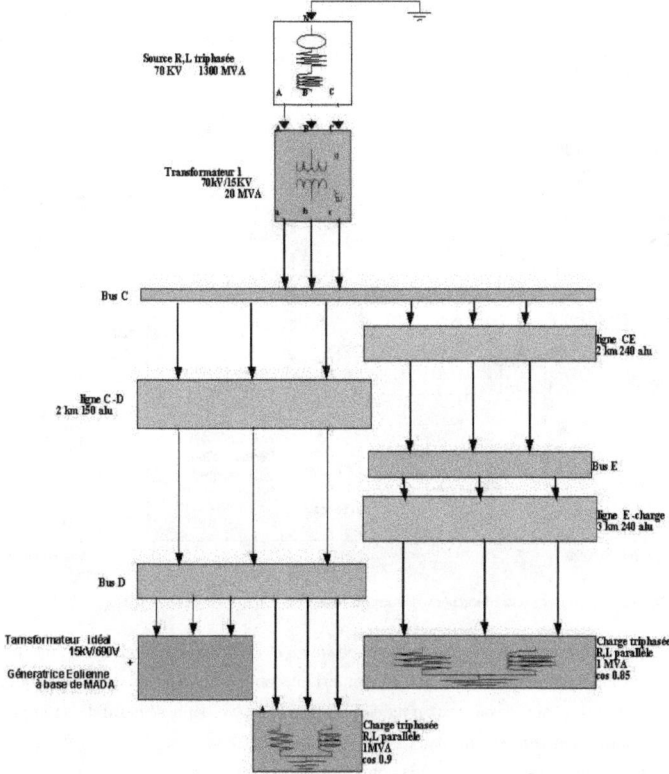

FIG. 6.2 – Schéma SPS du réseau de distribution étudié

6.3 Dynamique des flux de puissance et du plan de tension

6.3.1 Modèle continu équivalent du système de génération

Pour déterminer la dynamique du flux des puissances et du plan de tension, le modèle utilisé de l'éolienne est le modèle continu équivalent (figure 4.16, chapitre 4, paragraphe 4.5.1)

Les simulations réalisées utilisent la commande vectorielle à flux statorique orienté. Ce dernier est contrôlé en utilisant l'approche synchrone et est estimé à partir des courants statoriques et rotoriques.

6.3.2 Intégration du modèle global de la chaîne de conversion dans le réseau de moyenne tension

La figure 6.3 montre l'interface entre le modèle de la génératrice à double alimentation simulée dans le repère de Park sous l'environnement Simulink et le modèle du réseau de distribution simulé dans le repère naturel (a,b,c) sous (SPS).

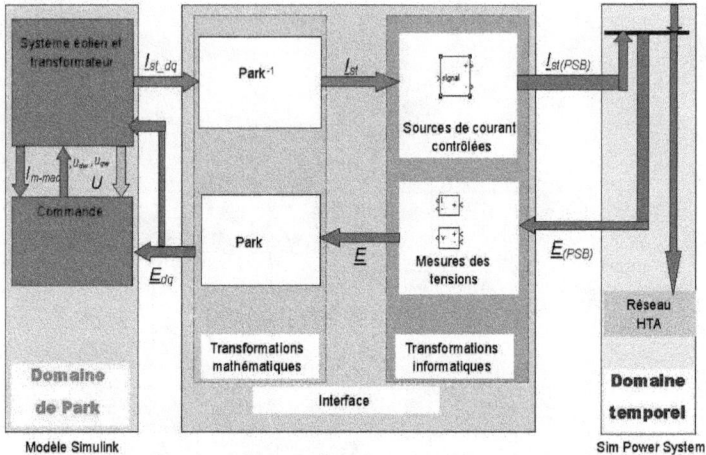

FIG. 6.3 – Interface entre la génératrice asynchrone à double alimentation et le réseau de distribution

Cette figure montre que le modèle du système éolien et du transformateur abaisseur (15kV/690V) sont simulés dans le repère de Park. Ils se comportent comme des sources de courant auxquelles le réseau de distribution (source de tension modélisée dans le repère triphasé naturel) est appliqué. Cette interface nécessite, par conséquent, deux types de transformations :

- des transformations mathématiques, qui consistent à employer des transformations de Park et de Park inverse entre les deux domaines.
- des transformations informatiques, permettant la génération de trois tensions et la mesure de trois courants sous l'environnement SPS.

6.3.3 Résultats de simulation

Les évolutions temporelles des tensions et des courants ainsi que les puissances sont montrées dans différents endroits de ce réseau de distribution [Ela 03c]. Afin d'illustrer des fluctuations assez lentes de la vitesse du vent sur les grandeurs du réseau, nous avons appliqué au système éolien un vent variable autour de 12m/s sur une durée de 150s (figure 6.4-a).

On constate que la variation de la vitesse du vent affecte la vitesse mécanique de la MADA (figure 6.4) et par ailleurs le courant et la puissance fournis par cette machine. La tension du bus de connexion (bus D) subit également une légère variation suite aux variations du vent appliqué (figure 6.5-a).

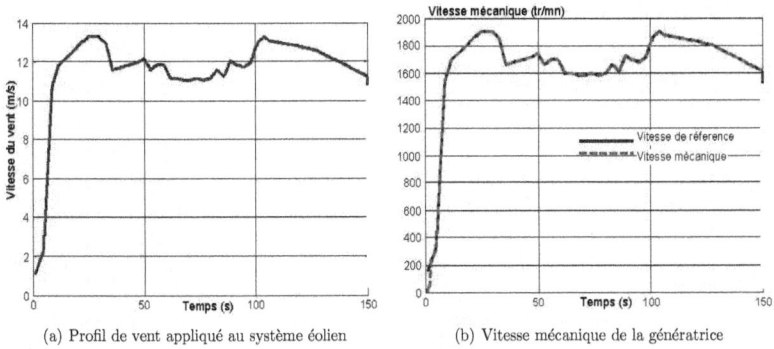

(a) Profil de vent appliqué au système éolien

(b) Vitesse mécanique de la génératrice

FIG. 6.4 – Profil du vent appliqué et vitesse mécanique de l'éolienne

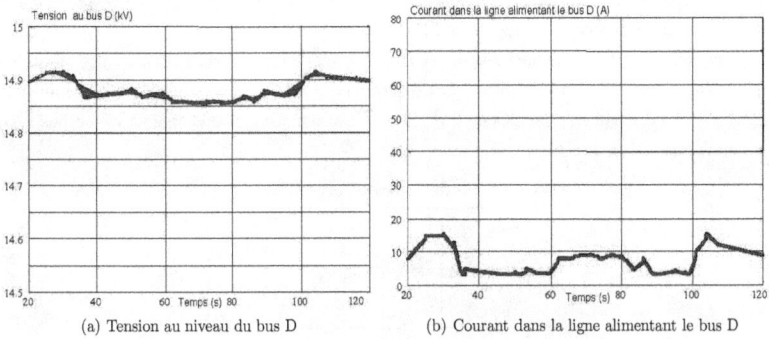

(a) Tension au niveau du bus D

(b) Courant dans la ligne alimentant le bus D

FIG. 6.5 – Courant et tension au niveau du bus D

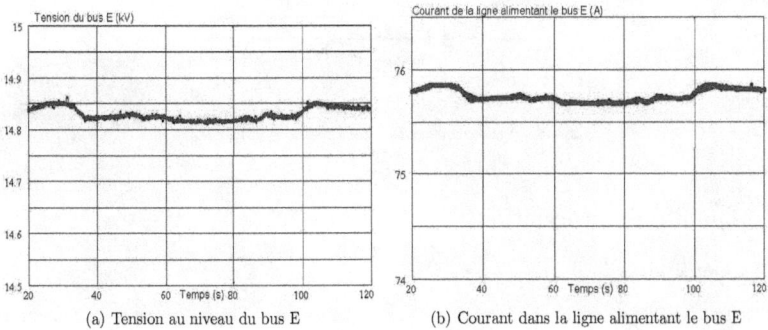

(a) Tension au niveau du bus E

(b) Courant dans la ligne alimentant le bus E

FIG. 6.6 – Courant et tension au niveau du bus E

147

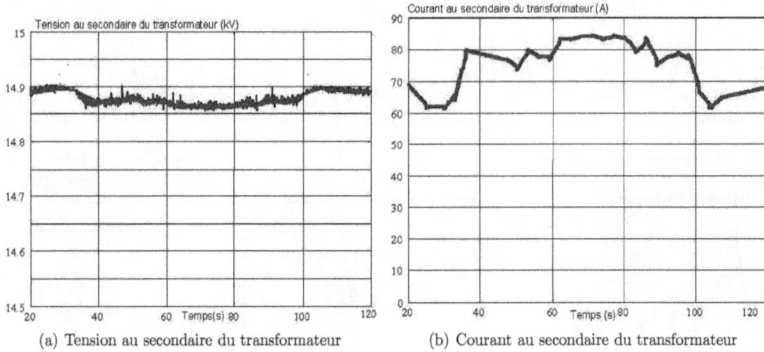

(a) Tension au secondaire du transformateur

(b) Courant au secondaire du transformateur

FIG. 6.7 – Courant et tension au secondaire du transformateur

Les résultats de la figure 6.7-b montrent l'évolution du courant provenant du secondaire du transformateur HTA. Ce courant est très variable, la tension est un peu moins fluctuante, par rapport à celle obtenue aux bornes de la charge du bus E (figure 6.6-a).

La figure 6.8 montre les puissances actives à trois endroits du réseau HTA. Elle montre notamment que la puissance transitée au secondaire du transformateur est la somme de celle générée au bus D (autrement dit par la génératrice éolienne) et de celle consommée par la charge située au bus E (qui est une puissance active constante).

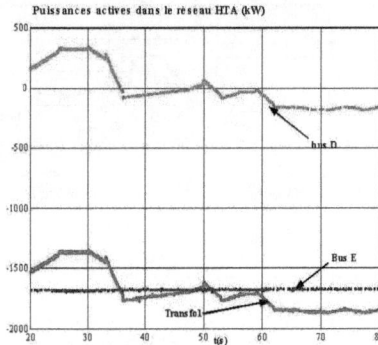

FIG. 6.8 – Puissances actives dans le réseau de distribution

6.4 Qualité de production

6.4.1 Généralités

Le terme "qualité de production" se réfère à la stabilité de la tension, à la stabilité de la fréquence et au contenu harmonique des grandeurs générées. Si une éolienne est raccordée à un réseau électrique faible (c'est à dire relié au réseau électrique principal, au moyen d'une ligne ayant une faible capacité de

148

transport de l'énergie), il peut y avoir des problèmes de chute de tension et d'excursions de puissance. Il peut alors s'avérer nécessaire de renforcer le réseau.

Les aspects de qualité de production les plus rencontrés sont :
- les creux de tensions
- la variation de fréquence
- les interruptions de fonctionnement

La figure 6.9, montre une classification des différents phénomènes de qualité de puissance, apparaissant dans le fonctionnement des éoliennes [Lar 00]. Dans ce qui suit, on va décrire ces différents aspects, sauf les interruptions de fonctionnement qui ne seront pas pris en compte dans l'étude.

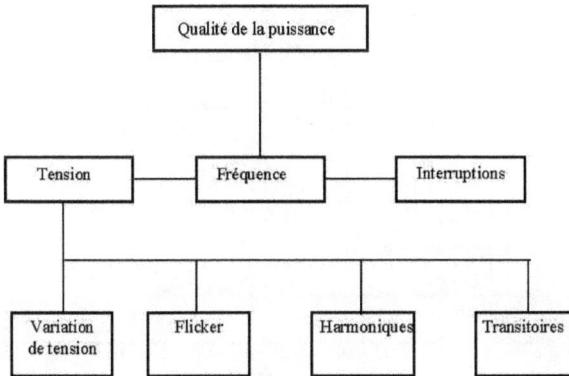

FIG. 6.9 – Classification des différents phénomènes de qualité de production

6.4.2 Tension

a - Variations de tension

Elles sont définies par un changement de la valeur efficace de la tension sur une durée de quelques minutes ou plus. Les standards internationaux imposent que cette variation ne doit pas dépasser ±5% de la tension nominale dans un réseau HTA [Arr 03a].

Différentes méthodes de calculs permettent de détecter les variations de tension. Le flicker désigne les variations de tension de courte durée apparaissant dans le réseau électrique. Deux causes de flicker sont identifiées.

b - Flicker en fonctionnement continu

Le flicker produit lors d'un fonctionnement continu est causé par les fluctuations de puissance. Ces dernières émanent essentiellement des variations de la vitesse du vent, de l'effet d'ombre de la tour et également des erreurs d'orientation des pales. Afin de déterminer le flicker produit durant un fonctionnement continu, des mesures sont effectuées et comparées avec la tension de référence pour quantifier le taux de flicker en tension.

149

c - Flicker lors d'un basculement d'une zone de fonctionnement à une autre

Le basculement d'une zone de fonctionnement à une autre produit également du flicker. Les commutations typiques sont la mise en/hors service de l'éolienne. Ces opérations provoquent des changements dans la puissance produite ou lors de changement d'algorithmes de commande (figure 6.10).

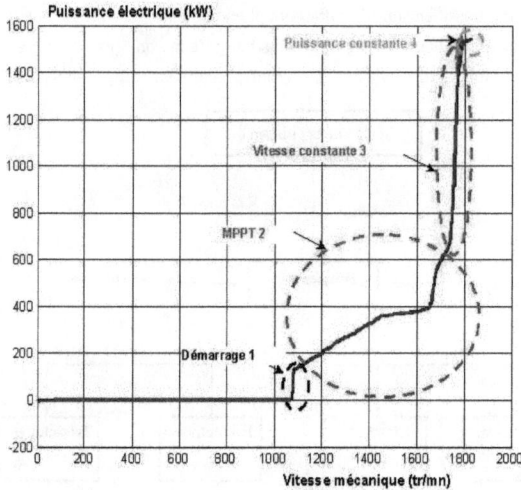

FIG. 6.10 – Caractéristique puissance vitesse mesurée d'une éolienne de 1.5 MW

Remarque : La procedure de démarrage des éoliennes n'est pas identique d'une technologie d'éolienne à l'autre : les éoliennes à vitesse variable et à orientation des pales ont un démarrage moins brutal que les éoliennes à vitesse fixe.

Généralement, lors de la mise en service d'une éolienne basée sur une génératrice asynchrone, la puissance réactive, nécessaire à la magnétisation de la génératrice consommée provoque une chute de tension au point de connexion. Cette dernière est rétablie par la connexion d'un banc de condensateurs.

6.4.3 Fréquence

L'effet de la variation de la puissance aérodynamique doit être considéré dans le fonctionnement d'un système de production autonome [Lar 00]. Dans le cas de l'utilisation d'éoliennes à vitesse fixe, l'oscillation de la vitesse de rotation de la génératrice, provoquée lors d'une brusque diminution ou d'une rafale du vent, induit des variations significatives de la fréquence. Pour les éoliennes à vitesse variable reliées au réseau par des convertisseurs de puissance, ces normes sont facilement respectées par l'existence d'un bus continu intermédiaire.

Selon les standards Européens EN 50 160, la fréquence nominale du réseau de distribution est de 50Hz. En outre, en dehors d'un fonctionnement normal, la valeur moyenne de la fréquence du fondamental mesurée sur 10s, doit être d'environ 50Hz±2% (donc de 49 Hz à 51 Hz) pour 95% de la semaine ou de 50Hz±15% (donc de 42.5 Hz à 57.5 Hz) pour 100% de la semaine.

6.4.4 Ilotage

L'îlotage désigne la situation qui peut arriver si une section du réseau électrique est déconnectée du réseau électrique principal suite à une activation accidentelle ou intentionnelle d'un sectionneur de ligne (par exemple en cas de courts-circuits ou de coups de foudre). Si les éoliennes continuent à produire de l'électricité, la transmettant à la partie isolée du réseau, il est très probable que les deux réseaux séparés ne soient plus en phase après un bref laps de temps. Le rétablissement de la connexion au réseau principal peut donc causer d'énormes courants électriques tant dans le réseau que dans la génératrice. De même, on assistera probablement aussi à un effort important sur la transmission mécanique (l'arbre, le multiplicateur et le rotor de l'éolienne), les effets seront semblables à ceux d'une connexion brutale de la génératrice au réseau électrique.

Le système contrôle-commande doit donc surveiller sans cesse la tension et la fréquence du courant alternatif transmis au réseau. Dans le cas où la tension ou la fréquence du réseau local dépasseront certaines limites pendant une fraction de seconde, l'éolienne coupera automatiquement la connexion au réseau et s'arrêtera immédiatement après (normalement en actionnant les freins aérodynamiques comme expliqué dans la partie sur la sécurité des éoliennes (chapitre 2).

6.4.5 Harmoniques

Les harmoniques de tension et de courant sont toujours présents dans un réseau de distribution. Ils sont essentiellement provoqués par la présence de charges non-linéaires et de convertisseurs de puissance. Ces harmoniques provoquent une surchauffe de l'équipement, un fonctionnement défectueux du système de protection, et des interférences dans les circuits de communication. C'est pourquoi des standards concernant les taux maxima d'harmoniques générés par les générateurs éoliens ont été établis. Ces mesures distinguent la propagation des harmoniques de rang pair et impair [Ngu 04].

On distingue aussi les harmoniques et les inter-harmoniques. Les harmoniques sont des composantes de fréquences souvent constituées de multiples de la fréquence de base (fréquence du réseau). Les inter-harmoniques sont des composantes situées entre les harmoniques et la fréquence de base.

La figure 6.11 résume les limitations des rangs harmoniques de courants en présence de convertisseurs pour les installations de plus de 100 kVA (Coefficients de limitation k_n) [Ngu 03] :

Rangs impairs	k_n (%)	Rangs pairs	k_n
3	4	2	2
5 et 7	5	4	1
9	2	>4	0.5
11 et 13	3		
>13	2		

FIG. 6.11 – Limitations des rangs harmoniques des courants générés

Dans la partie suivante, afin d'estimer la propagation d'harmoniques générés par le système éolien, nous allons étudier le fonctionnement de cette génératrice éolienne en utilisant un modèle à interrupteurs idéaux pour les convertisseurs de puissance.

6.5 Propagation de la pollution des harmoniques

6.5.1 Modèle du système de génération pour la prise en compte des harmoniques générés

Les commutations des convertisseurs de puissance génèrent des harmoniques dans les courants envoyés au réseau électrique. Les harmoniques générés par les convertisseurs de puissance dépendent du type du raccordement (valeurs efficaces des tensions du réseau et valeurs des éléments de filtrage) et du point de fonctionnement du convertisseur de puissance [Del 03]. Pour le système de conversion d'énergie éolienne étudié, les courants produits proviennent des enroulements du stator et d'un onduleur de tension connecté au réseau. Par conséquent, une forte dépendance existe entre le fonctionnement global du système et les harmoniques générés.

Dans la plupart des logiciels de calcul (PSCAD, EUROSTAG...), la modélisation du réseau de distribution est effectuée en émettant des hypothèses permettant une réduction du nombre d'équations du système. Ce type de modélisation est intéressant, si l'on s'interesse au fonctionnement global du système. Cependant, dans cette étude, il est nécessaire, d'observer le comportement de toutes les variables d'état du système étudié ainsi que de leur contenu harmonique. Un modèle des convertisseurs avec une prise en compte des harmoniques générés sur une large gamme de fréquence (1kHz - 10kHz) a donc été utilisé. Le modèle utilisé pour la simulation des convertisseurs de l'électronique de puissance est le modèle à interrupteurs idéaux (chapitre 3, paragraphe 3.3.5.a). Ce modèle est un compromis entre le temps global de simulation et la précision désirée pour permettre la prise en compte des harmoniques [Kan 02].

La représentation macroscopique du modèle et de la commande de la génératrice éolienne utilisant des interrupteurs idéaux est représentée sur la figure 6.12.

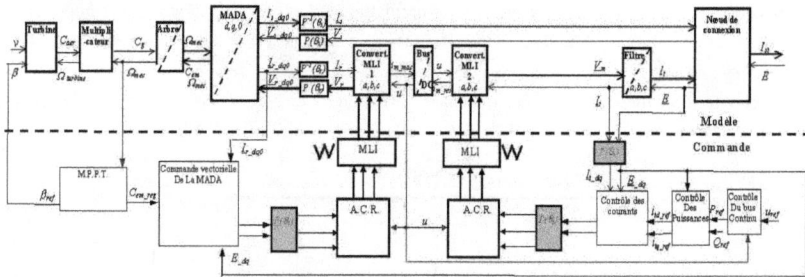

FIG. 6.12 – R.E.M du modèle et de la commande de la chaîne de conversion basée sur la MADA utilisant des interrupteurs idéaux

La commande de cette chaîne de conversion est basée sur un contrôle du couple sans asservissement de vitesse de la turbine éolienne (décrit dans le paragraphe 2.5.3 du chapitre 2). Le contrôle de la MADA est celui décrit dans le paragraphe 4.5.7.b du chapitre 4, son flux statorique est donc contrôlé avec l'approche synchrone. Le contrôle de la liaison au réseau et du filtre est similaire à celui décrite dans le chapitre 3 (paragraphe 3.4.3).

Le dispositif de commande (figure 6.12) fait apparaître des fonctionnalités additionnelles par rapport au dispositif de commande obtenu par inversion du modèle continu équivalent, notamment l'utilisation d'un modulateur à largeur d'impulsion (MLI) et un Automate de Commande Rapprochée (A.C.R.) qui est maintenant détaillé.

6.5.2 Contrôle rapproché de l'onduleur

Le dispositif de commande rapprochée de l'onduleur a été obtenu par inversion du G.I.C. de son modèle (figure 6.13). Les relations $(Rm1)$, $(Rm2)$, $(Rm3)$, $(Rm4)$, $(Rm5)$, $(Rm6)$, $(Rm7)$ ont été définies dans le chapitre 3 lors de la présentation du modèle de ce convertisseur.

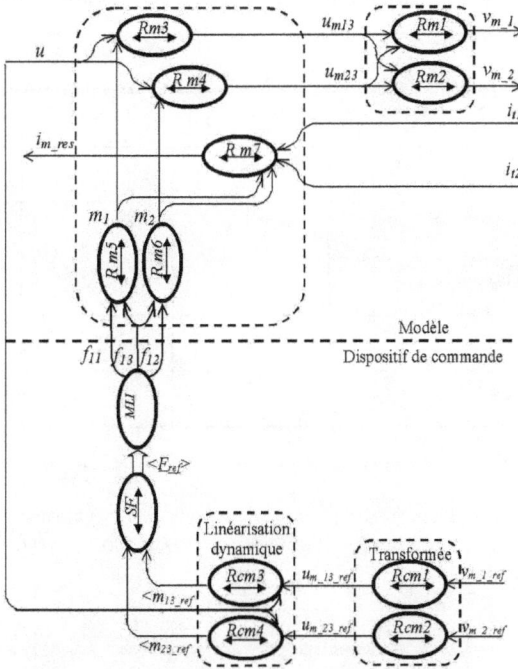

FIG. 6.13 – GIC du modèle et de la commande du convertisseur à interrupteurs idéaux

Les références des tensions modulées composées sont obtenues à partir des références des tensions modulées simples en utilisant la transformée inverse suivante :

$$u_{m-13-ref} = v_{m-1-ref} - v_{m-3-ref} \qquad (Rcm1)$$

$$u_{m-23-ref} = v_{m-2-ref} - v_{m-3-ref} \qquad (Rcm2)$$

A partir de la mesure de la tension du bus continu, le convertisseur est commandé de manière à imposer des références aux tensions composées selon

$$m_{13-ref} = \frac{u_{m-13-ref}}{u} \qquad (Rcm3)$$

$$m_{23-ref} = \frac{u_{m-23-ref}}{u} \qquad (Rcm3)$$

Il existe plusieurs méthodes pour déterminer les rapports cycliques correspondant (fonctions génératrices de connexion : relations SF dans la figure 6.13). La méthode qui a été utilisée est basée sur un tri des fonctions de conversion [Dum 99] et se décompose en trois étapes :
- La détermination des fonctions de conversion de réglage triphasé ($m_{12-ref} = m_{13-ref} - m_{23-ref}$)
- Le classement de ces fonctions de conversion selon leur amplitude,
- Le calcul des fonctions de connexion de réglage qui est résumé dans le tableau 6.14

	f_{11_ref}	f_{12_ref}	f_{13_ref}
$<m_{12\_ref}> > <m_{23\_ref}> > <m_{31\_ref}>$	1	$1-<m_{12\_ref}>$	$1+<m_{31\_ref}>$
$<m_{23\_ref}> > <m_{31\_ref}> > <m_{12\_ref}>$	$1+<m_{12\_ref}>$	1	$1-<m_{23\_ref}>$
$<m_{31\_ref}> > <m_{12\_ref}> > <m_{23\_ref}>$	$1-<m_{31\_ref}>$	$1+<m_{23\_ref}>$	1
$<m_{12\_ref}> > <m_{31\_ref}> > <m_{23\_ref}>$	$<m_{12\_ref}>$	0	$-<m_{23\_ref}>$
$<m_{23\_ref}> > <m_{12\_ref}> > <m_{31\_ref}>$	$-<m_{31\_ref}>$	$<m_{23\_ref}>$	0
$<m_{31\_ref}> > <m_{23\_ref}> > <m_{12\_ref}>$	0	$-<m_{12\_ref}>$	$<m_{31\_ref}>$

FIG. 6.14 – Détermination des références des fonctions de connexion par tri des références des fonctions de conversion

De manière classique, les rapports cycliques sont alors comparés avec un signal triangulaire pour créer une modulation de largeur d'impulsion des ordres de commande des interrupteurs (figure 6.15). La fréquence de modulation est de 5kHz.

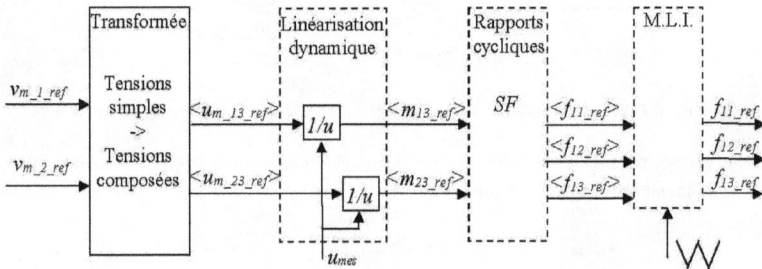

FIG. 6.15 – Représentation sous forme de schéma-blocs du contrôle de l'onduleur (A.C.R.)

154

L'ensemble de ces fonctions de commande constitue l'architecture de commande rapprochée (A.C.R.). Les autres fonctions du dispositif de commande (contrôle des courants) sont identiques à celles du modèle continu équivalent du chapitre 3. Le dimensionnement et le contrôle de l'éolienne sont identiques à ceux utilisés dans la précédente étude.

6.5.3 Résultats de simulation

Le modèle à interrupteurs idéaux utilisant directement les grandeurs électriques dans le repère naturel (vecteurs $\underline{E}$ et $\underline{I}_{st}$ dans le repère a,b,c) seule une transformation informatique est nécessaire dans l'interface Simulink/SPS (figure 6.3).

En considérant des impédances des lignes du réseau et du modèle de transformateur établis à 50 Hz, la propagation des harmoniques été évaluée en divers endroits d'un réseau de moyenne tension [Ela 03d].

Les résultats de simulation présentés correspondent à la propagation d'harmoniques à trois endroits du réseau de la figure 6.1.

La figure 6.16-a montre le courant total de la phase 1 envoyé par la MADA au réseau de distribution. Son analyse spectrale (figures 6.16-b et 6.16-c) fait apparaître une présence de la fréquence de commutation (5kHz) à une amplitude d'environ 1.3% de la valeur efficace de la composante fondamentale de ce courant. Le courant au secondaire du transformateur est montré sur la figure 6.17-a. Son analyse harmonique (figure 6.17-b et 6.17-c) contient la fréquence de commutation des interrupteurs avec une amplitude bien inférieure à celle du fondamental du courant total (0.4% du fondamental).

Finalement, la figure 6.18-a montre la tension au bus D du réseau de distribution de la figure 6.1. Cette tension est également affectée par les harmoniques dus à la fréquence de commutation avec une amplitude de 0.4% de la composante fondamentale de la tension (figures 6.18-b et 6.18-c).

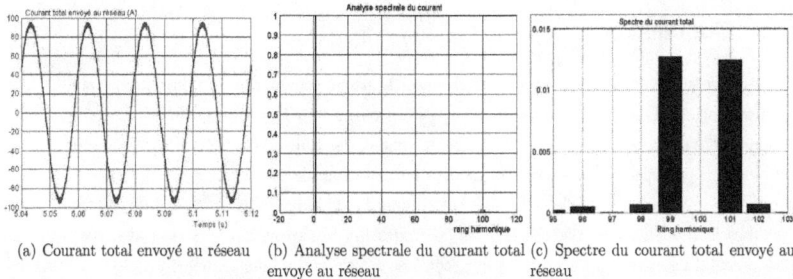

(a) Courant total envoyé au réseau   (b) Analyse spectrale du courant total (c) Spectre du courant total envoyé au envoyé au réseau réseau

FIG. 6.16 – Courant total envoyé au réseau

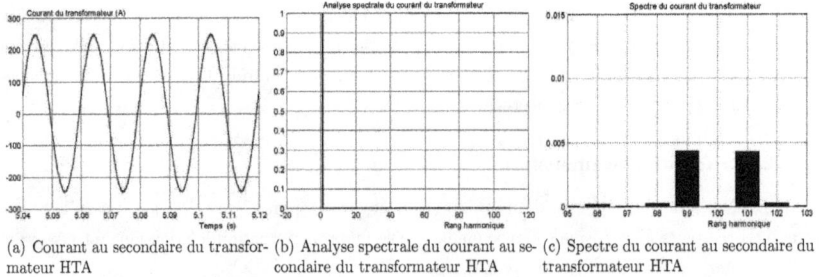

(a) Courant au secondaire du transformateur HTA (b) Analyse spectrale du courant au secondaire du transformateur HTA (c) Spectre du courant au secondaire du transformateur HTA

FIG. 6.17 – Courant au secondaire du transformateur HTA

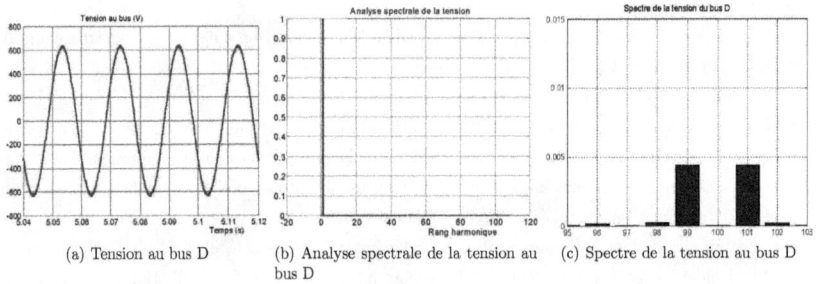

(a) Tension au bus D (b) Analyse spectrale de la tension au bus D (c) Spectre de la tension au bus D

FIG. 6.18 – Tension au bus D

6.6 Conclusion

Dans ce chapitre, nous avons validé le modèle de la génératrice en l'intégrant dans un réseau de distribution HTA réseau réalisé sous la boîte à outils Sim Power System. Ainsi, l'influence de la production d'origine éolienne selon la vitesse du vent sur les courants et les tensions à différents endroits du réseau a été mise en évidence. Ce modèle permet ainsi de vérifier la conformité de ce moyen de production avec les normes de raccordement standard existantes dans un réseau de distribution HTA.

Afin de modéliser les phénomènes de commutation des convertisseurs de puissance, un modèle plus précis du générateur éolien a été développé en assimilant le fonctionnement des convertisseurs de puissance à des convertisseurs à interrupteurs idéaux. L'analyse spectrale des courants et des tensions de ce réseau a montré que la propagation d'harmoniques générés par cette éolienne est faible dans le réseau de distribution considéré.

Afin d'accroître la précision de cette analyse harmonique, il faudrait disposer de modèles des éléments classiques constituant les réseaux (lignes, transformateur,..) valables à des fréquences de plusieurs kHz. La présente étude met cependant en évidence la fonctionnalité du modèle à interrupteurs idéaux de la MADA connectée à un réseau de distribution.

Dans le chapitre suivant, nous allons étudier le fonctionnement de cette éolienne face à des incidents du réseau de distribution, notamment des creux de tensions et des court-circuits.

Chapitre 7

Influence d'un réseau de distribution sur l'éolienne

7.1 Introduction

Un inconvénient majeur apparaît lors du fonctionnement des systèmes de génération d'énergie éolienne connectés à un réseau de distribution : leur sensibilité aux perturbations provenant du réseau. Cela vaut particulièrement pour les génératrices à vitesse variable, qui sont souvent situées dans des secteurs ruraux et reliées au réseau par de longues lignes aériennes, facilement sujettes aux défauts. Les défauts dans le système d'alimentation, même très loin de la génératrice peuvent avoir comme conséquence des perturbations de courte durée sur la tension, appelées creux de tensions, qui peuvent mener à la déconnexion du système éolien. Pour un système électrique avec une production élevée d'énergie éolienne, ceci ne peut pas être toléré car ces défauts peuvent aggraver la stabilité du réseau comme se fut le cas lors de l'incident conduisant à l'écroulement du réseau en Italie [Mer 04].

Dans le présent chapitre, nous allons étudier le fonctionnement de l'éolienne de 1,5 MW dans un réseau de distribution, présentant des incidents (court-circuits aux bornes des charges) d'origine diverses et provoquant des creux de tension (équilibrés et déséquilibrés)[Akh 02].

Le comportement électrique et mécanique du système de génération à base de MADA face à ces incidents est alors étudié. L'influence du dispositif de commande est mise en évidence.

Le réseau de distribution utilisé pour l'étude ainsi que les paramètres proposés par Laborelec sont présentés.

La comparaison des résultats sera présentée en examinant les différentes grandeurs de la génératrice obtenues, pour deux algorithmes de contrôle de la MADA (partie 4.5.5 du chapitre 4).

– Un contrôle en boucle ouverte du flux statorique : l'approche synchrone.

– Un contrôle en boucle fermée du flux statorique : l'approche asynchrone.

Pour toute cette étude, l'éolienne ne contrôle pas la tension au noeud de raccordement mais est configurée sur un mode de fonctionnement à puissance réactive totale nulle.

A partir de l'analyse des résultats obtenus, la commande la plus performante pour un fonctionnement de l'éolienne en régime dégradé est déduite. Les modèles de la chaîne de conversion utilisés pour cette étude sont le modèle avec prise en compte de la composante homopolaire de la MADA et le modèle continu équivalent pour les convertisseurs. Ce choix se justifie par le fait que les défauts étudiés dans ce chapitre, se composent de défauts équilibrés et déséquilibrés.

7.2   Rappels

7.2.1   Les principaux types de défauts dans les réseaux électriques

Un "défaut réseau" est, physiquement, un court-circuit se produisant quelque part dans le réseau, un creux de tension étant la répercussion de ce défaut sur la tension. Un creux de tension est une diminution brusque de la tension de fourniture U à une valeur inférieure à une valeur de seuil (comprise entre 10 et 90 % de la tension contractuelle Uc), suivie de son rétablissement après un court instant.

L'amplitude du creux de tension est conditionnée par la structure du réseau, notamment la puissance de court-circuit et la distance entre le point de défaut et le point où est situé l'utilisateur sur le réseau. Ainsi, plus la puissance de court-circuit en amont de l'utilisateur est élevée ou plus le défaut est éloigné du point de raccordement de l'utilisateur, moins l'amplitude du creux de tension ressentie est importante, ou plus la profondeur est faible (figure 7.1).

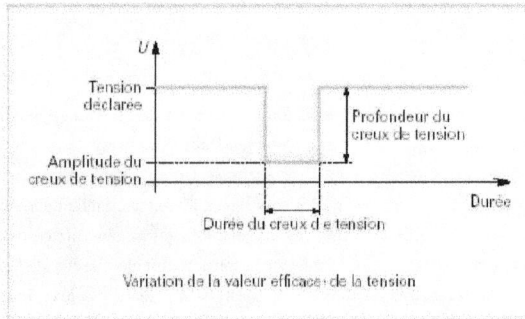

FIG. 7.1 – Caractérisation du creux de tension [Ott 98]

Actuellement, la réglementation [Arr 03a] impose que les fermes éoliennes de puissance inférieure à 12 MW soient connectées à un réseau d'interconnexion (dit "HTA") de moyenne tension.

La durée du creux de tension est conditionnée par le temps de maintien du défaut. Cette durée dépend du temps de détection, des temporisations éventuelles mises en oeuvre pour assurer la sélectivité des déclenchements et du temps d'ouverture des disjoncteurs. L'impact des creux et des coupures dépend également de ses caractéristiques. Ainsi, pour certains équipements, une coupure de quelques minutes est sans effet tandis que pour des durées supérieures, des effets mesurables se produisent.

La durée d'un creux de tension est prise conventionnellement supérieure à 10 ms (les phénomènes de durée inférieure sont considérés comme des phénomènes transitoires) et usuellement inférieure à 3 minutes [Ott 98]. RTE ne considère que les creux de tension dont la profondeur est supérieure à 30 % et dont la durée est supérieure à 600ms [Rte 02].

La réglementation actuelle impose ainsi qu'une unité de production doit pouvoir supporter, en restant connectée au réseau, des creux de tension affectant une, deux ou trois phases du réseau d'une profondeur de 70% pendant 600 ms et à 0,7 fois la tension nominale pendant 2,5s [Arr 03b]. Ainsi, pour évaluer le comportement de l'éolienne étudiée face à des défauts apparaissant au sein d'un réseau de moyenne tension, une durée de 600ms a été considérée (partie 7.6.3).

7.2.2 Types de réseaux

Il existe deux types de réseau :

Les réseaux de transport et de répartition en régime "bouclé"

Ils fonctionnent en système maillé ont le neutre mis à la terre. Le principe de détection des défauts est basé essentiellement sur la mesure de l'impédance, donc de la distance, ce qui permet d'assurer une sélectivité de déclenchement des disjoncteurs en fonction de la forme et de la localisation du défaut [Ott 98]. Le système de protection vise :

– pour chaque forme et position de défaut, à limiter le nombre de disjoncteurs à ouvrir. Notons que pour les réseaux à très haute tension, les défauts étant essentiellement entre une phase et la terre, les ouvertures de disjoncteurs sont limitées à la phase atteinte par le défaut ;

– à tenter, chaque fois que cela est possible, une remise automatique en service afin de limiter l'impact sur la clientèle des coupures pouvant résulter des déclenchements.

La figure 7.2 montre une portion d'un réseau maillé.

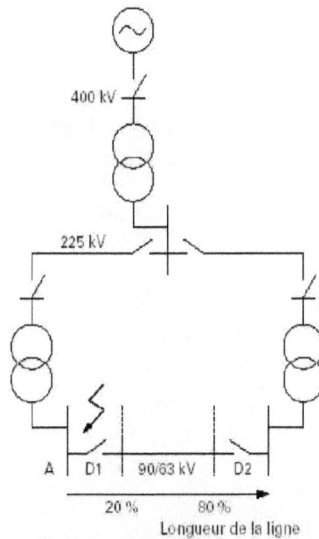

FIG. 7.2 – Exemple d'un réseau maillé (HTB >50 kV) [Ott 98]

Les réseaux de distribution radial

Ils fonctionnent en système radial et ont le neutre aujourd'hui mis à la terre par l'intermédiaire d'une impédance de limitation du courant de défaut. Le principe de détection des défauts est basé essentiellement sur la mesure du courant. De plus, le nombre de défauts atteignant plusieurs phases étant relativement important, les déclenchements sont toujours triphasés. La reprise automatique du service utilise un dispositif de réenclenchement triphasé. Après un premier déclenchement, trois tentatives de réenclenchement sont effectuées : la première, au terme d'une temporisation courte (quelques centaines de ms) et les deux suivantes avec des temporisations plus longues (plusieurs dizaines de secondes).

En conséquence, pendant un cycle d'élimination d'un défaut, un utilisateur raccordé en moyenne tension (MT) sur un départ voisin du départ aérien en défaut peut ressentir quatre creux de tension successifs, tandis que celui raccordé directement sur le départ en défaut est soumis d'abord à un creux de tension, puis trois coupures brèves et enfin une coupure longue (figure 7.3).

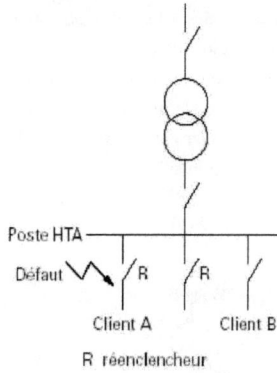

FIG. 7.3 – Exemple d'un réseau radial (HTA 1 à 50 kV) [Ott 98]

Classification des creux de tension

Lorsqu'un défaut a lieu dans un point du réseau, le calcul des tensions au niveau de la génératrice devient délicat [Sac 02]. Le système triphasé de tension qui en résulte peut être l'un des six représentés à la figure 7.4 [Bol 99].

160

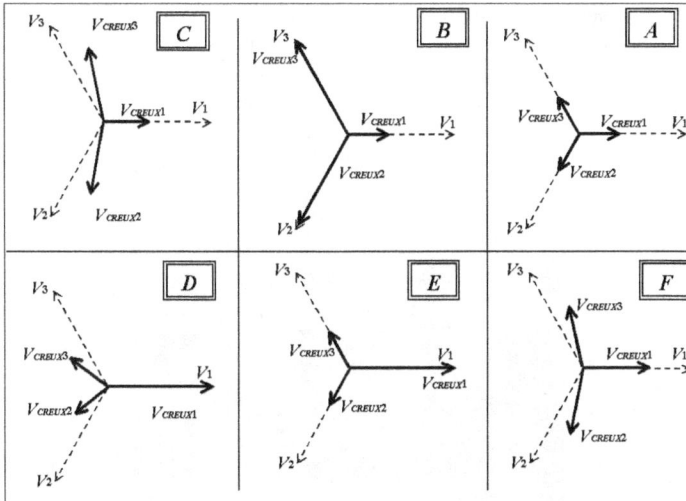

FIG. 7.4 – Classification des creux de tension (avant défaut en pointillé)[Sac 02]

Les principaux types de creux de tensions sont les suivants :
– Creux de tension de type A appelé creux de tension triphasé équilibré
– Creux de tension de type B appelé creux de tension monophasé
– Creux de tension de type C creux de tension biphasé avec saut de phase

Dans un réseau électrique, l'existence de transformateurs de distribution est nécessaire. Ces derniers influencent massivement la nature des creux de tension de part et d'autre des enroulements. Par exemple un transformateur couplé en $\triangle$ / Y va permuter les phases et enlever ou "piéger" la composante homopolaire grâce au couplage triangle. Ainsi tout creux de tension monophasé survenant en amont d'un transformateur $\triangle$ / Y de type B se transforme en un creux de tension biphasé de type C avec saut de phase. Dans notre étude, on s'interesse aux creux de tension de type A : creux de tension triphasé apparaissant suite à un défaut dans le réseau HTA ou HTB, et de type B : creux de tension monophasé suite à un défaut dans le réseau HTB.

7.3 Raccordement au réseau de distribution

Une fois l'énergie électrique produite par l'éolienne, il s'agit ensuite de la transmettre au réseau de distribution. Typiquement, pour les machines d'une puissance supérieure à 100 kW, la tension en sortie de l'éolienne est de l'ordre de quelques centaines de volts. Il est donc souvent nécessaire de disposer sur le site de production d'un transformateur élévateur de tension qui permet de se raccorder à un réseau de distribution (10000V ou 15000V en Belgique et 20000V en France pour les lignes urbaines, 60000 V pour les lignes régionales). Cependant, le raccordement au réseau doit prendre en compte certaines particularités de l'éolienne. Il s'agit notamment de toutes les phases transitoires du fonctionnement (démarrage, arrêt, absorption des rafales) qui du fait de la nature fluctuante du vent, peuvent occasionner des variations de puissance.

Il existe des conditions de raccordement et des réglementations à prendre en considération. Il s'agit notamment de l'arrêté de 17 mars 2003 (resp. 4 juillet 2003) relatif aux prescriptions techniques de conception et de fonctionnement pour le raccordement d'une installation de production d'énergie électrique à un réseau public de distribution (resp. transport) [Arr 03a].

Dans le tableau de la figure 7.5 est expliquée la procédure d'instruction des demandes de raccordement établie en concertation avec la Commission de Régulation de l'Énergie (CRE), le gestionnaire du Réseau de Transport d'Electricité (RTE) et les utilisateurs du réseau.

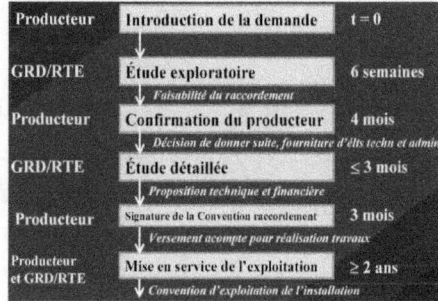

FIG. 7.5 – Procédure d'instruction des demandes de raccordement [Ngu 03]

Le tableau de la figure 7.6 présente les différents niveaux de tension à maintenir pour : le réseau basse tension, le réseau moyenne tension, le réseau haute tension. A partir de ce tableau, on constate une harmonisation à 12 MW (au lieu de 10 MW auparavant) du seuil technique de raccordement en MT.

BT	BT (1 Φ)	(230V)	S ≤ 18 KVA
	BT (3 Φ)	(400 V)	S ≤ 250 KVA
MT (HTA)	1 kV < U ≤ 50 kV	(15kV, 20 kV)	P ≤ 12 MW
HT (HTB1,2,3)	50 kV < U ≤ 130 kV	(63 kV, 90 kV)	P ≤ 50 MW
	130 kV < U ≤ 350 kV	(150 kV, 225 kV)	P ≤ 250 MW
	350 kV < U ≤ 500 kV	(400 kV)	P > 250 MW

FIG. 7.6 – Conditions de raccordement [Ngu 03]

Il est également important, lors d'un raccordement au réseau, de vérifier la capacité d'accueil de ce dernier. Il s'agit essentiellement des contraintes thermiques en régime permanent qui peuvent survenir lors de l'apparition de :

– courants maximums (lignes, câbles, transformateurs,etc)
– congestion au niveau du réseau de transport

Il en résulte l'existence de valeurs maximales admissibles des courants et des puissances de court-circuit pour une architecture donnée du réseau. Très souvent, il existe des besoins de changements de lignes, de transformateur, la création d'un départ dédié ou d'un nouveau poste. Généralement, la tension augmente avec l'arrivée d'un producteur. Cependant, il existe des limites sur la variation autorisée de la tension (HTB $\pm 8\%$, HTA $\pm 5\%$,BT $\pm 6\%$,-10%). L'arrêté du 17.03.2003, en France, oblige à la régulation de la tension au bus de raccordement pour tout producteur d'une puissance supérieure à 10 MW [Arr 03b].

7.4 Comportement de l'éolienne à base d'une MADA face à un creux de sa tension d'alimentation

Comme expliqué précédemment, l'apparition d'un défaut dans un réseau électrique conduit à l'apparition d'un affaiblissement de la tension. Dans cette partie, on cherchera avant tout à déterminer le comportement des grandeurs internes de l'éolienne à base d'une MADA ainsi qu'à comparer l'influence de la méthode de contrôle du flux statorique (approche asynchrone et synchrone) face à l'apparition d'un creux de tension.

7.4.1 Grandeurs du coté du réseau

L'approche synchrone est une stratégie de commande de la MADA, basée sur le réglage de la composante directe du courant rotorique i_{rd} à partir d'un fonctionnement à puissance réactive statorique désirée (paragraphe 4.5.6.c du chapitre 4). L'approche asynchrone est une stratégie de commande de la MADA, basée sur un contrôle de la composante directe du courant rotorique i_{rd} pour imposer un contrôle en boucle fermée du flux statorique (paragraphe 4.5.6.b du chapitre 4). Dans ce qui suit, on va montrer la répercussion du creux de tension sur les grandeurs du système éolien. On montrera l'évolution des grandeurs obtenues pour les deux approches.

Pour cette étude, on considère l'apparition d'un creux de tension triphasé d'une profondeur de 20% avec une durée de 200ms en amont du transformateur de raccordement de l'éolienne. Dans la cas étudié dans ce chapitre, une profondeur de 20% a été choisie afin que le point de fonctionnement du système reste dans la zone 2 (fonctionnement en MPPT) après la disparition du défaut (figure 2.17 du chapitre 2). Le creux de tension apparaît à t=14s, la tension d'alimentation de la chaîne de conversion éolienne subit aussi une chute de 20% (figure 7.8-a). Pour ce cas d'étude, la puissance du réseau est supposée infinie.

En cas d'apparition de défaut sur le réseau, les convertisseurs de puissance peuvent être bloqués. L'ordre de blocage est donné par le système de protection qui surveille différentes grandeurs : les courants au stator, les courants des convertisseurs, la tension du bus continu, la tension au bus de raccordement, ... Lorsque les convertisseurs sont bloqués, le système de production est déconnecté du réseau. Afin d'examiner le comportement en régime transitoire de ce système de production face à des incidents (réseau), ce système de protection n'a pas été pris en compte dans les simulations qui seront présentées.

Le profil du vent appliqué à l'éolienne est montré à la figure 7.7. La figure 7.8-b montre la vitesse mécanique représentée pour les deux approches utilisées pour le contrôle du flux statorique de la MADA : l'approche synchrone, et l'approche asynchrone. On constate un léger écart de vitesse (environ 0.1%). Avec l'approche synchrone, la génératrice tourne plus vite que lorsque son flux est contrôlé en boucle fermée. Aucune variation de la vitesse (suite au défaut) n'apparaît, compte tenu de l'inertie importante (et nécessaire pour une telle puissance) de la turbine.

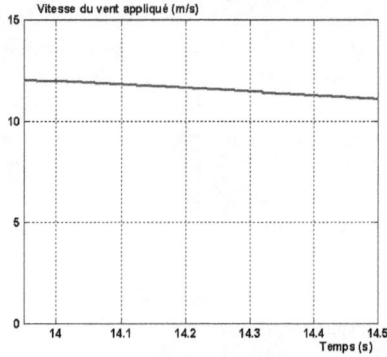

FIG. 7.7 – Vitesse du vent appliqué à l'éolienne

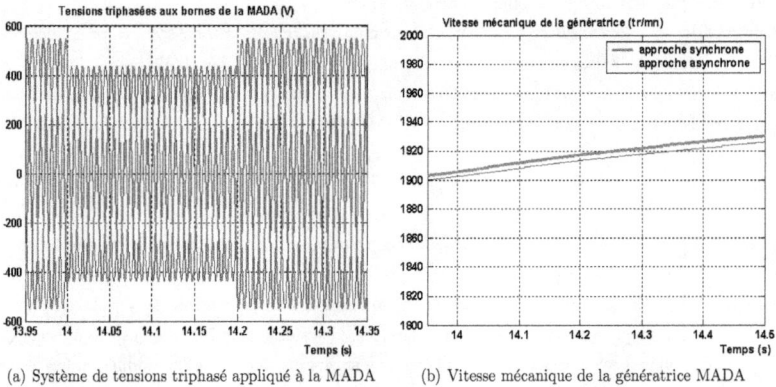

(a) Système de tensions triphasé appliqué à la MADA   (b) Vitesse mécanique de la génératrice MADA

FIG. 7.8 – Tension d'alimentation de la MADA et sa vitesse mécanique

Le système de courants totaux envoyés au réseau de distribution est montré sur la figure 7.9. Les courants totaux envoyés par la MADA ont des amplitudes différentes pendant le creux de tension. L'amplitude obtenue avec l'approche asynchrone (figure 7.9-b) est plus importante que celle obtenue avec l'approche synchrone (figure 7.9-a).

164

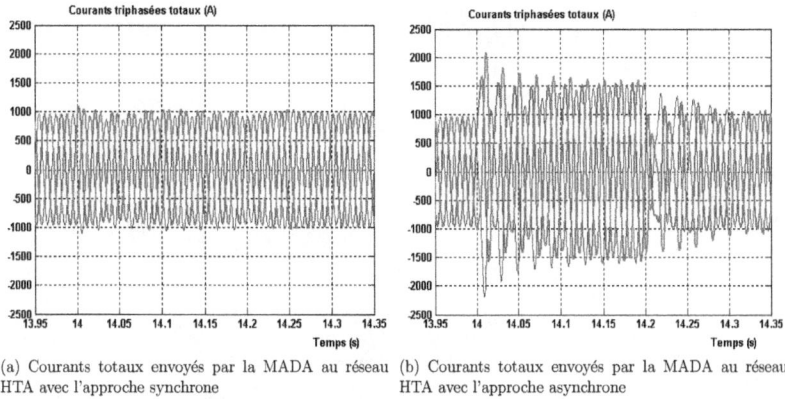

(a) Courants totaux envoyés par la MADA au réseau HTA avec l'approche synchrone (b) Courants totaux envoyés par la MADA au réseau HTA avec l'approche asynchrone

FIG. 7.9 – Courants générés sur le réseau pendant le creux de tension

L'amplitude du courant statorique généré dépend de la courbe de saturation de la génératrice. En pratique, les courants générés lors d'un creux de tension sont diminués après leur détection grâce à un système de court-circuit situé au niveau du rotor. Ce système, appelé CROWBAR, permet :

– Soit de court-circuiter le circuit rotorique de la MADA et cette dernière se comporte alors comme une génératrice asynchrone à rotor court-circuité

– Soit d'évacuer les courant rotoriques importants générés au rotor et les transiter dans une resistance [Nii 04].

Lorsqu'il s'agit d'un CROWBAR permettant d'évacuer et transiter les courants dans une résistance, cette dernière doit avoir une valeur bien définie.

Dans toutes les études présentées dans cette partie, ces systèmes de protection n'ont pas été simulés afin de pouvoir caractériser la dynamique de la machine associée à son dispositif de commande (convertisseurs de puissance et algorithmes de commande).

Le courant total envoyé par la MADA est plus fortement déséquilibré pendant le creux de tension (figure 7.9-b) en utilisant l'approche asynchrone. Ce déséquilibre provient en effet du déséquilibre du courant triphasé statorique (figure 7.10-b).

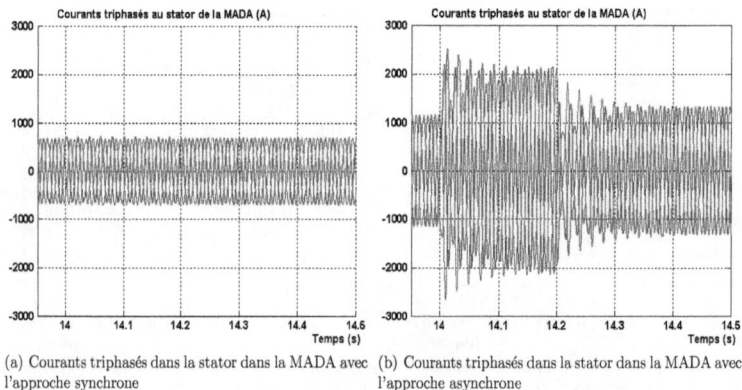

(a) Courants triphasés dans la stator dans la MADA avec l'approche synchrone

(b) Courants triphasés dans la stator dans la MADA avec l'approche asynchrone

FIG. 7.10 – Courants au stator de la MADA

Le courant statorique obtenu par l'approche synchrone (figure 7.10-a) est 3 fois inférieur à celui donné par l'approche asynchrone pendant le creux de tension et 1.5 fois supérieur après le creux de tension (figure 7.10-b).

Les courants triphasés dans le filtre obtenus en utilisant l'approche asynchrone restent équilibrés avant, pendant et après le creux de tension (figure 7.11-b). Le courant dans le filtre obtenu en utilisant l'approche synchrone n'est pas parfaitement équilibré pendant le creux de tension (figure 7.11-a).

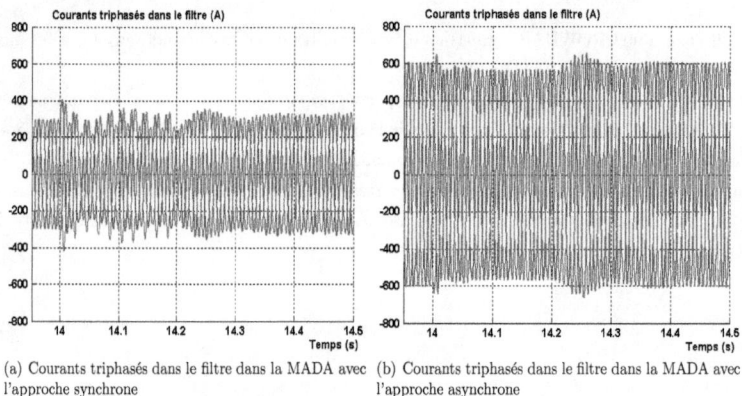

(a) Courants triphasés dans le filtre dans la MADA avec l'approche synchrone

(b) Courants triphasés dans le filtre dans la MADA avec l'approche asynchrone

FIG. 7.11 – Courants triphasés dans le filtre

166

L'amplitude du courant dans le filtre obtenu par l'approche synchrone (figure 7.11-a) est environ
2 fois inférieure que celui obtenu en utilisant l'approche asynchrone (figure 7.11-b). On peut noter
que pour une même puissance générée (hors défaut) les puissances transitées au stator et au rotor
sont différentes suivant l'approche utilisée. La stabilité du bus continu sera également affectée selon
l'approche utilisée.

L'amplitude du courant dans le filtre varie car sa référence s'adapte pour maintenir le bus continu
à sa valeur de référence. Pendant et après le défaut, ce dernier subit des oscillations (figure 7.12). La
tension du bus continu obtenu est oscillante avec une amplitude d'oscillation moindre obtenue avec
l'approche synchrone (figure 7.12-a), cependant ces oscillations subsistent après le défaut contrairement
à l'approche asynchrone. Ces oscillations affectent les puissances actives totales envoyées au réseau
(figures 7.13 et 7.14).

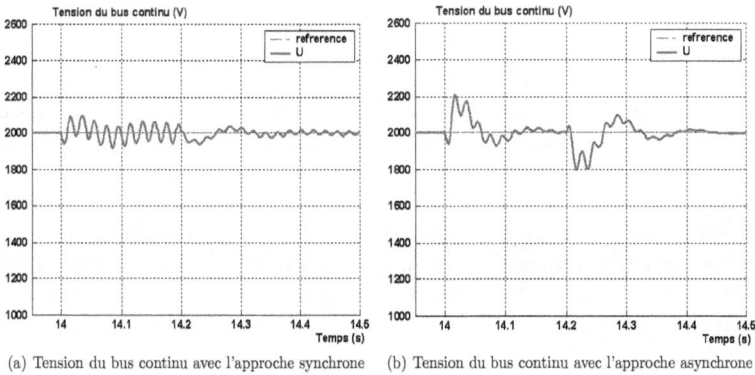

(a) Tension du bus continu avec l'approche synchrone   (b) Tension du bus continu avec l'approche asynchrone

FIG. 7.12 – Tension du bus continu

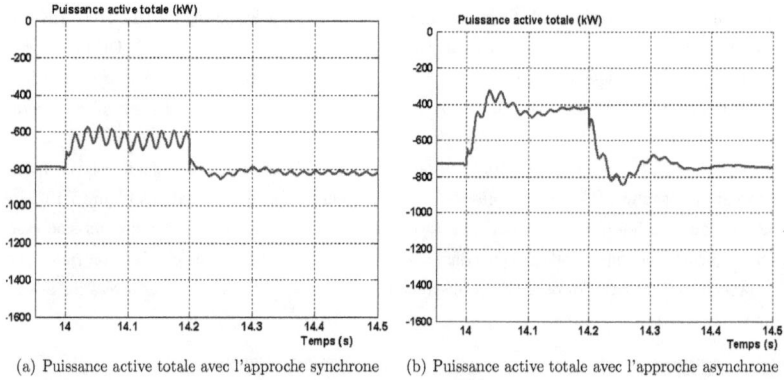

(a) Puissance active totale avec l'approche synchrone

(b) Puissance active totale avec l'approche asynchrone

FIG. 7.13 – Puissances actives totales envoyée au réseau

Avec le même profil de vent, les puissances actives totales échangées avec le réseau sont différentes lorsqu'on change de contrôle du flux statorique (remarque : les vitesses mécaniques pour ces deux modes de fonctionnement sont également légèrement différentes (figure 7.8-b)). On obtient une puissance environ 1.1 fois supérieure avec l'approche synchrone qu'avec l'approche asynchrone. On peut noter également que la diminution de cette puissance pendant le creux de tension est plus importante en utilisant l'approche asynchrone. Cependant la puissance réactive totale a une amplitude d'oscillation plus importante en utilisant l'approche asynchrone (figure 7.14-b) que celle obtenue en utilisant l'approche synchrone. De plus elle est bien égale à zéro pour conserver un facteur de puissance unitaire (figure 7.14-a).

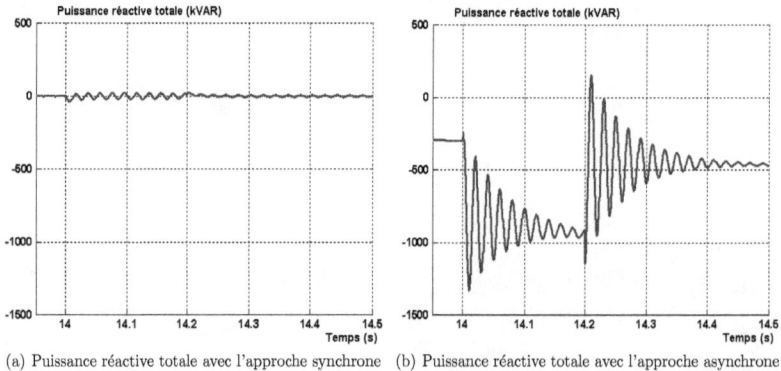

(a) Puissance réactive totale avec l'approche synchrone

(b) Puissance réactive totale avec l'approche asynchrone

FIG. 7.14 – Puissances réactives totales envoyées au réseau

7.4.2 Grandeurs internes du dispositif de production

Le creux de tension affectant la tension d'alimentation se transforme en une diminution en valeur absolue de la composante en quadrature de cette dernière dans le repère de Park (figure 7.15).

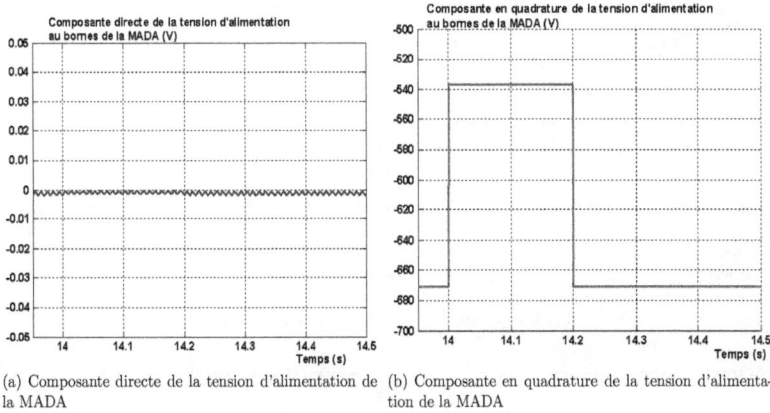

(a) Composante directe de la tension d'alimentation de la MADA (b) Composante en quadrature de la tension d'alimentation de la MADA

FIG. 7.15 – Composante directe et quadrature de la tension d'alimentation de la MADA

La chute de la tension d'alimentation provoque une variation du flux statorique (composante directe). Comme pour les grandeurs liées au réseau, on effectue une comparaison des grandeurs internes de la MADA obtenues pour les deux approches.

Le composante directe du flux statorique obtenue avec l'approche asynchrone a moins d'oscillations autour de sa valeur de référence grâce à son contrôle en boucle fermée (figure 7.16-b), pendant le défaut que la composante obtenue par l'approche synchrone. Après la disparition du défaut, cette dernière reste oscillatoire avec une amplitude (figure 7.16-a) supérieure à celle obtenue avec l'approche asynchrone. Pour les deux approches, la valeur nominale est dépassée transitoirement avec toutefois un comportement plus critique avec l'approche asynchrone.

La composante en quadrature du flux statorique est plus oscillatoire pendant le défaut avec l'approche synchrone (figure 7.17-a) qu'avec l'approche asynchrone (figure 7.17-b).

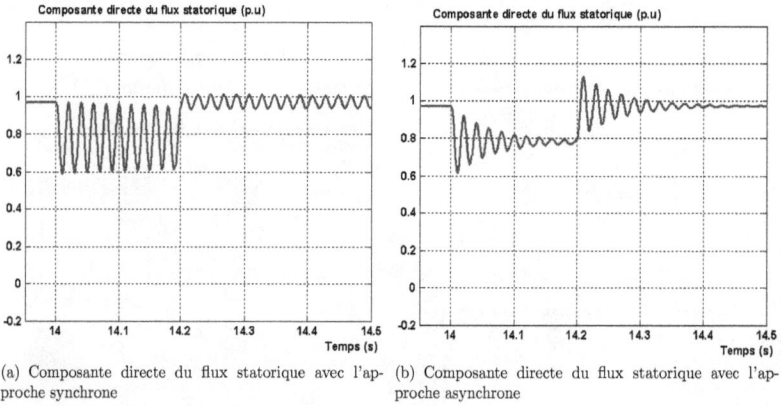

(a) Composante directe du flux statorique avec l'approche synchrone
(b) Composante directe du flux statorique avec l'approche asynchrone

FIG. 7.16 – Composante directe du flux statorique de la MADA

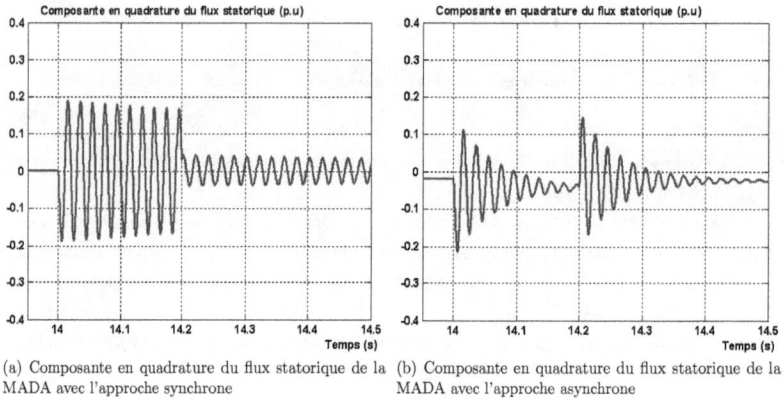

(a) Composante en quadrature du flux statorique de la MADA avec l'approche synchrone
(b) Composante en quadrature du flux statorique de la MADA avec l'approche asynchrone

FIG. 7.17 – Composante en quadrature du flux statorique de la MADA

La variation de la composante directe du flux statorique entraîne également une variation de la composante directe du courant rotorique.

La composante directe du courant rotorique n'a pas la même référence selon qu'on utilise l'approche synchrone ou asynchrone. Ce dernier est asservi à une faible valeur de référence constante négative pour l'approche synchrone (figure 7.18-a) et une référence négative plus importante (environ 6 fois supérieure) pour l'approche asynchrone.

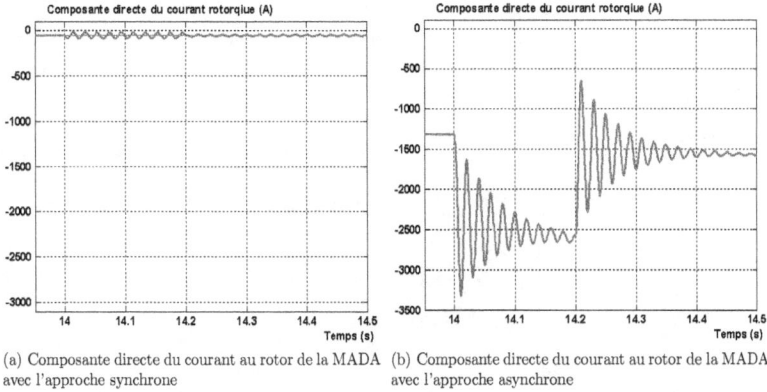

(a) Composante directe du courant au rotor de la MADA avec l'approche synchrone

(b) Composante directe du courant au rotor de la MADA avec l'approche asynchrone

FIG. 7.18 – Composante directe du courant au rotor de la MADA et de sa référence

Le courant en quadrature est plus oscillatoire avec l'approche synchrone qu'avec l'approche asynchrone (figure 7.19).

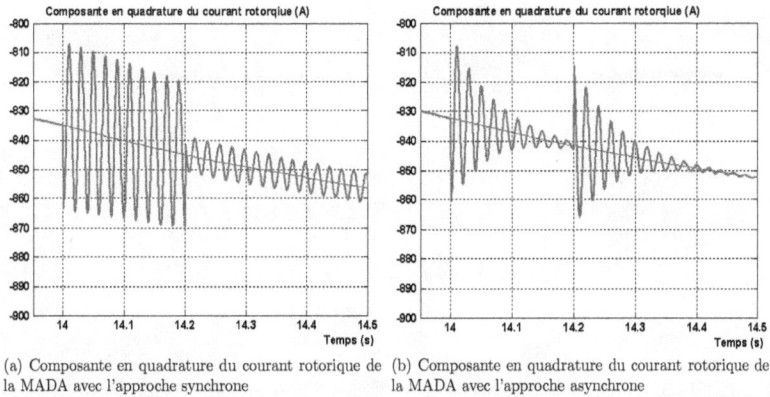

(a) Composante en quadrature du courant rotorique de la MADA avec l'approche synchrone

(b) Composante en quadrature du courant rotorique de la MADA avec l'approche asynchrone

FIG. 7.19 – Composante en quadrature du courant rotorique de la MADA

De ce fait, les courants triphasés rotoriques de la MADA sont sinusoïdaux avant, pendant et après le défaut (figure 7.20). On constate que pour l'approche asynchrone, les références des courants rotoriques sont modifiées pendant le creux de tension (afin de régler le flux statorique). Cela nécessite une évolution temporelle particulière des tensions au rotor (figure 7.21).

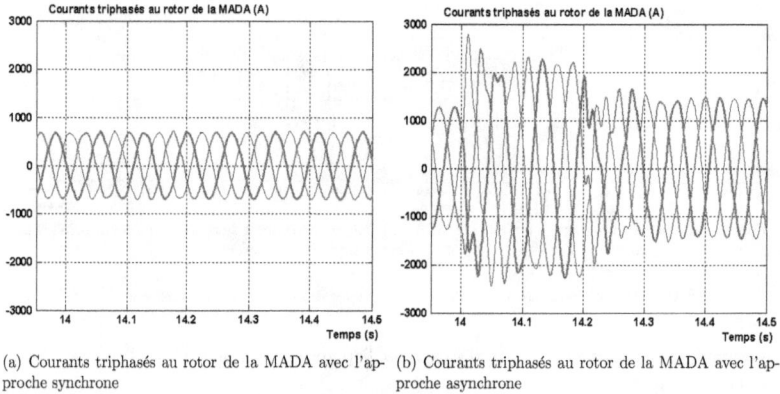

(a) Courants triphasés au rotor de la MADA avec l'approche synchrone

(b) Courants triphasés au rotor de la MADA avec l'approche asynchrone

FIG. 7.20 – Courants triphasés au rotor de la MADA

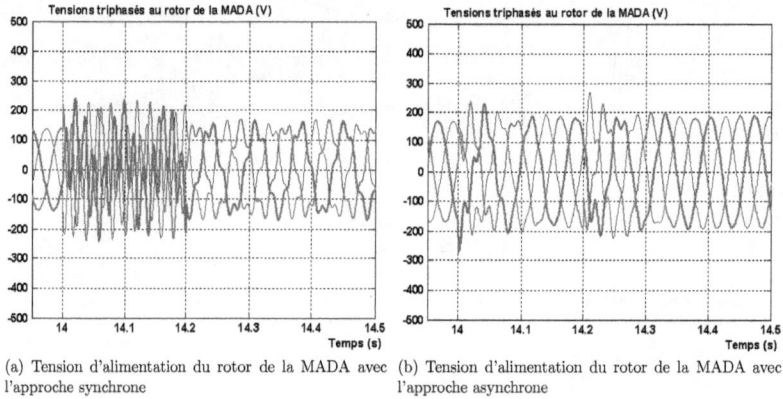

(a) Tension d'alimentation du rotor de la MADA avec l'approche synchrone

(b) Tension d'alimentation du rotor de la MADA avec l'approche asynchrone

FIG. 7.21 – Tensions triphasées au rotor de la MADA

Pour réaliser l'asservissement des courants rotoriques, de la puissance est extraite du bus continu ; ce qui entraîne une variation de la puissance transitée dans le filtre (figure 7.22). Pour l'approche asynchrone, on a vu (figure 7.12-b) que le bus continu était plus affecté. On remarque ici, qu'en conséquence la puissance active transitée dans le filtre est d'autant plus diminuée au point de s'inverser (figure 7.22-b). Vu que les deux approches sont essentiellement différentes en terme de contrôle de flux statorique, les pertes statorique et rotoriques de la machine le sont également.

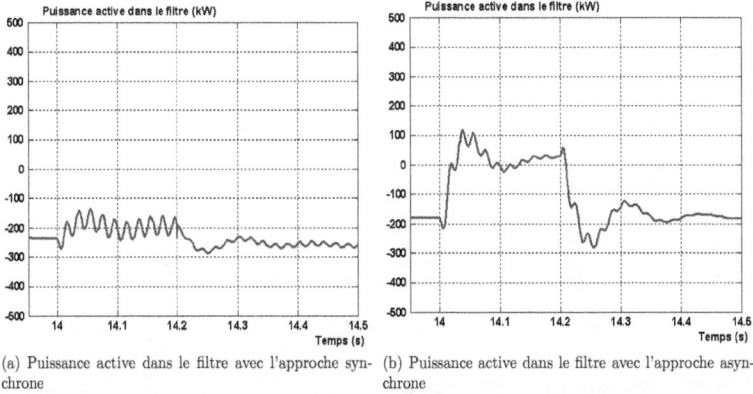

(a) Puissance active dans le filtre avec l'approche synchrone

(b) Puissance active dans le filtre avec l'approche asynchrone

FIG. 7.22 – Puissance active dans le filtre

La figure 7.23-a montre que la puissance réactive obtenue dans le filtre avec l'approche synchrone est négative et 6 fois inférieure (en valeur absolue) à celle obtenue avec l'approche asynchrone qui est une puissance positive (figure 7.23-b). Étant donné que la puissance réactive de référence génère la composante directe du courant rotorique de référence (autrement dit le courant dans le filtre : partie 3.4.3 du chapitre 3), alors le coefficient de proportionnalité entre les courants obtenus avec les deux approches est égal à celui qui existe entre les puissances réactives (6 dans notre cas).

En conclusion , avec l'approche asynchrone, on contrôle le flux statorique et donc la variation de la tension résiduelle aux bornes du circuit statorique est plus importante, ce qui est à l'origine d'un courant statorique plus conséquent.

Avec l'approche synchrone, lors d'un creux de tension, l'amplitude de la f.e.m. induite au stator baisse, donc l'amplitude du flux statorique diminue également, ce qui génère des courants statoriques plus atténués pendant le creux de tension.

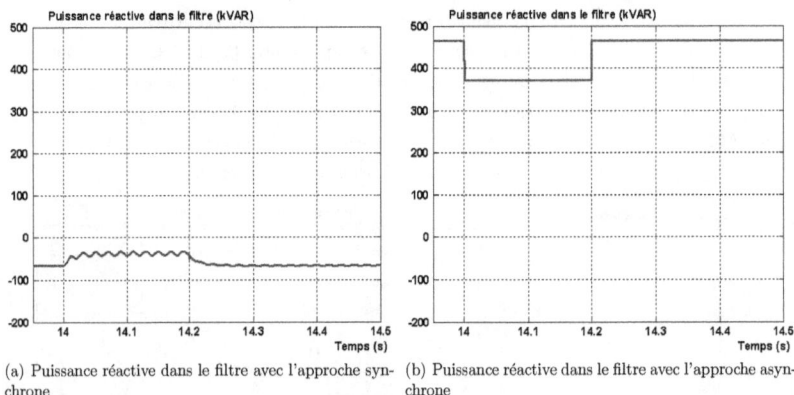

(a) Puissance réactive dans le filtre avec l'approche synchrone

(b) Puissance réactive dans le filtre avec l'approche asynchrone

FIG. 7.23 – Puissances réactives au filtre

7.4.3 Influence de la profondeur du creux de tension

Dans cette partie, nous évaluons l'influence de la profondeur de creux de tension sur la tension du bus continu et la puissance active totale générée par cette dernière (figure 7.24). Le flux statorique de la MADA est contrôlé avec l'approche asynchrone.

On constate que plus le creux de tension appliqué est profond, plus la tension du bus continu est oscillatoire et d'amplitude importante pendant le creux de tension. Typiquement, l'excursion crête est de 10%, 20%, 30% pour respectivement des profondeurs de 20%, 30% et 40% de creux de tension. La diminution de la puissance générée en régime établi subit une progression linéaire en fonction de la profondeur. Cette conclusion est également valable en utilisant l'approche synchrone.

Le système de protection (CROWBAR) est donc indispensable afin de limiter l'excursion du bus continu et protéger les semi-conducteurs de puissance.

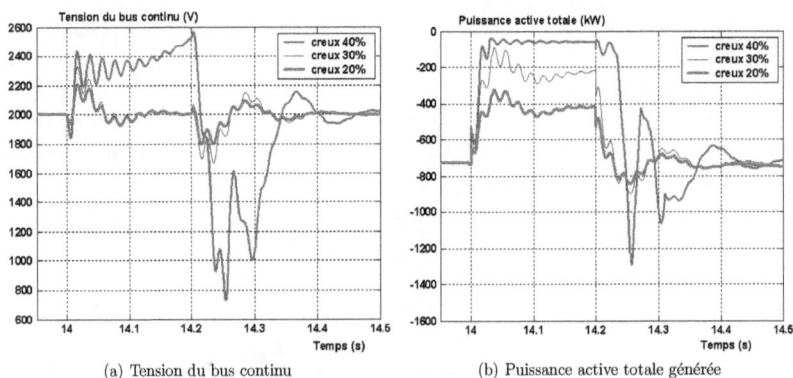

(a) Tension du bus continu

(b) Puissance active totale générée

FIG. 7.24 – Tension du bus continu et la puissance active totale générée

174

7.5 Présentation du réseau étudié

Afin d'étudier l'interaction de cette unité de production avec le réseau électrique et ses constituants (charges, protections, ...), Laborelec a proposé l'architecture simplifiée d'un réseau de distribution (figure 7.25).

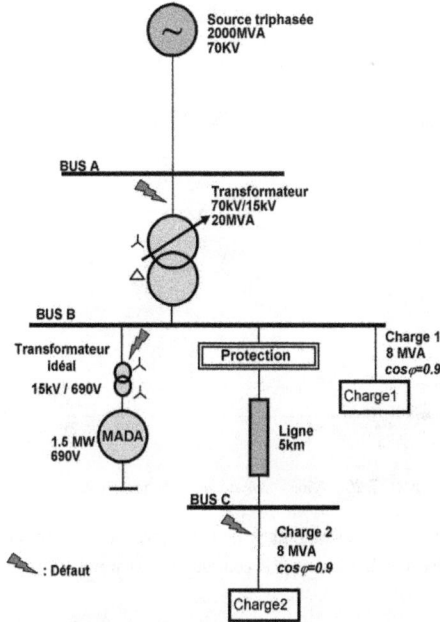

FIG. 7.25 – Schéma synoptique du réseau étudié

Le réseau est composé des éléments suivants :
- Une source triphasée de puissance de court-circuit 2000 MVA représentant le réseau HTB amont.
- Un transformateur de puissance nominale 20 MVA et de rapport de transformation 70/15 kV
- Deux charges (charge 1 et 2) connectées à un bus bar B, de puissances identiques et correspondant à 40% de la puissance nominale du transformateur HTA.

L'apparition d'un certain nombre de défauts au sein de ce réseau et le comportement de l'éolienne face à ces incidents sera étudié.

- Le premier défaut étudié est un défaut apparaissant en dehors de ce réseau de distribution, en amont du transformateur de distribution HTA. L'éolienne ainsi que l'ensemble du réseau est affecté par le creux de tension qui en résulte sans subir de perte de charges.
- Le second défaut considéré est un court circuit équilibré apparaissant aux bornes de la charge 2. En conséquence, la protection déclenche 600ms après la détection du défaut et déconnecte la charge 2. La dynamique du plan de tension et des puissances transitées sera mise en évidence.

175

7.6 Etude des défauts

7.6.1 Creux de tension triphasé dans le réseau HTB

Le profil du vent appliqué à la MADA est identique à celui de la partie précédente (figure 7.7), et la fait tourner à la vitesse présentée à la figure 7.26. La MADA est contrôlée de manière à extraire la puissance maximale du vent appliqué. Pour cette étude, on a choisi d'utiliser l'approche asynchrone car cette méthode est autorisée par rapport à l'approche synchrone classiquement étudiée. La machine est contrôlée pour obtenir une puissance réactive nulle échangée avec le réseau.

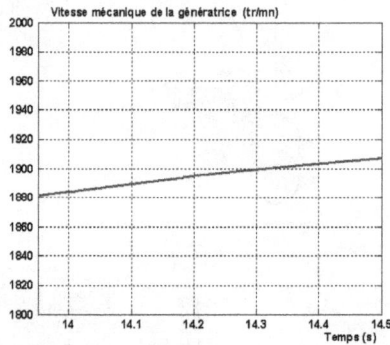

FIG. 7.26 – Vitesse mécanique de la génératrice

La figure 7.27 montre l'évolution du courant et de la tension au primaire du transformateur HTA (bus A). Suite au creux de tension, la tension et le courant subissent une chute d'environ 40% et d'une durée de 200 ms.

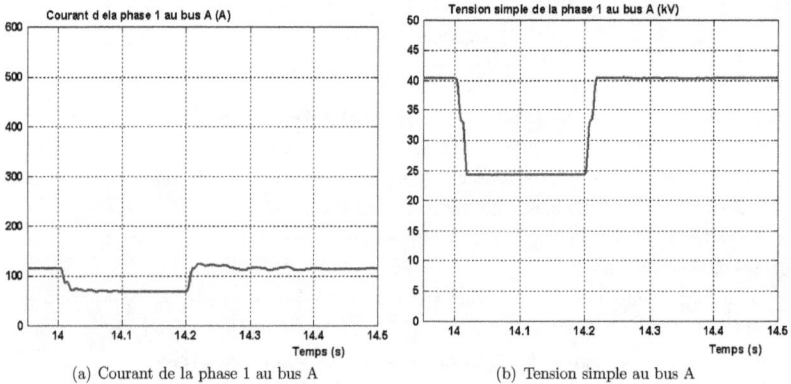

(a) Courant de la phase 1 au bus A

(b) Tension simple au bus A

FIG. 7.27 – Tension et courant au bus A

Les figures 7.28, 7.29 montrent les évolutions temporelles des valeurs efficaces des courants et tensions au bus B et C. Vu que le creux de tension est équilibré, le couplage du transformateur ne modifie pas la nature du creux de tension, autrement dit, au secondaire du transformateur, les trois tensions simples sont affectées par une chute de 40%.

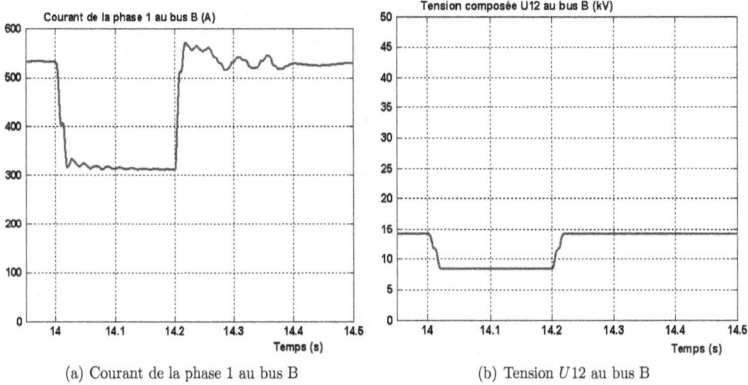

(a) Courant de la phase 1 au bus B

(b) Tension $U12$ au bus B

FIG. 7.28 – Tension et courant au bus B

L'évolution temporelle du courant généré est trés proche (à l'amplitude prés) de celle obtenue lors d'un creux de tension d'une profondeur de 20% (figure 7.9-b). En conséquence, les grandeurs internes de la MADA le sont aussi et ne sont donc pas présentées.

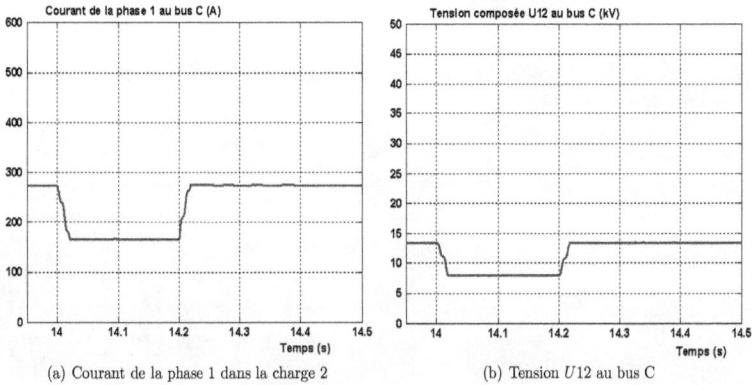

(a) Courant de la phase 1 dans la charge 2

(b) Tension $U12$ au bus C

FIG. 7.29 – Tension et courant au bus C

Le courant total généré par la MADA est très affecté par la chute de tension, il subit une augmentation d'amplitude crête de 3500A. Ce courant reste déséquilibré même après la disparition du défaut, il lui faut environ 200ms (à t=14,4s) après cette disparition pour redevenir parfaitement équilibré.

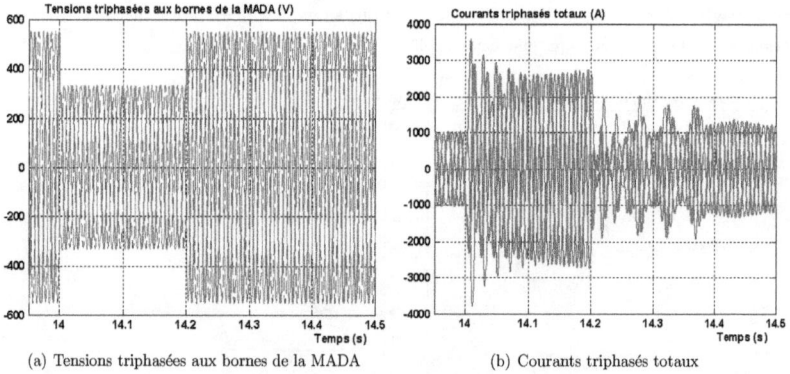

(a) Tensions triphasées aux bornes de la MADA

(b) Courants triphasés totaux

FIG. 7.30 – Tensions d'alimentation aux bornes de la MADA et courant total généré

7.6.2 Creux de tension monophasé dans le réseau HTB

Le second incident a pour conséquence un creux de tension monophasé (phase 1 au primaire du transformateur HTA) en amont du transformateur. Ce creux de tension est de 40% et d'une durée de 200ms. Nous montrons dans ce qui suit les évolutions temporelles des grandeurs dans le réseau HTA.

La figure 7.31 montre l'évolution du courant et de la tension des trois phases du primaire du transformateur HTA (bus A). On vérifie que la tension de la phase 1 est la seule affectée par le creux de tension.

En raison du couplage du transformateur HTA, les trois courants sont également affectés avec un déséquilibre prononcé sur une phase.

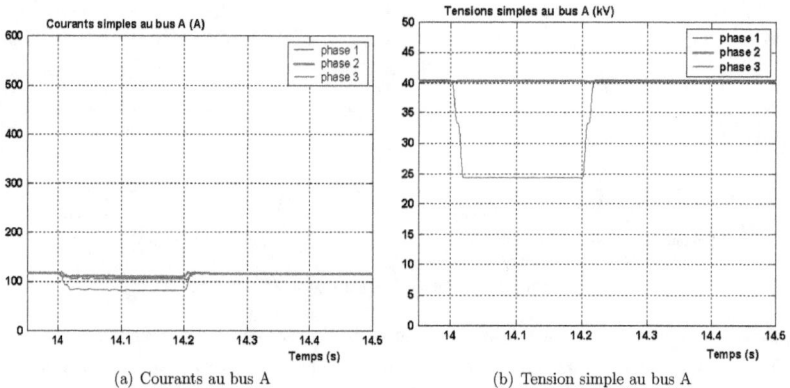

(a) Courants au bus A

(b) Tension simple au bus A

FIG. 7.31 – Tension et courant au bus A

Les figures 7.32, 7.33 montrent les évolutions temporelles des courants et tensions au bus B et C. Le couplage du transformateur $\triangle$ / Y a converti le défaut monophasé (en tension) en un défaut

178

triphasé déséquilibré (en tension)(type C dans la figure 7.4). La tension composée au bus B a subi une forte diminution pour $U12$ et une légère affectation pour $U23$ et $U13$ 7.32-b).

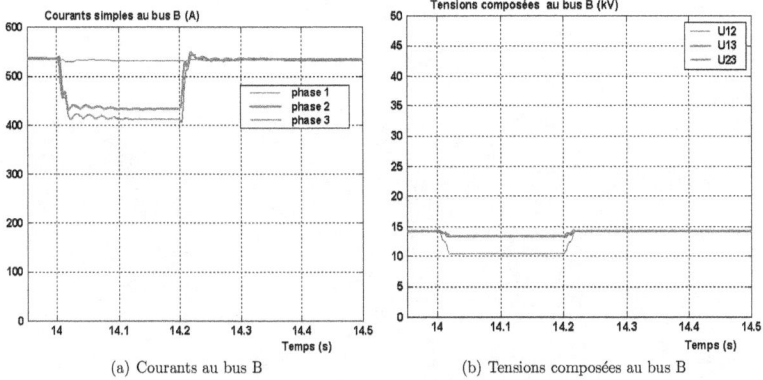

(a) Courants au bus B   (b) Tensions composées au bus B

Fig. 7.32 – Tension et courant au bus B

De part la longueur de la ligne, la tension aux bornes de la charge 2 est diminuée (figure 7.33-b).

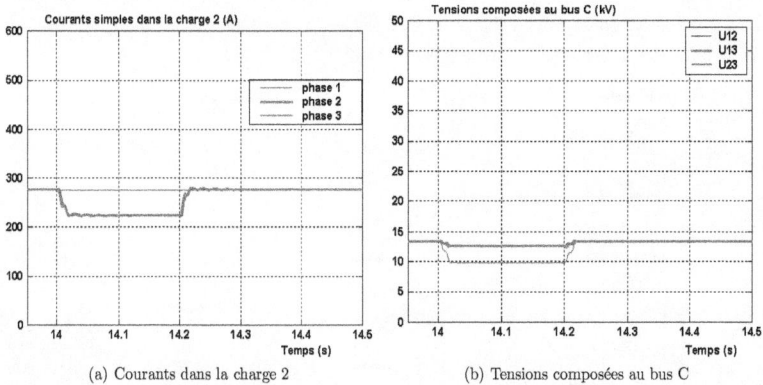

(a) Courants dans la charge 2   (b) Tensions composées au bus C

Fig. 7.33 – Tension et courant au bus C

La tension aux bornes de la MADA et le courant total généré sont également représentés à la figure 7.34. Le couplage du transformateur de raccordement HTA transforme la chute de tension (pratiquement) monophasée de la tension du primaire en une chute de tension biphasée sur les deux autres phases (figure 7.34-a).

Le courant est très affecté par la chute de tension, il subit un déséquilibre et une augmentation d'amplitude crête allant jusqu'à 1600A qui vaut environ 1.3 fois le courant nominal (figure 7.34-b).

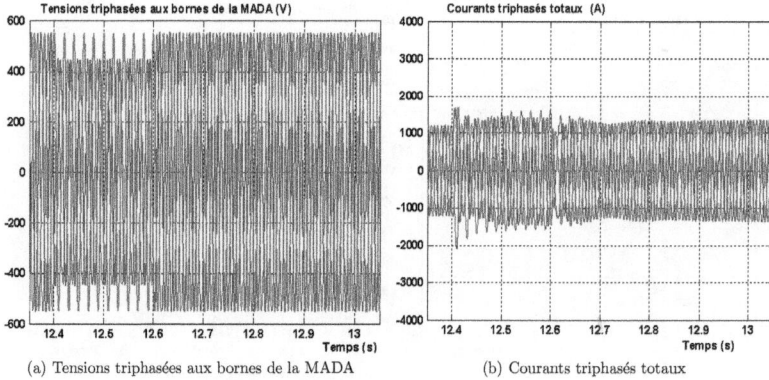

(a) Tensions triphasées aux bornes de la MADA

(b) Courants triphasés totaux

FIG. 7.34 – Tensions d'alimentation aux bornes de la MADA et courant total généré

Comparativement à un même creux de tension mais équilibré (figure 7.30-b), les conséquences sur le courant total généré sont moins importantes. A titre d'exemple, la figure 7.35-a montre l'évolution de la tension du bus continu très peu affectée en comparaison avec la figure 7.24-a. La même remarque concerne la puissance active totale générée (figure 7.35-b).

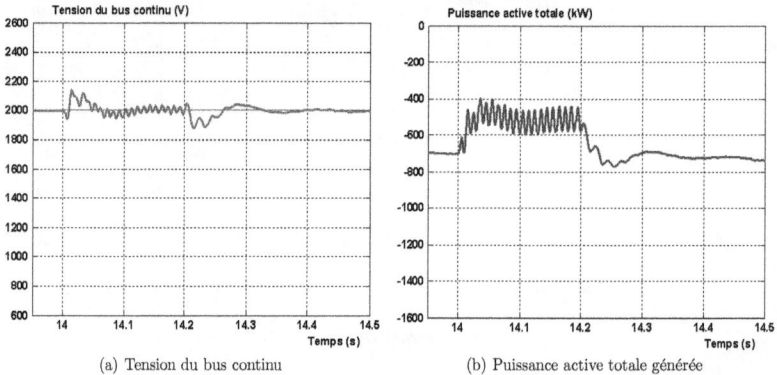

(a) Tension du bus continu

(b) Puissance active totale générée

FIG. 7.35 – Tension du bus continu et la puissance active totale générée

7.6.3 Court-circuit équilibré au sein du réseau de moyenne tension

Dans cet essai, nous appliquons un court circuit équilibré aux bornes de la charge 2 à t=14s (figure 7.25). En conséquence, la protection déclenche 600ms après la détection du défaut et déconnecte la charge 2.

a - Grandeurs du réseau HTA

Étant donné que le court-circuit est équilibré, nous nous contenterons de montrer les valeurs efficaces des courants et des tensions sur une phase. Les évolutions sur les deux autres phases seront similaires.

La figure 7.36 montre la repercussion du défaut sur le courant et la tension du bus A.

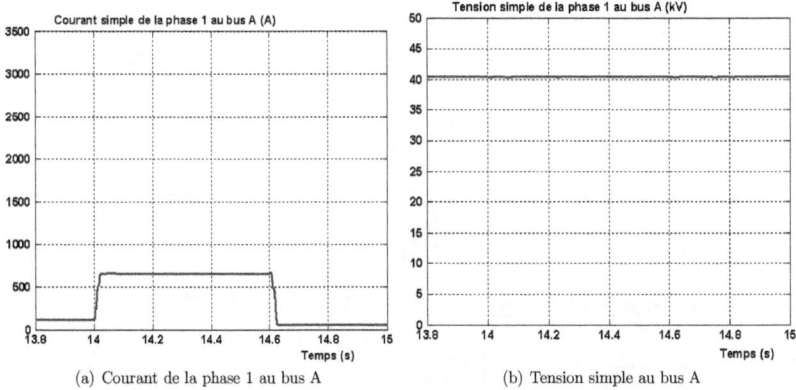

(a) Courant de la phase 1 au bus A   (b) Tension simple au bus A

FIG. 7.36 – Courant et tension au bus A

La figure 7.36-a montre que l'application d'un court-circuit équilibré à la charge 2 conduit à des courants de court-circuit dans le reseau HTA, au bus A (au primaire du transformateur) de l'ordre de 600A ce qui correspond approximativement à 6 fois l'intensité nominale du transformateur. 600ms après l'apparition du défaut, la protection s'enclenche pour déconnecter la charge 2, le courant se rétablit mais à une valeur inférieure à celle de pré-défaut étant donné la perte de la charge 2.

L'apparition du défaut dans le réseau entraîne une très légère chute des tensions au bus A (environ 0.01%). L'enclenchement de la protection permet de rétablir la tension au bus A à sa valeur initiale (figure 7.36-b). Au secondaire du transformateur (bus B), les évolutions de la tension et du courant de la phase 1, avant, pendant et après le défaut sont montrées à la figure 7.37.

A partir de la figure 7.37-a on constate que le courant du bus A subit une augmentation jusqu'à 6 fois le courant nominal. Pendant ces 600ms, les tensions subissent une chute de 33% de leur valeur initiale. A t=14.6s, la protection déconnecte la charge responsable du défaut du réseau, ce qui ramène son courant et sa tension à 0 (figure 7.38).

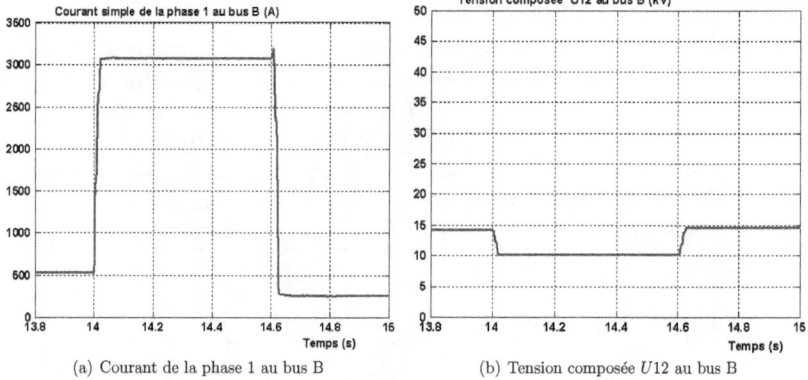

(a) Courant de la phase 1 au bus B

(b) Tension composée $U12$ au bus B

FIG. 7.37 – Courant et tension au bus B

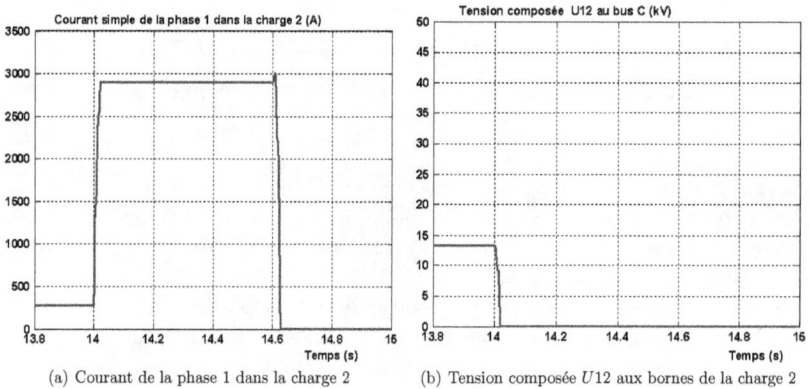

(a) Courant de la phase 1 dans la charge 2

(b) Tension composée $U12$ aux bornes de la charge 2

FIG. 7.38 – Courant et tension au bus C

b - Grandeurs internes du système de production

La figure 7.39 montre l'évolution du système triphasé des tensions des courants générés par le système éolien. L'apparition du défaut se transforme en une chute de tension de 27% du système d'alimentation du système éolien.

L'excursion du courant total est donc supérieure à celle obtenue lors du cas d'étude (figure 7.9-b). On peut donc prévoir des excursions plus fortes sur les grandeurs internes pendant le défaut.

Après l'enclenchement de la protection, la tension se rétablit avec une valeur très légèrement supérieure à celle du pré-défaut (figure 7.39-a) car la charge 2 a été déconnectée. Les courants triphasés sont déséquilibrés pendant le défaut et ne retrouvent leur équilibre que 100ms après la disparition du défaut (figure 7.39-b).

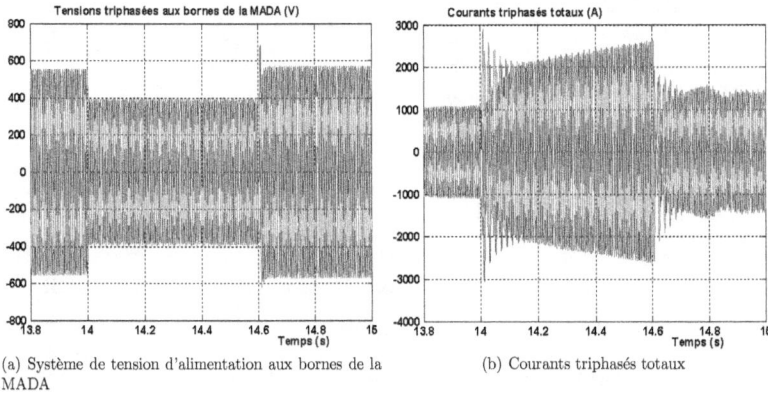

(a) Système de tension d'alimentation aux bornes de la MADA

(b) Courants triphasés totaux

FIG. 7.39 – Tensions aux bornes de la MADA et courants totaux

La figure 7.40-a montre la vitesse mécanique de la génératrice. La tension du bus continu est montrée à la figure 7.40-b, cette dernière est plus affectée par le court-circuit que dans le cas d'un creux de tension équilibré de 20% appliqué aux bornes de la MADA (figure 7.12-b).

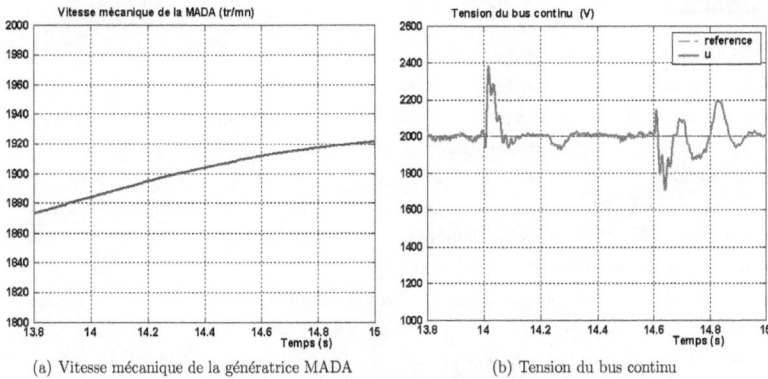

(a) Vitesse mécanique de la génératrice MADA

(b) Tension du bus continu

FIG. 7.40 – Vitesse mécanique de la MADA et tension du bus continu

La figure 7.41-a montre l'évolution temporelle de la composante directe du flux statorique, cette dernière est similaire à celle obtenue dans la partie 7.4.2 en utilisant l'approche asynchrone pour le contrôle du flux statorique. La même remarque concerne la composante en quadrature du flux statorique (figure 7.41-b).

Pour toutes les autres grandeurs, les évolutions temporelles obtenues sont similaires au cas d'étude dans la partie 7.4.2.

Dans cet essai, nous avons étudié le court-circuit de la charge 2 située à 5km de la centrale éolienne. Nous avons réalisé des cas test, permettant d'évaluer l'influence de la distance de cette charge par rapport au système éolien. Les résultats ont montré que plus la charge 2 est éloignée de l'unité de

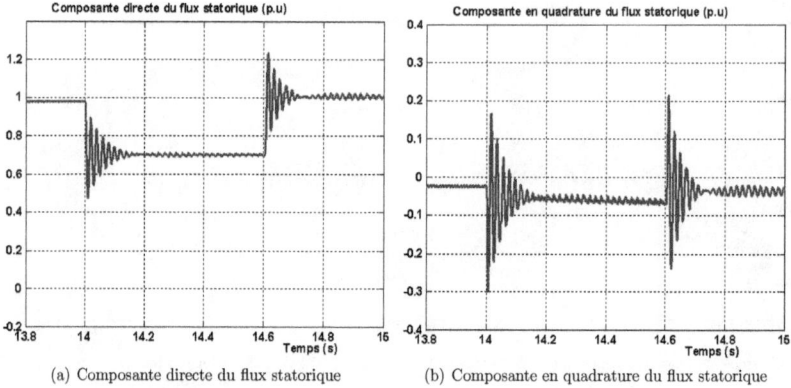

(a) Composante directe du flux statorique

(b) Composante en quadrature du flux statorique

FIG. 7.41 – Composantes directe et quadrature du flux statorique

production éolienne, moins cette dernière est affectée par le défaut (au niveau de son flux statorique et dus bus continu).

7.7 Conclusion

Ce chapitre a fait l'objet d'une étude du fonctionnement du système éolien dans un réseau de distribution HTA, présentant des défauts. Ces derniers se répercutent sous la forme de creux de tension (équilibrés et déséquilibrés) qui ont été étudiés lors d'un défaut du réseau HTA (court-circuit de charges) et lors d'un défaut dans le réseau HTB (équilibré ou déséquilibré).

Nous avons comparé pour un creux de tension appliqué à la MADA deux stratégies de contrôle du flux statorique : l'approche synchrone et l'approche asynchrone. D'une part, l'approche asynchrone contrôle le flux statorique et la variation de la tension résiduelle aux bornes du circuit statorique est plus importante ce qui est à l'origine d'un courant statorique plus conséquent. D'autre part, pour l'approche synchrone, lors d'un creux de tension, l'amplitude de la f. e.m. induite au stator baisse, donc l'amplitude du flux statorique diminue également, ce qui génère des courants statoriques plus atténués pendant le creux de tension. Donc, cette dernière approche est plus favorable en terme de qualité de puissance envoyée au réseau électrique.

L'autre approche, dite synchrone, a montré, un comportement acceptable, du système éolien dans le cas de tous les défauts. Elle est ainsi, plus intéressante, du point de vue conception pratique, en comparaison avec l'autre approche qui nécessite l'estimation du flux statorique puis une régulation appropriée (donc utilisation d'un régulateur de plus).

Ces deux types d'approches ont été élaborés à partir du modèle de la chaîne de conversion éolienne prenant en compte la composante homopolaire afin d'étudier les phénomènes relatifs aux défauts déséquilibrés qui sont très rarement abordés dans la littérature.

Ce modèle permet également de tenir compte du comportement du bus continu, ce dernier étant très sensible aux perturbations de la tension d'alimentation. La tension du bus continu est également la tension appliquée aux bornes de chaque IGBT. Il est donc très important de prendre en compte ce bus continu dans le modèle, contrairement à certains modèles trouvés dans la littérature [Per 04].

Dans quasiment l'ensemble des références bibliographiques traitant le sujet des défauts du réseau appliqués à ce type de production éolienne, les démarches à effectuer en cas de creux de la tension d'alimentation de la MADA, sont le blocage du convertisseur rotorique, puis la dissipation du courant généré dans une résistance au niveau du même enroulement. La génératrice est ensuite déconnectée du réseau électrique. Dans notre système, nous avons validé la commande de la MADA en fonctionnement anormal du réseau de distribution. Les résultats obtenus sont différents selon l'approche de contrôle du flux statorique utilisée. Ces résultats ont démontré l'aptitude de ce système de production de fonctionner en régime normal du réseau et pour certains régimes de perturbation (défauts).

Un cas d'étude théorique correspondant à une alimentation sous tension réduite de l'éolienne a été détaillé. On a montré que les résultats obtenus pouvaient être utilisés et adaptés pour évaluer le comportement de cette éolienne dans un réseau de distribution présentant un défaut.

Différents types de défauts existants dans un réseau de distribution ont été étudiés dans ce chapitre. Il faudrait imaginer d'autres stratégies de la MADA afin de pallier à la dégradation de la qualité de puissance induite par ce genre d'incidents.

Conclusion générale et perspectives

Cette thèse a été réalisée dans le cadre du C.N.R.T. "Machines et réseaux électriques du futur" en collaboration avec LABORELEC.

Le travail effectué dans ce mémoire avait comme objectif la modélisation de différents composants de la production décentralisée éolienne et l'étude de l'interaction de ces générateurs avec le réseau de distribution.

Afin d'atteindre ces objectifs, le premier chapitre de cette thèse a permis de mettre en évidence les différents niveaux de modélisation adoptés ainsi que les formalismes utilisés.

Dans le deuxième chapitre, nous nous sommes intéressés aux éoliennes à vitesse variable. Après avoir présenté les différentes zones de fonctionnement, nous avons détaillé la zone particulière, où la maximisation de l'énergie extraite du vent est effectuée. L'utilisation du Graphe Informationnel Causal a permis de différentier deux techniques qui se distinguent selon que l'asservissement de la vitesse de la génératrice à une référence est réalisé ou non. Les algorithmes de maximisation de puissance ont été validés par des résultats de simulation et ont montré leurs inconvénients et leurs avantages.

La dernière partie de ce chapitre a détaillé une modélisation du système d'orientation des pales pour limiter la puissance aérodynamique recueillie par la turbine pour des vitesses de vent élevées. Dans cette partie, nous avons décrit deux correcteurs permettant le réglage de l'angle d'orientation pour obtenir un fonctionnement à puissance électrique constante. Ce modèle peut néanmoins être amélioré en prenant en compte les vibrations de la tour, l'effet d'ombre et la désynchronisation de l'orientation des pales. Cependant, ceci aura une repercussion sur le temps de calcul nécessaire.

Dans le troisième chapitre, nous avons décrit les différentes structures d'éoliennes à vitesse variable basées sur une génératrice asynchrone. Nous avons ensuite établi le modèle continu équivalent de la chaîne de conversion éolienne constituée d'une machine asynchrone à cage (300 kW) pilotée par le stator au moyen de convertisseurs contrôlés par MLI et reliés au réseau via un bus continu, un filtre et un transformateur. A partir de l'inversion de la représentation énergétique macroscopique de ce modèle, nous avons construit un dispositif de commande de l'ensemble afin de faire fonctionner l'éolienne de manière à extraire le maximum d'énergie du vent. Nous avons principalement décrit la commande vectorielle à flux rotorique orienté de la machine asynchrone, le contrôle de la liaison au réseau avec la régulation du bus continu. Les résultats de simulation ont été présentés.

Dans l'objectif d'augmenter le flux de la puissance électrique transitée, on a adopté une configuration de trois éoliennes (de 300 kW) associées à un bus continu commun. Cette étude a montré qu'il est possible de réaliser ce système en exprimant le dimensionnement du bus continu en fonction du courant transité et en supposant l'existence d'un convertisseur de puissance adaptée pour la connexion sur le réseau. On peut envisager aussi une étude de faisabilité utilisant des convertisseurs multiniveaux.

Le quatrième chapitre présente la modélisation d'un système de génération d'énergie éolienne, basé sur une machine asynchrone à double alimentation pilotée par le rotor, associée à deux onduleurs commandés par MLI. Le Graphe Informationnel Causal a été utilisé pour modéliser ce système et pour concevoir les différentes fonctions de sa commande. La représentation énergétique macroscopique a permis d'identifier des sous parties communes par rapport à la technologie d'éolienne précédente. Deux estimateurs de flux ont été proposés : une estimation dynamique et une estimation basée sur la mesure des courants statoriques et rotoriques.

Ensuite, nous avons conçu trois stratégies de commande vectorielle. Deux de ces stratégies reposent sur l'approche synchrone qui suppose que le flux statorique est imposé par le réseau. Nous avons proposé une autre approche (appelée approche asynchrone) qui repose sur un contrôle en boucle fermée du flux statorique. La dernière partie de ce chapitre a montré la procédure de démarrage de cette éolienne et sa connexion au réseau électrique. Cette procédure a été illustrée par des résultats de simulation. On pourrait établir pour cette éolienne un modèle complet prenant en compte la saturation magnétique de la MADA.

Le cinquième chapitre présente un ensemble de mesures effectuées par Laborelec sur une éolienne en exploitation utilisant une machine asynchrone à double alimentation de 1.5 MW (General Electric). A partir de ces mesures, nous montrons comment les paramètres de dimensionnement de l'éolienne et les paramètres de son dispositif de commande (temps de réponse des boucles, ...) ont été retrouvés. Ces derniers ont été implantés dans le modèle de simulation de l'éolienne. Les performances obtenues par ce modèle ont été comparées aux mesures réalisées en régime statique et dynamique du modèle de l'éolienne dans les différentes zones de fonctionnement.

Le sixième chapitre a permis de valider le modèle de la génératrice en l'intégrant dans un réseau de distribution HTA, réseau simulé sous la boîte à outils (Sim Power System). Ainsi, l'influence de la production électrique selon la vitesse du vent sur les courants et les tensions à différents endroits du réseau a été mise en évidence. Ce modèle permet ainsi de vérifier la conformité de ce moyen de production avec les normes de raccordement standard existantes dans un réseau de distribution HTA (Dimensionnement des lignes, variation du plan de tension). Puis, un modèle plus précis du générateur éolien a été développé en assimilant le fonctionnement des convertisseurs de puissance à des convertisseurs à interrupteurs idéaux et a permis d'estimer les harmoniques générés.

L'analyse spectrale des courants et tensions de ce réseau a montré que la propagation d'harmoniques générés par cette éolienne est faible dans le réseau de distribution considéré. Afin d'accroître la précision de cette analyse harmonique, il faudrait disposer de modèles des éléments classiques constituant les réseaux (lignes, transformateur,..) valables à des fréquences de plusieurs kHz. La présente étude met cependant en évidence la fonctionnalité du modèle à interrupteurs idéaux de la MADA connectée à un réseau de distribution.

Dans le dernier chapitre, le comportement électrique et mécanique de ce système de génération face à un fonctionnement anormal du réseau électrique (creux de tensions, court-circuits, ...) a été étudié. Le comportement de cette éolienne pendant le régime perturbé du réseau a été ainsi abordé. Les résultats obtenus sont différents selon l'approche de contrôle du flux statorique utilisée. D'une part, l'approche asynchrone contrôle le flux statorique et la variation de la tension résiduelle aux bornes du circuit statorique est plus importante ceci est à l'origine d'un courant statorique plus conséquent. D'autre part, pour l'approche synchrone, lors d'un creux de tension, l'amplitude de la f. e.m. induite au stator baisse, donc l'amplitude du flux statorique diminue également, ce qui génère des courants statoriques plus atténués pendant le creux de tension. Donc, cette dernière approche est plus favorable en terme de qualité de puissance envoyée au réseau électrique.

Le comportement des grandeurs électriques au sein d'un réseau équipé d'une telle éolienne a été évalué lorsque des défauts équilibrés et déséquilibrés surviennent. La précision du modèle de l'éolienne a effectivement permis d'examiner l'apparition de déséquilibres. Il serait également intéressant de faire une étude de dimensionnement des systèmes de protection (CROWBAR, blocage des convertisseurs, déconnexion ...) et de concevoir leurs modèles et de les intégrer dans ce système de génération avec des systèmes de détection de creux de tension.

L'ensemble de ces travaux peut être poursuivi et complété par des perspectives pouvant contribuer à l'amélioration de l'ensemble chaîne de conversion éolienne - réseau de distribution. Parmi les perspectives envisageables :

- Établissement d'un modèle de la MADA prenant en compte la saturation magnétique.
- Pour la présente étude, la MADA était contrôlée de manière à ce que son coefficient de puissance soit unitaire. Il serait judicieux d'évaluer le fonctionnement de cette dernière lorsqu'elle participe au contrôle de la tension du réseau en absence ou en présence de défauts.

Dans ce but, l'éolienne pourrait participer aux services "système" et contribuer à l'augmentation du taux de pénétration de cette production au sein des réseaux électriques en reconfigurant la commande de ce système de génération de manière à :

- concevoir un contrôle local en tension de cette éolienne respectant la sensibilité ampèremétrique des protections ainsi que la coordination avec la régulation du bus continu
- évaluer, par rapport au point de fonctionnement de l'éolienne au moment de l'occurrence du défaut, sa capacité en terme de puissance disponible pour le réglage en tension
- estimer la puissance de stockage additionnelle nécessaire pour les domaines de fonctionnement critiques.

INDEX DES NOTATIONS

1 Notations utilisées dans le chapitre 2

C_{mec}	Couple mécanique total appliqué au rotor de l'éolienne
C_{em}	Couple électromagnétique
C_{vis}	Couple des frottements visqueux
P_{elec}	Puissance électrique générée par l'éolienne
f	Coefficient des frottements visqueux
J	Inertie totale sur l'arbre
P_{nom}	Puissance nominale de l'éolienne
M.P.P.T.	Maximum Power Point tracking
Ω_{cut-in}	Vitesse mécanique de la génératrice à laquelle l'éolienne est démarrée
$\Omega_{cut-out}$	Vitesse mécanique de la génératrice à laquelle l'éolienne est arrêtée
P_{mec}	Puissance mécanique fournie par l'arbre
C_{em-ref}	Couple électromagnétique de référence
$\Omega_{turbine-ref}$	Vitesse angulaire de référence de la turbine
Ω_{ref}	Vitesse mécanique de référence de la génératrice
C_p	Coefficient de puissance de la turbine
C_{pmax}	Coefficient de puissance correspondant à l'extraction maximale de puissance
C_{ass1}	Régulateur pour l'asservissement de la vitesse mécanique
$C_{aer-estim}$	Couple aérodynamique éstimé
$\Omega_{turbine-estime}$	Vitesse mécanique estimée de la turbine
U	Tension aux bornes de l'actionneur de l'angle d'orientation de la pale (figure 2.32)
U_{ref}	Tension de référence aux bornes de l'actionneur de l'angle d'orientation de la pale (figure 2.32)
C_{mot}	Couple électromagnétique de l'actionneur de l'angle d'orientation de la pale (figure 2.32)
$C_{mot-ref}$	Couple électromagnétique de référence de l'actionneur de l'angle d'orientation de la pale (figure 2.32)
$\dot{\beta}_{ref}$	Vitesse de rotation de l'actionneur de l'angle d'orientation de la pale (figure 2.32)
C_β	Régulateur de l'angle d'orientation (figure 2.32)
K_β	Gain proportionnel du régulateur PI de l'angle d'orientation (figure 2.32)
I_β	Gain intégral du régulateur PI de l'angle d'orientation (figure 2.32)
ξ	Coefficient d'amortissement
ω_n	Pulsation naturelle
$\lambda_{\Omega constante}$	Ratio de vitesse en zone 3 (vitesse mécanique constante) de fonctionnement de l'éolienne

2 Notations utilisées dans le chapitre 3

MAS	Machine asynchrone à cage
DC / AC	Continu / Alternatif
IGBT	Insulated Gate Bipolar Transistor
MLI	Modulation de largeur d'impulsions
i_{m-mac}	Courant fourni par la génératrice et modulé par le convrtisseur MLI 1
i_{m-res}	Courant modulé par le convertisseur MLI 2
u	Tension aux bornes du condenstaeur
C	Capacité totale du condenstaeur
R_t	Résistance du filtre
L_t	Inductance du filtre
ϕ_t	Flux totalisé dans la bobine (figure 3.7)
ϕ	Flux propre de la bobine (figure 3.7)
ϕ_c	Flux de couplage magnétique de la bobine avec les autres enroulments (figure 3.7)
θ	Angle entre le repère statorique et le repère rotorique
$\overrightarrow{\theta_{sabc}}$	Axes des phases statoriques a, b et c
$\overrightarrow{\theta_{rabc}}$	Axes des phases rotoriques a, b et c
v_{sabc}	Tensions aux phases a, b et c du stator
v_{rabc}	Tensions aux phases a, b et c du rotor
i_{sabc}	Courants aux enroulements a, b et c du stator
i_{rabc}	Courants aux enroulements a, b et c du rotor
Φ_{sabc}	Flux totaux aux enroulements a, b et c du stator
Φ_{rabc}	Flux totaux aux enroulements a, b et c du rotor
$\underline{V_s}$	Vecteur tension staorique triphasée
$\underline{V_s}$	Vecteur tension rotorique triphasée
$\underline{\Phi_s}$	Vecteur flux statorique triphasé
$\underline{\Phi_r}$	Vecteur flux rotorique triphasé
$\underline{I_s}$	Vecteur courant statorique triphasé
$\underline{I_r}$	Vecteur courant rotorique triphasé
l_s	Inductance propre des enroulements statoriques
l_r	Inductance propre des enroulements rotoriques
m_s	Inductance mutuelle des enroulements statoriques
m_r	Inductance mutuelle des enroulements rotoriques
M_{max}	Valeur maximale des coefficients d'inductances mutuelles stator-rotor
σ	Coefficient de dispersion entre les enroulements d et q

v_{sd}	Composante directe de la tension au stator dans le repère de Park
v_{rd}	Composante directe de la tension au rotor dans le repère de Park
i_{sd}	Composante directe du courant au stator dans le repère de Park
i_{rd}	Composante directe du courant au rotor dans le repère de Park
Φ_{sd}	Composante directe du flux au stator dans le repère de Park
Φ_{rd}	Composante directe du flux au stator dans le repère de Park
v_{sq}	Composante en quadrature de la tension au stator dans le repère de Park
v_{rq}	Composante en quadrature de la tension au rotor dans le repère de Park
i_{sq}	Composante en quadrature du courant au stator dans le repère de Park
i_{rq}	Composante en quadrature du courant au rotor dans le repère de Park
Φ_{sq}	Composante en quadrature du flux au stator dans le repère de Park
Φ_{rq}	Composante en quadrature du flux au rotor dans le repère de Park
v_{s0}	Composante homopolaire de la tension au stator dans le repère de Park
v_{r0}	Composante homopolaire de la tension au rotor dans le repère de Park
i_{s0}	Composante homopolaire du courant au stator dans le repère de Park
i_{r0}	Composante homopolaire du courant au rotor dans le repère de Park
Φ_{s0}	Composante homopolaire du flux au stator dans le repère de Park
Φ_{r0}	Composante homopolaire du flux au rotor dans le repère de Park
Φ_{ref}	Flux de référence de la machine (MAS ou MADA)
g	Glissement du rotor par rapport au stator de la machine
ω_r	Pulsation des grandeurs électriques rotoriques
θ_s	Angle électrique relatif aux grandeurs électriques statoriques
θ_r	Angle électrique relatif aux grandeurs électriques rotoriques
T_r	Constante de temps rotorique
e_{sd}	Composante directe de la f.e.m. aux bornes du stator
e_{rd}	Composante directe de la f.e.m. aux bornes du rotor
e_{sq}	Composante en quadrature de la f.e.m. aux bornes du stator
e_{rq}	Composante en quadrature de la f.e.m. aux bornes du rotor
p_m	Puissance instantanée absorbée par la machine
p	Nombre de paires de pôles

192

T_i, D_i avec $i \in \{1,2,3,4,5,6\}$	Transistor IGBT et la diode en anti-parallèle
f_{ic} avec $c \in \{1,2,3\}, i \in \{1,2\}$	Fonction de connexion de l'interrupteur i de la cellule c
m_i avec $i \in \{1,2\}$	Fonction de conversion du convertisseur
v_{m-i} avec $i \in \{1,2,3\}$	Tensions simples modulées par le convertisseur
u_{mi3} avec $i, \in \{1,2\}$	Tension composée modulée par le convertisseur
v_{Rt-i}	Tensions aux bornes de la résistance du filtre
v_{Lt-i}	Tensions aux bornes de l'inductance du filtre
v_{pi} avec $i \in \{1,2,3\}$	Tensions simples appliquées aux bornes du transformateur
i_{t1}, i_{t2}	Courants circulant dans le filtre et fournis au réseau
$\underline{V}_m$	Vecteur des tensions simples modulées (deux phases)
$\underline{I}_m$	Vecteur des courants modulés (deux phases)
v_{md}	Composante directe de la tension modulée
v_{mq}	Composante en quadrature de la tension modulée
i_{td}	Composante directe du courant modulé
i_{tq}	Composante en quadrature du courant modulé
u_{dw}	Composante directe de la tension de réglage du convertisseur (côté machine ou côté réseau)
u_{qw}	Composante en quadrature de la tension de réglage du convertisseur (côté machine ou côté réseau)
r_μ	Résistance en parallèle représentant les pertes fer du transformateur
X_μ	Réactance magnétisante en parallèle du transformateur
r_{ms}	Résistance en série représentant les pertes fer du transformateur
l_{ms}	Réactance magnétisante en série du transformateur
r_p	Résistance des enroulements au primaire du transformateur
l_p	Inductance des enroulements au primaire du transformateur
r_s	Résistance des enroulements au secondaire du transformateur
l_s	Inductance des enroulements au secondaire du transformateur
L	Inductance additive au secondaire du transformateur pour le lissage des courants envoyés au réseau
E	Tension simple monophasée du réseau
$i_{X\mu}$	Courant circulant dans l'impédence équivalente en parallèle du tranformateur
i_{t1}	Courant monophasé d'un enroulement au primaire du transformateur
i_{st1}	Courant monophasé d'un enroulement au secondaire du transformateur
E_d	Composante directe de la tension su réseau
E_q	Composante en quadrature de la tension su réseau

i_{td}	Composante directe du courant dans le filtre
i_{tq}	Composante en quadrature du courant dans le filtre
i_{std}	Composante directe du courant (au secondaire du transformateur pour la MAS) et du courant total envoyé au réseau pour la MADA
i_{stq}	Composante en quadrature du courant (au secondaire du transformateur pour la MAS) et du courant total envoyé au réseau pour la MADA
u_{dw-reg}	Composante directe de la tension de réglage de référence du convertisseur (côté machine ou côté réseau)
u_{qw-reg}	Composante en quadrature de référence de la tension de réglage de référence du convertisseur (côté machine ou côté réseau)
Φ_{rd-est}	Composante directe de flux statorique estimé
P_{dc-mac}	Puissance active transitée au bus continu
$P_{condens}$	Puissance active emmagasinée dans le condensateur
$P_{ertes-condens}$	Pertes dissipées dans le condensateur
P_{dc-res}	Puissance active envoyée au réseau par le bus continu
$P_{ertes-convert}$	Pertes dissipées dans le convetisseur
P_{ac-res}	Puissance alternative par le filtre au réseau
$P_{ertes-filtre}$	Pertes dissipées dans le filtre
P	Puissance envoyée par le filtre au réseau
P_{ref}	Puissance active de référence
Q_{ref}	Puissance réactive de référence
r	Taux de modulation de la tension du bus continu
α	Paramètre de dimensionnement du bus continu
δ	Angle de la charge
φ	Déphasage entre la tension et le courant

3   Notations utilisées dans le chapitre 4

MADA	Machine asynchrone à double alimenttaion
N_s	Nombre de spires des enroulements statorqiues
N_r	Nombre de spires des enroulements rotorqiues
S_s	Puissance apparente au stator
S_r	Puissance apparente au rotor
E_s	f.e.m. au stator
E_r	f.e.m. au rotor
T_s	Constante de temps statorique
Φ_{sd-est}	Composante du flux statorique estimé

Bibliographie

[Ack 99] T. Ackermann, K. Garner, A. Gardiner , "Embedded Wind Generation in Weak Grids - Economic Optimisation and Power Quality Simulation", Renewable Energy, 1999, Vol. 18, pp. 205 - 221.

[Ack 02] T. Ackermann, L. Söder, " An overview of Wind Energy-status 2002 ", Renewable and sustainable Energy reviews, 2002, Vol. 6, pp. 67 - 128.

[Akh 02] V. Akhmatov, M.Sc., "Modelling of variable -speed wind turbines with doubly-fed induction generators in short-term stability investigation", 3rd Internationnal Workshop on transmission Networks for offshore Wind Farms, April 11-12, 2002, Stockholm, Sweden.

[Akh 03] V. Akhmatov, "Analysis and Dynamic Behaviour of Electric Power Systems with Larige amount of Wind Power", Phd Thesis, Electric Power Enginering, Orsted-DTU, Technical University of Danemark, April 2003. ISBN Softbound 87-91184-18-5, ISBN CD-ROM 87-91184-19-3.

[Ame 02] J. L. Rodriguez-Amenedo, S. Arnalte, J. C. Burgos, "Automatic generation control of a wind farm with variable speed wind turbines", IEEE Transactions on Energy Conversion, Vol.17, No.2, June 2002.

[Arr 03a] Arrêté du 4 juillet 2003 relatif aux prescriptions techniques de conception et de fonctionnement pour le raccordement au réseau public de transport d'une installation de production d'énergie électrique, publié au Journal Officiel de la république française n° 201 du 31 août 2003, page 14896, texte n° 15.

[Arr 03b] Arrêté du 17 Mars 2003 relatif aux prescriptions techniques de conception et de fonctionnement pour le raccordement à un réseau public de distribution d'une installation de production d'énergie électrique, publié au Journal Officiel de la république française n° 93 du 19 avril 2003, page 7005, texte n° 32.

B.

[Bar 95] P.J. Barre, J.P. Caron, J.P. Hautier, M. Legrand, " Systèmes automatiques. Tome 1 : Analyse et modèles ", Edidion Ellipses, 1995, ISBN 2-7298-5515-7.

[Bar 96] P. Bartholomeus, P. Lemoigne, C. Rombaut, "Etude des limitations en puissance des convertisseurs et apport des techniques multiniveaux", Actes du colloque Electronique de Puissance du Futur, EPF'96, Grenoble, 1996, pp. 121-126

[Bau 02] P. Bauer, S. W. H. de Haan, M. R. Dubois, " Windenergy and Offshore Windparks :State of the Art and Trends ", 10th International Power Electronics and Motion Control Conference : EPE-PEMC 2002, CD, 9-11 September 2002, Cavtat, Croatia.

[Bol 99] M. H. J. Bollen, "Understanding Power Quality Problems : Voltage Sags and Interruptions ". New York : IEEE, 1999.

[Bou 00] A. Bouscayrol, X. Guillaud, J. P. Hautier, Ph. Delarue, " Macro-modélisation pour les conversions électromécaniques : application à la commande des machines électriques ", Revue Internationale de Génie Electrique, Vol. 3, n°2, Juin 2000, pp. 257-282.

[Bou 02] [Bou-02] A. Bouscayrol, Ph. Delarue, E. Semail, J. P. Hautier, J. N. Verhille, " Application de la représentation énergétique macroscopique à un système de traction multimachine : Représentation SMM du VAL 206 ", Revue Internationale de Génie Electrique, Octobre 2002.

[Buy 99] H. Buyse, D. Grenier, F. Labrique, S. Gusia, " Dynamic modelling of power electronic converters using a describing function like approach ", Proceedings of Electrimacs'99, Lisbonne, Septembre 1999, pp. I-7-I-14.

C.

[Car 95] J. P. Caron, J. P. Hautier, " Modélisation et commande de la machine asynchrone ", Editions Technip, 1995.

[Cam 03] H. Camblong, " Minimisation de l'impact des perturbations d'origine éolienne dans la génératrin d'éléctricité par des aérogénérateurs à vitesse variable ", thèse de doctorat de l'Ecole Nationale des Arts et Métiers de Bordeaux, n° d'ordre 2003-22, 18 Décembre 2003.

[Cor 03] S. Corsi, M. Pozzi, " Control systems of wind turbine generators : an Italian experience ", IEEE Power Engineering Society General Meeting Toronto, Canada July 13 - 17, 2003.

[Cun 01] G. Cunty, " Eoliennes et aérogénérateurs, guide de l'énergie éolienne ", Edisud, Aix-en-Provence, 2001, ISBN 2-7449-0233-0.

D.

[Dei 00] M. Deicke, R.W. De Doncker, " Doubly-Fed Induction Generators Systems for Wind Turbines ", IEEE Industry Applications Magazine, May - June 2000, 1077-2618/02, pp. 26 - 33.

[Del 03] P. Delarue, P. Bartholomeus, F. Minne, E. Dejaeger, "Study of harmonic currents introduced by three-phase PWM - converters connected to the grid", CIRED 2003 : 17th International Conference on Electricity Distribution, Barcelona, 12-15 May 2003. CD

[Dub 00] Maxime R. Dubois, " Review of electromechanical conversion in wind turbines ", Report EPP00.R03, April 2000.

[Dum 99] J. J. Dumond, spécialité génie électrique, "Optimisation de la commande rapprochée de l'onduleur de tension ", mémoire d'ingénieur du CNAM, 12 Novembre 1999.

E.

[Ela 02a] S. El Aimani, S.Taibi, M.Tounzi, " Diphase modelling of a current excited Vernier reluctance machine ", ICEM 2002, Bruges, Belgique, 25 -28 Août 2002, CD.

[Ela 02b] S. El Aimani, B. François, B. Robyns, " Modélisation de générateurs éoliens à vitesse variable connectés à un bus continu commun ", Forum International sur les Energies Renouvelables, FIER 2002, Tétouan, Maroc, 8-10 mai 2002, CD.

[Ela 03a] S. El Aimani " Modélisation d'une éolienne à vitesse variable basée sur une machine asynchrone à double alimentation couplée à un réseau Moyenne Tension ". Jeunes Chercheurs en Génie Electrique, JCGE'03, 5-6 juin 2003, St-Nazaire, France.

[Ela 03b] S. El Aimani, B. François, F. Minne, B. Robyns, " Comparison analysis of control structures for variable speed wind turbine ", Proceedings of CESA 2003, juillet 2003, CD, Lille, France.

[Ela 03c] S. El Aimani, B. François, B. Robyns, F.Minne, " Modeling and simulation of doubly fed induction generators for variable speed wind turbines integrated in a distribution network ", Proceedings of EPE 2003, 2 - 4 septembre 2003, Toulouse, CD France.

[Ela 03d] S. El Aimani, B. François, B. Robyns, F. Minne, " Modelling of generated harmonics from a wind energy conversion system based on a doubly fed induction generator ", Electromotion, Vol.10, n°4, October-November 2003, pp. 629-634.

[Ela 05] Salma El Aimani, B. François, B. Robyns, E. Dejaeger, " Dynamic Behaviour Of A Grid-Connected Wind Turbine With a Doubly Fed Induction Generator During Disturbances ", CIRED 2005, Turin 6 - 9 June 2005, soumis.

[Ess 00] M. Esselin, B. Robyns, F. Berthereau, J. P. Hautier, "Resonant controller based power control of an inverter-transformer association in a wind generator", ICEM 2000, Helsinki, 28-30 août 2000, vol.3, pp 1290-1294.

[Ezz 00] E. S. Abdin, W. Xu, " Control design and Dynamic Performance Analysis of a Wind Turbine-Induction Generator Unit ", IEEE Trans. on Energy conversion, vol.15, No1, March 2000.

F.

[Fra 96] B. François, " Formalisme de modélisation et de synthèse des commandes appliquées aux convertisseurs statiques à structure matricielle ", Thèse de doctorat, Université des sciences et technologies de Lille 1, No. d'ordre 1677, Janvier 1996.

[Fra 99] B. François, J.P. Hautier, " Commande d'un onduleur triphasé de tension par modulateur de largeur et de position d'impulsions ", Revue Internationale de Génie Electrique, p. 359-387, Vol.2 No3, Octobre 1999.

G.
H.

[Han 99] M.M. Hand, " Variable Speed wind turbine controller systematic design methodology : A comparison of non-linear and linear model based designs ", Master of science of the University of Colorado 1999, NREL, task WE901110, NREL/TP-500-25540.

[Hau 99] J.P. Hautier, J.P. Caron, " Convertisseurs statiques, méthodologie causale de modélisation et de commande ", Editions Technip, 1999, ISBN 2-7108-0745-9.

[Hei 00] S. Heier, " Grid Integration of Wind Energy Conversion Systems ", Publications John Whiely & Sons, ISBN 0-471- 97143-X.

[Hei 98] S. Heir, " Grid Integration of Wind Energy Conversion Systems ", Publications John Whiely & Sons, ISBN 0-471-97143-X, 1998.

[Hof 98] W. Hoffmann, A. Thieme, " Control of a doubly fed induction generator for wind-power plants " PCIM'98 May 1998, Nürnberg, Power Quality Proceedings, pp. 275-298.

[Hof 02] R. Hoffman, P. Mutschler, " Comparison of wind turbines regarding their energy generation ", PESC'02, Cairns, Australia, 23-27 June, 2002, CD.

[Hol 03] L. Holdsworth, X. G. Wu, J. B. Ekanayake and N. Jenkins, " Comparison of fixed speed and doubly-fed induction wind turbines during power system disturbances ", IEE. Proc.-gener. Trans. Distrib. Vol 150, No. 3, May 2003, pp. 343-352.

[Hop 01] B. Hopfensperger, D. J. Atkinson, " Doubly-fed a. c. machines : classification and comparison ", 9th European Conference on Power Electronics and Applications, 27- 29 Août 2001, Graz, Autriche.

I.

[Iov 04] F. Iov, A.D. Hansen, P. Soerensen, F. Blaabjerg, " Advanced tools for modelling, design and optimization of wind turbine systems ", Advanced Nordic Wind Power Conference - NWPC'2004, Grid Integration and Electrical Systems of Wind

Turbines and Wind Farms, 1-2 March 2004, Chalmers, University of Technology, Göteborg, Sweden.

J.
K.

[Kan 02] F. D. Kanellos, N. D. Hatziargyriou, " The effect of variable-speed wind turbines on the operation of weak distribution networks ", IEEE Transactions on Energy Conversion, Vol. 17, No. 4, December 2002, pp. 543 - 548.

[Kel 01] C. R. Kelber, W. Shumacher, " Active damping of flux ocsillations in doubly-fed AC machines using dynamic variation of the system's structure ", EPE 2001, Graz, Austria, CD.

[Kha 02] F. Khatounian, E. Monmasson, F. Berthereau, E. Delaleau, J. P. Louis, " Control of a doubly fed induction generator for aircraft application ", 27th Annual Conference of the IEEE Industrial Electronics Socity, IECON'02, November 5 - 8 2002, CD, Sevilla, Spain.

[Kod 01] H. Kodama, T. Matsuzaka, S. Yamada , " Modeling and Analysis of the NEDO 500-kW Wind Generator ", Electrical Engineering in Japan, 2001, Vol. 135(3), pp. 37-47.

[Krü 01] T. Krüger, B. Anderson, " Advance control strategy for variable speed wind turbine ", European Wind Energy Conferecnce 2001, Copenhagen, Danemark, pp. 983-986.

[Kui 02] G. van Kuik, " Is Research Ready ? What Drives the Development ? ", Global Wind Power Conference Proceedings, Paris, 2002.

L.

[Lab 98] F. Labrique, H. Buyse, G. Séguier, " Les convertisseurs de l'électronique de puissance, Commande et comportement dynamique ", Tome 5, Technique et Documentation - Lavoisier, 1998.

[Lar 00] A. Larson, " The power quality of Wind Turbines", Thesis for the degree of doctor of philosophy, Göteborg, Sweden 2000.

[Les 81] J. Lesenne, F. Notelet, G.Séguier, " Introduction à l'électrotechnique approfondie ", Technique et documentation, Paris, 1981, ISBN 2-85206-089-2.

[Lor 00] D. Loriol, " Conception et réalisation d'un modulateur de largeur d'imulsions au moyen de circuits logiques programmables associés à un processeur de signal numérique. Application à la commande vectorielle de la machine asynchrone ", Mémoire CNAM ingénieur, Lille, 8 Décembre 2000.

M.

[Ma 97] X. Ma, " Adaptive Extremum control and wind turbine control ", Phd Thesis, Institute of Mathematical Modelling (IMM), the technical university of Danemark (DTU), May 1997.

[Mei 04] P. V. Meirhaeghe, " Double fed induction machine : a EUROSTAG model ", www.eurostag.be/download/windturbine2004.pdf

[Mey 92] B. Meyer, M. Stubbe, " EUROSTAG, A single tool for power-system simulation ", Transmission and Distribution International, pp. 47-52, March 1992.

[Mer 04] A. Merlin, " Les grandes pannes des réseaux électriques (Europe, USA) sont-elle dues à l'ouverture du marché de l'électricité ? ", REE, No. 3, Mars 2004.

[Mul 01] E. Muljadi, " Pitch-Controlled Variable-Speed Wind Turbine Generation ", IEEE Transaction on Industry Applications, Vol. 37, No 1, Jan./Feb. 2001.

[Mul 02] E. Muljadi, K. Pierce, P. Migliore, " Control Strategy for Variable-Speed, Stall-Regulated Wind Turbines ", in Proc. 17th American Control Conf., Vol. 3, 1998, pp. 1710 - 1714.

[Mul 03] B. Multon, G. Robin, O. Gergaud, H. Ben Ahmed, " Le génie électrique dans le vent : état de l'art et recherche dans le domaine de la génération éolienne ", Actes des journées de jeunes chercheurs en génie électrique, 5-6 juin 2003, Saint-Nazaire, pp. 287-297.

N.

[Nas 01] M. Nasser, " Etude d'un générateur éolien à vitesse variable basé sur une génératrice asynchrone à cage ", Mémoire C.N.A.M, 29 Mars, 2001.

[Ngu 04] S. Nguefeu, " Problématique de la connexion au réseau : Cahier des Charges, État de l'art, Enjeux, Futur ", Ingénieur Senior, EDF R&D, Chargé d'Enseignement Génie Électrique, présentation du 05 Avril 2004 à l'Ecole Centrale de Lille.

[Nii 04] J. K. Niiranen, " Simulation of Doubly Fed Induction Generator Wind Turbine with an Active Crowbar ", the 11th International Conference EPE-PEMC'2004 2 - 4 September 2004, Riga, Latvia, CD.

[Nov 96] D. W. Novontny, T. A. Lipo, " Vector Control and Dynamics of AC drives ", Clarendon Press, Oxford, 1996.

O.

[Ott 98] R. Ott, " Qualité de la tension, Creux et coupures brèves ", Avec la collaboration de France de CHATEAUVIEUX (RTE), Techniques de l'ingénieur, Traité Génie électrique, pp. D 4 262 1 - D 4 262 10, 1998.

P.

[Pat 99] R. Mukand Patel, " Wind and solar power systems ", CRC Press, 1999.

[Per 04] A. Perdana, O. Carlson, J. Persson, " Dynamic response of Grid-Connected Wind Turbine with Doubly Fred Induction Generator during Disturbances ", Nordic Workshop on Power and Industrial Electronics, Trondheim, Norvège, 2004.

[Poi 03] F. Poitiers, " Etude et Commande de génératrices asynchrones pour l'utilsation de l'énergie éolienne : - Machine asynchrone à cage autonome - Machine asynchrone à double alimentation reliée au réseau ", Thèse de doctorat, 19 Décembre 2003, Ecole polytechnique de l'université de Nantes, No. ED 0366-125.

[Pop 04] L. Mihet-Popa, Frede Blaabjerg, I. Boldea, " Wind Turbine Generator Modeling and Simulation Where Rotational Speed is the Controlled Variable", IEEE Tranactions on Industry Applications, Vol. 40, No. 1, January/ February 2004.

Q.
R.

[Ref 99] L. Refoufi, B.A.T. Al Zahawi, A. G. Jack, " Analysis and modeling of the stady state behaviour of the static Kramer induction generattor ", IEEE transaction on Energy Conversion, Volume 14, Issue 3, 1999, pp. 333 - 339.

[Rob 98] B. Robyns, H. Buyse, F. Labrique, " Fuzzy logic bases fieled orientation in an indirect FOC strategy of an induction actuator ", Mathematics and Computers in Simulation, Vol. 46, 1998, pp. 265 - 274.

[Rob 99] B.Robyns, M. Esselin, " Power control of an inverter-transformer association in a wind generator ", Electromotion, Vol. 6, No. 1-2, 1999, pp. 3 - 7.

[Rob 01a] B. Robyns, M. Nasser, F. Berthereau, F. Labrique, " Equivalent continuous dynamic model of a variable speed wind generator ", Proceedings of Electromotion'01, Bologne, Juin 2001, pp. 541 - 546.

[Rob 01b] B. Robyns, M. Nasser, " Modélisation et simulation d'une éolienne à vitesse variable basée sur une génératrice asynchrone à cage ", Actes du colloque Electrotechnique du Futur, EPF'01, Nancy, France, novembre 2001, pp.77 - 82.

[Rob 02] B. Robyns, Y. Pankow, L. Leclercq, B. François, " Equivalent Continuous Dynamic Model of Renewable Energy Systems ", 7th International Conference on Modeling and Simulation of Electric Machines, Converters and Systems : Electrimacs 2002, CD, 18-21 Aout 2002, Montreal, Canada.

[Rob 03] L. Leclercq, A. Ansel, B.Robyns, " Autonomous high power variable speed wind generator system ", EPE'03, Toulouse, France, 2-4 Septembre 2003, CD.

[Rog 03] V. Rogez, E. Mogos, E. Vandenbrande, X. Guillaud, " Simplified Model for Power Electronic Devices in Electrical Grid : Applications for Renewable Energy Systems ", CESA 2003, 09 - 11 Juillet, Lille, France, CD.

[Ros 02] H. Overdeth Rostoen, T. M. Undeland, T. Gjengedal, " Doubly Fed Induction Generator in a Wind Turbine ", Wind Power and The impacts on Power Systems, IEEE Workshop Oslo 17-18 June 2002.

[Rte 02] Gestionnaire du réseau de transport d'électricité, " Conditions générales d'accès au réseau public de transport d'électricité pour un site consommateur éligible ", 7 novembre 2002.

S.

[Sac 02] G. Saccomando, J. Svensson, A. Sannino, " Improving Voltage Disturbance Rejection for Variable-Speed Wind turbines ", IEE Transactions on Energy Conversion, Vol. 17, No. 3, Sptember 2002, pp. 422 - 428.

[Sag 98] C. Saget, " La variation électronique de vitesse au service de la production d'énergie électrique par éolienne ", REE, n°7, Juillet 1998, pp. 42-48.

[Sch 93] C. Schauer, H. Mehta, " Vector Analysis and control of advanced static VAR compensators ", IEE proc. -C, Vol.140, No. 4, July 1993.

[Sch 01] D. Schreiber, "State of art of variable speed wind turbines", 11th International symposium on power electronics - Ee 2001, Novi Sad, Oct. - Nov. 2001, CD - proceedings.

[Seg 90] G.Seguier, F. Notelet, " Electrotechnique industrielle ", Editions technip,1990.

[Slo 02] J. G. Slootweg, " Representing distributed Ressources in Power System Dynamics Simulations ", Proceedings of the IEEE 2002 Summer Meeting, 21 - 25 July 2002, Chicago, USA.

[Slo 03] J. G. Slootweg, S. W. De Haan, H. Polinder, W. L. Kling, " General model for representing variable speed wind turbines in power system dynamics simulations ", IEEE Transactions on Power Systems, Vol.18, No. 1, February 2003.

[Smi 81] G. A. Smith, K. A. Nigim, " Wind energy Recovery by a static Scherbius Induction Generator ", Proc. IEE, 1981, 128, pp.317-327.

T.

[Tan 95] Y. Tang, L. Xu, " A flexible Active and Reactive Power Control Strategy for a variable Speed Constant Frequency Generating System ", IEEE Transactions on power electronics, Vol. 10, No.4, July 1995.

[Tou 00] A. Tounzi, " Utilisation de l'énergie Eolienne dans la production de l'Electricité ", Revue 3EI, Mars 2000, pp. 24-38.

[Tou 02] A. Tounzi, A. Bouscayrol, Ph. Delarue, C. Brocart, J. B. Tritsch, " Simulation of an induction machine wind generation system based on an Energetic Macroscopic Representation ", ICEM'2002, Brugges, August 2002, CD.

U.

[Usa 03] J. Usaola, P. Ledesma, J. M. Rodriguez, J. L. Fernadez, D. Beato, R. Iturbe, J. R. Wihelmi, " Transient stability studies in grids with great windpower penetration. Modelling issues and operation requirements ", 2003 IEEE PES Transmission and Distribution Conference and Exposition, September 7-12, 2003, Dallas (USA), CD.

V.

[Vri 03] E. De Vries, " Wind turbines technology trends ", Vol. 6, No. 4, James & James (Science Publishers), Renewable Energy World, July-August 2003.

W.

[Wil 90] J. Wilkie, W.E. Leithead, C. Anderson, " Modelling of wind turbines by simple models Wind engineering ", vol. 14, No 4, 1990, pp. 247-274.

[Win 03] Site des constructeurs Danois : http ://www.windpower.dk/.

ANNEXES

Le premier chapitre des annexes présente d'autres caractéristiques des éoliennes. Le second chapitre permet de détailler les méthodes d'identification des valeurs numériques des paramètres utilisés pour établir les modèles étudiés dans ce mémoire. Les deux derniers chapitres comprennent les différentes valeurs numériques des données techniques des éoliennes étudiées et la liaison au réseau de distribution.

1 ANNEXE 1 : Autres caractéristiques

1.1 Eolienne à axe horizontal et à axe vertical

Éolienne à axe horizontal

Aujourd'hui, la majorité des éoliennes commerciales sont à axe horizontal. La raison est bien simple : toutes les éoliennes commerciales raccordées au réseau sont aujourd'hui construites avec un rotor du type hélice, monté sur un axe horizontal.

Éolienne à axe vertical

Les éoliennes à axe vertical ressemblent un peu aux roues hydrauliques. En fait, certaines éoliennes à axe vertical pourraient également fonctionner avec un axe horizontal, mais il est peu probable qu'elles soient aussi efficaces qu'une éolienne munie d'un rotor du type hélice. La seule éolienne à axe vertical qui a jamais été fabriquée commercialement est l'éolienne de Darrieus, nommée d'après l'ingénieur français Georges Darrieus qui breveta la conception en 1931. La compagnie américaine FloWind fabriqua l'éolienne jusqu'à son faillite en 1997. L'éolienne de Darrieus est caractérisée par ses pales de rotor en forme de C qui la font ressembler un peu à un fouet à oeufs. Elle est normalement construite avec deux ou trois pales. Les avantages théoriques d'une éolienne à axe vertical sont les suivants :

1. Elle permet de placer la génératrice, le multiplicateur, ... à terre, et on n'a pas besoin de munir la machine d'une tour.

2. Un mécanisme d'orientation n'est pas nécessaire pour orienter le rotor dans la direction du vent.

Les inconvénients principaux sont les suivants :

1. Les vents sont assez faibles à proximité de la surface du sol. Le prix d'omettre une tour est donc des vents très faibles sur la partie inférieure du rotor.

2. L'éolienne ne démarre pas automatiquement. (Ainsi, il faut par exemple pousser les éoliennes de Darrieus pour qu'elles démarrent. Cependant, ceci ne constitue qu'un inconvénient mineur

dans le cas d'une éolienne raccordée au réseau, étant donné qu'il est alors possible d'utiliser la génératrice comme un moteur absorbant du courant du réseau pour démarrer l'éolienne).

3. Pour faire tenir l'éolienne, on utilise souvent des haubans ce qui est peu pratique dans des zones agricoles exploitées intensivement.

4. Pour remplacer le palier principal du rotor, il faut enlever tout le rotor. Ceci vaut tant pour les éoliennes à axe vertical que pour celles à axe horizontal, mais dans le cas des premières, cela implique un véritable démontage de l'éolienne entière.

5. Les éoliennes à axe vertical ont été prometteuses dans les années 80 et au début des années 90, mais elles ont très vite disparu du marché du fait de leur faible rendement et des fluctuations importantes de puissance provoquées.

1.2   Conception des turbines éoliennes

Conception bipale (avec un rotor basculant)

Le grand avantage des éoliennes bipales par rapport aux éoliennes tripales est le fait qu'elles permettent d'économiser le coût d'une pale de rotor, ainsi que le poids de celle-ci bien évidemment. Les éoliennes bipales ont cependant eu certaines difficultés à pénétrer le marché, entre autres parce qu'il leur faudra une vitesse de rotation bien plus élevée pour produire la même quantité d'énergie qu'une éolienne tripale, ce qui constitue un inconvénient tant à l'égard du bruit que de l'impact visuel. Actuellement, plusieurs fabricants d'éoliennes bipales ont donc choisi de passer à la production d'éoliennes tripales. La conception d'une éolienne mono-ou bipale est en fait très complexe vu qu'elle doit être munie d'un rotor basculant, il doit pouvoir basculer pour éviter que l'éolienne ne reçoive des chocs trop forts chaque fois qu'une pale de rotor passe devant la tour de l'éolienne. Le rotor est donc monté sur un arbre, perpendiculaire à l'arbre principal et tournant avec celui-ci. En outre, cette disposition requiert parfois des amortisseurs de choc supplémentaires afin d'empêcher les pales du rotor d'entrer en collision avec la tour.

Conception monopale

Il existe également des éoliennes monopales, et elles permettent effectivement d'économiser le coût d'une pale de plus. Toutefois, les éoliennes monopales commerciales sont assez rares, pour les même raisons que celles citées ci-dessus, les problèmes étant cependant encore plus prononcés que dans le cas des éoliennes bipales. Outre une vitesse de rotation plus élevée et des problèmes de bruit et d'impact visuel, l'inconvénient de ce type d'éolienne est que, pour équilibrer le rotor, il faudra munir l'éolienne d'un balancier du côté du moyeu opposé à la pale. Cette disposition annule évidemment les économies de poids.

1.3   Éoliennes isolées ou connectées à un réseau de distribution

Les éoliennes sont soit connectées à un réseau électrique, soit isolées. Dans ce dernier cas, elles servent à alimenter des zones d'habitation ou des systèmes de télécommunications isolés. Ces aérogénérateurs de faible puissance sont plus petits et ne représentent que 0,8% de la puissance électrique générée à partir du vent dans le monde [Ack 02]. De ce fait, la plus grande partie (environ 80%) des aérogénérateurs est connectée à des réseaux électriques. Ceci a induit un développement quant aux technologies utilisées dans la liaison de ces systèmes aux réseaux de distribution.

2 ANNEXE 2 : Correcteurs de vitesse

2.1 Rappel du contexte

Dans le chapitre 2, paragraphe 2.5.2, une structure de commande d'une turbine éolienne basée sur un asservissement de sa vitesse a été définie. Plusieurs correcteurs de vitesse peuvent être envisagés. Dans cette annexe, nous détaillons la conception d'un correcteur proportionnel intégral à avance de phase et d'un correcteur proportionnel intégral.

2.2 Correcteur proportionnel integral à avance de phase

Le correcteur considéré a pour expression (figure 7.1).

$$C_{em-ref} = \frac{a_1.s + a_0}{\tau.s + 1}.(\Omega_{ref} - \Omega_{mec}) \tag{7.1}$$

a_0, a_1 et τ sont les paramètres du correcteur à determiner et s est la grandeur de Laplace.

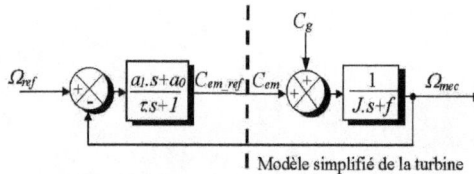

FIG. 7.1 – Schéma bloc du correcteur PI à avance de phase

La fonction de transfert en boucle fermée se met sous la forme mathématique suivante

$$\Omega_{mec} = F(s).\Omega_{ref} + P(s).C_g \tag{7.2}$$

Où $F(s)$ est la fonction de transfert de la référence sur la vitesse :

$$F(s) = \frac{a_1.s + a_0}{J.\tau.s^2 + (f.\tau + J + a_1).s + a_0 + f} \tag{7.3}$$

et $P(s)$ est la fonction de transfert de la perturbation C_g :

$$P(s) = \frac{\tau.s + 1}{J.\tau.s^2 + (f.\tau + J + a_1).s + a_0 + f} \tag{7.4}$$

Dans l'objectif d'atténuer l'action de la perturbation (couple éolien C_g), il faut que le paramètre a_0 soit élevé. Les autres paramètres (a_1 et τ), sont déterminés de manière à avoir une fonction de transfert du 2ème ordre, ayant une pulsation naturelle ω_n et un coefficient d'amortissement ξ, définis comme suit :

$$\omega_n = \sqrt{\frac{a_0 + f}{J.\tau}} \quad et \quad \xi = \frac{\tau + J + a_1}{a_0 + f}.\frac{\omega_n}{2}$$

206

La constante de temps τ permet de régler la pulsation naturelle et donc le temps de réponse de l'asservissement de vitesse (l'amortissement étant unitaire) :

$$a_0 = \omega_n^2.J.\tau \qquad et \qquad a_1 = \frac{2.\xi}{\omega_n}.(a_0 + f) - \tau - J$$

Le temps de réponse en boucle fermée affecte la valeur de la variation de puissance au moment de l'accrochage au réseau. En effet plus ce dernier est réduit plus la puissance électrique produite est importante en régime transitoire, autrement dit au démarrage de la génératrice, et réciproquement. Un temps de réponse de $100ms$ en boucle fermée, choisi pour limiter la génération de puissance au démarrage, est obtenu, en considérant la fonction de transfert anticipatrice suivante (figure 7.2) :

$$T(s) = \frac{J.\tau.s^2 + (f.\tau + J + a_1).s + a_0 + f}{(a_1.s + a_0).(\frac{0.05}{3}.s + 1)} \tag{7.5}$$

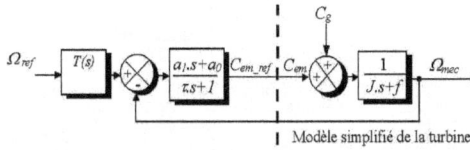

FIG. 7.2 – Schéma bloc du correcteur PI à avance de phase

Les résultats de simulation, obtenus en utilisant ce régulateur, sont montrés dans la partie 2.5.4 du chapitre 2. Nous montrons dans le paragraphe suivant, une autre technologie de régulateur de vitesse, il s'agit du régulateur Proportionnel-Integral (PI).

2.3 Correcteur proportionnel (PI) avec anticpation

On considère un correcteur proportionnel intégral (PI)

$$C_{em-ref} = (b_1 + \frac{b_0}{s}).(\Omega_{ref} - \Omega_{mec}) \tag{7.6}$$

b_1 : gain proportionnel et b_0 : gain integral, sont les paramètres du correcteur à déterminer.

La fonction de transfert en boucle fermée est identique à la précédente (équation 7.2). Avec :

$$F(s) = \frac{b_1.s + b_0}{J.s^2 + (f + b_1).s + b_0} \tag{7.7}$$

$$P(s) = \frac{s}{J.s^2 + (f + b_1).s + b_0} \tag{7.8}$$

Il est donc nécessaire d'augmenter le paramètre b_0 pour atténuer l'action du couple éolien C_g. La pulsation naturelle et le coefficient d'amortissement sont déterminés par :

$$\omega_n = \sqrt{\frac{b_0}{J}} \quad et \quad \xi = \frac{f + J + b_1}{b_0}.\frac{\omega_n}{2}$$

Donc, pour imposer un temps de réponse et un facteur d'amortissement donné, on a :

$$b_0 = \omega_n^2 . J \qquad et \qquad b_1 = \frac{2.b_0.\xi}{\omega_n} - f - J$$

Le paramètre b_1 est calculé de manière à obtenir un coefficient d'amortissement unitaire. Un temps de réponse en boucle fermée de 0.1s avec la fonction de transfert anticipatrice (figure 7.3), donnée selon cette expression :

$$T(s) = \frac{J.s^2 + (f + b_1).s + b_0}{(b_1.s + b_0).(\frac{0.05}{3}.s + 1)} \qquad (7.9)$$

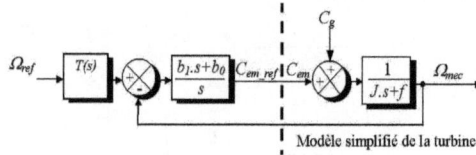

FIG. 7.3 – Schéma bloc du correcteur PI avec anticipation

La comparaison des performances obtenues en utilisant les deux technologies de correcteurs est illustrée dans la partie 2.5.4 du chapitre 2.

Le régulateur de la tension du bus continu est conçu de la même manière que celui de la vitesse mécanique avec un temps de réponse en boucle fermée égal à 0.1s.

3   ANNEXE 3 : Calcul d'un régulateur PI avec compensation

Dans cette annexe nous développons une autre conception du régulateur PI basée sur la compensation de la constante de temps de ce dernier avec celle du processus de la grandeur à réguler (figure 7.4).

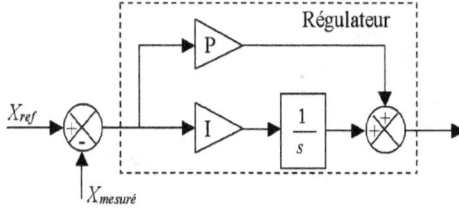

FIG. 7.4 – Schéma bloc du correcteur PI avec compensation de la constante de temps

la forme du correcteur est la suivante

$$C(s) = P + \frac{I}{s}$$

Avec : P : le gain proportionnel du régulateur.

I : le gain intégral du régulateur. Pour une fonction de transfert d'un processus associée à ce correcteur :

$$H(s) = \frac{K}{1 + \tau.s}$$

la fonction de transfert en boucle ouverte s'écrit :

$$H_{bo}(s) = \frac{K(P + \frac{I}{S})}{1 + \tau.s} = \frac{K.(P.s + I)}{s.(1 + \tau.s)} = IK.\frac{1 + \frac{P.s}{I}}{s.(1 + \tau.s)}$$

Si on pose $\frac{P}{I} = \tau$ Alors

$$H_{bo}(s) = \frac{I.K}{s}$$

La fonction de transfert en boucle fermée s'écrit :

$$H_{bf}(s) = \frac{I.K}{I.K + s} = \frac{1}{1 + \frac{1}{I.K}.s}$$

Le temps de réponse t_r du système bouclé pour atteindre 95% de la consigne vaut :

$$t_r = 3.\frac{1}{I.K}$$

Or,

$$I = \frac{P}{\tau}$$

Alors

$$t_r = 3.\frac{\tau}{P.K}$$

D'où

$$P = \frac{3.\tau}{t_r.K} \qquad I = \frac{3}{t_r.K}$$

Dans notre cas, la variable X_{mesur} à contrôler est remplacée par i_{sd}, i_{sq}, Φ_{rd} pour la machine asynchrone à cage et par i_{rd}, i_{rq}, i_{td}, i_{tq}, Φ_{sd} pour la MADA. Les constantes de temps en boucle fermée des différentes grandeurs sont regroupées dans le tableau 7.1.

	Machine asynchrone à cage		Machine asynchrone à double alimentation
i_{sdq}	$1ms$	i_{rdq}	$1ms$
Φ_{rd}	$1s$	Φ_{sd}	$1s$
i_{tdq}	$1ms$	i_{tdq}	$1ms$

TAB. 7.1 – Valeurs numériques de temps de réponse en boucle fermée

4 ANNEXE 4 : Paramètres de la chaîne de conversion éolienne basée sur une MAS

4.1 Paramètres de l'éolienne basée sur une machine asynchrone à cage

Les paramètres mécaniques de la turbine éolienne de 300 kW basée sur une génératrice asynchrone à cage, sont illustrés dans le tableau 7.2

Valeur numérique du paramètre	Signification
$R = 13.5$	Rayon de l'éolienne en m
$\rho = 1.22$	Masse volumique de l'air à la pression atmosphérique à 15 °C (kg/m^2)
$G = 35$	Gain du multiplicateur de vitesse
$Rs = 0.0089$	Résistance statorique (Ω)
$R_r = 0.0137$	Résistance rotorique (Ω)
$l_{os} = 2.5060e^{-004}$	Inductance de fuite statorique (H)
$l_{or} = 0$	Inductance de fuite rotorique (H)
$M = 0.0126719$	Mutuelle Inductance (H)
$l_s = M + l_{os}$	Inductance statorique (H)
$l_r = M + l_{or}$	Inductance rotorique (H)
$J = 10$	Inertie de l'arbre $(kg.m^2)$
$f = 0.00001$	Coefficient de la frottement de la MAS
$\sigma = 1 - \frac{M^2}{l_s.l_r}$	Coefficient de dispersion
p=2	Nombre de paires de poles
$T_s = \frac{l_s}{R_s}$	Constante de temps statorique (s)
$T_r = \frac{l_r}{R_r}$	Constante de temps rotorique (s)

TAB. 7.2 – Paramètres de l'éolienne de 300 kW

4.2 Paramètres de la liaison au réseau

Les paramètres de liaison au réseau de la chaîne de conversion éolienne via un transformateur sont représentés dans le tableau 7.3.

Valeur numérique du paramètre	Signification
$\omega_{res} = 2 * \pi * 50$	pulsation du réseau (rd)
$R_t = 0.002e^{-003}$	Résistance du filtre (Ω)
$L_t = 5e^{-003}$	Inductance du filtre (H)
$C = 4400$	Capacité du bus continu (μF)
$r_\mu = 243.698$	Résistance de fuites du transformateur en parallèle (Ω)
$L_\mu = 76.11e^{-003}$	Inductance de magnétisation du transformateur en parallèle (H)
$r_{ms} = r_\mu . \frac{L_\mu^2 . \omega_{res}^2}{r_\mu^2 + L_\mu^2 . \omega_{res}^2} = 2.3236$	Résistance de fuites du transformateur en série (Ω)
$l_{ms} = L_\mu . \frac{r_\mu^2}{r_\mu^2 + L_\mu^2 . \omega_{res}^2} = 0.0754$	Résistance de fuites du transformateur en série (Ω)
$r_p = 0.0038$	Résistance au primaire du transformateur (Ω)
$l_p = 4.1000e^{-005}$	Inductance au primaire du transformateur (H)
$r_s = 0.0044$	Résistance de au secondaire du transformateur (Ω)
$l_s = 4.1000e^{-005}$	Inductance au secondaire du transformateur (H)

Tab. 7.3 – Paramètres de la liaison au réseau de la chaîne de conversion éolienne de 300 kW

5   ANNEXE 5 : Paramètres de la chaîne de conversion éolienne basée sur une MADA

Les paramètres mécaniques de la turbine éolienne de 1.5MW basée sur une machine asynchrone à double alimentation, sont illustrés dans le tableau 7.4.

Valeur numérique du paramètre	Signification
$R = 35.25$	Rayon de l'éolienne en m
$G = 90$	Gain du multiplicateur de vitesse
$Rs = 0.012$	Résistance statorique (Ω)
$R_r = 0.021$	Résistance rotorique (Ω)
$l_{os} = 2.0372e^{-004}$)	Inductance de fuite statorique $(H$
$l_{or} = 1.7507e^{-004}$	Inductance de fuite rotorique (H)
$M = 0.0135$	Mutuelle Inductance (H)
$l_s = M + l_{os}$	Inductance statorique (H)
$l_r = M + l_{or}$	Inductance rotorique (H)
$J = 1000$	Inertie de l'arbre $(kg.m^2)$
$f = 0.0024$	Coefficient de la frottement de la MADA
$\sigma = 1 - \frac{M^2}{l_s.l_r}$	Coefficient de dispersion
p=2	Nombre de paires de poles
$T_s = \frac{l_s}{R_s}$	Constante de temps statorique (s)
$T_r = \frac{l_r}{R_r}$	Constante de temps rotorique (s)

TAB. 7.4 – Paramètres de l'éolienne de 1.5 MW

6 ANNEXE 6 : Paramètres du réseau de distribution (chapitre 6)

6.1 Définitions

On considère une source R,L,E ayant ces paramètres suivants :

– Scc_{source} : Puissance apparente de court-circuit 20 MVA
– Un_{source} : tension nominale 70 kV
– Déphasage entre tension et courant de $\varphi{=}80°$.

La valeur du courant de court-circuit est donnée par $Icc = \frac{Scc}{Un*\sqrt{3}}$
Les valeurs de R et de L sont calculées à l'aide du triangle des puissance.
D'où :

– $R_{source} = \frac{Scc}{3.Icc^2}.\cos(\varphi)$
– $L_{source} = \frac{Scc}{3.Icc^2.\omega_{res}}.\sin(\varphi)$

Connaissant la puissance apparente de la charge d'un bus M et son facteur de puissance, on peut calculer la puissances active et réactive consommées par cette charge selon ces expressions :

– $P_{chargebusM} = S_{chargebusM} * fp_{chargebusM}$
– $Q_{chargebusM} = \sqrt{(S^2_{chargebusM} - P^2_{chargebusM})}$

6.2 Paramètres

Les paramètres du réseau HTA du chapitre 6 sont regroupés dans le tableau 7.5. Ce tableau regroupe uniquement la source RLE triphasée, le transformateur et les paramètres généraux des lignes.

Paramètre du réseau HTA		
Élément du réseau	*Valeur numérique*	*Signification*
Source RLE triphasée		
	$\varphi = 80°$	Déphasage entre la tension simple et le courant de la source 1 en degrés
	$Un = 70e03$	Tension nominale composée de la source 1 en (V)
	$Scc_{source} = 1300e^{06}$	Puissance apparente de court-circuit de la source 1 en (VA)
	$Vnom_{source} = \frac{Un}{\sqrt{3}}$	Tension simple nominale de la source 1 en (V)
	$Icc = \frac{Scc}{Un*\sqrt{3}}$	Courant de court-circuit de la source 1 en (A)
	$R_{source} = \frac{Scc_{source}}{3.Icc^2}.\cos(\varphi)$	Résistance de la source 1 en (Ω)
	$L_{source} = \frac{Scc}{3.Icc^2.\omega_{res}}.\sin(\varphi)$	Inductance de la source 1 en (H)
	$V_{peak-source} = Un * \sqrt{(2/3)}$	Inductance de la source en (H)
Transformateur 1		
	$Sn_{transfo1} = 20e06$	Puissance nominale du transformateur1 en (VA)
	$U_{effprimaire-transfo1} = 70e^{03}$	ension efficace phase à phase au primaire du transformateur 1 en (V)
	$U_{effsecondaire-transfo1} = 15e^{03}$	Tension efficace phase à phase au secondaire du transformateur 1 en (V)
	$R_{m-T1} = 770$	Résistance magnétique du transformateur 1 en (p.u)
	$X_{m-T1} = 170$	Réactance magnétique du transformateur 1 en (p.u)
	$R_{1-T1} = 0.04$	Résistance au primaire du transformateur 1 en (p.u)
	$X_{1-T1} = 0.0002$	Réactance au primaire du transformateur 1 en (p.u)
	$R_{2-T1} = 0.04$	Résistance au secondaire du transformateur 1 en (p.u)
	$X_{2-T1} = 0.0002$	Réactance au secondaire au transformateur 1 en (p.u)
Charges		
	$S_{chargebusD} = 1e^{06}$	Puissance apparente de la charge en D en (VA)
	$fp_{chargebusD} = 0.9$	Facteur de puissance de la charge en D (sans unité)
	$S_{chargebusE} = 2e^{06}$	Puissance apparente de la charge en E en (VA)
	$fp_{chargebusD} = 0.85$	Facteur de puissance de la charge en E (sans unité)

TAB. 7.5 – Valeurs numériques des paramètres du réseau HTA

Le tableau 7.6 montre les longueur, la section et la résistance de chaque ligne utilisée dans le réseau HTA.

6.3 Taux d'emission harmonique limite des utilisateurs

A chaque harmonique de rang n est associé un coefficient de limitation k_n , et donc une limite en ampères que l'on calcule de la manière suivante : $I_{hn} = k_n. \frac{S_n}{\sqrt{3}.U_n}$ Où :

– I_{hn} : Amplitude du courant correspondant à l'harmonique h
– S_n Puissance nominale de l'installation
– U_n Tension nominale d'alimentation

Dans notre cas, l'éolienne est de puissance nominale de 1.5 MW et alimentée par une tension de 690V. Alors l'amplitude du courant correspondant à l'harmonique 99 de la fréquence du fondamental est : $I_{99} = k_{99}.I_{nom} = 25A$, en (p.u) on a $I_{99} = 0.0199$

Dans la figure 6.16.c on retrouve une amplitude de $0.011 < 0.0199$. La propagation harmonique du courant généré par l'éolienne rentre dans les normes des utilisateurs.

7 ANNEXE 7 : Paramètres du réseau de distribution avec des défauts (chapitre 7)

Les paramètres du réseau HTA du chapitre 7 sont identiques à ceux utilisés dans le réseau du chapitre 7. La seule différence entre les deux réseau est niveau de la valeur nominale la puissance apparente de la source RLE qui vaut dans ce réseau $2000e^{006}VA$ Ce réseau ne possède qu'une seule ligne purement resistive dont la longueur est de 5 km et de valeur 2Ω.

Paramètre du réseau HTA		
Ligne étudiée	*Valeur numérique*	*Signification*
Paramètres généraux des lignes		
	$Resistance_{240} = 0.16$	Résistance linéique des cables de $240mm^2$ en Ω/km
	$Reactance_{240} = 0.1$	Réactance linéique des cables de $240mm^2$ en Ω/km
	$Resistance_{150} = 0.26$	Résistance linéique des cables de $150mm^2$ en Ω/km
	$Reactance_{150} = 0.11$	Réactance linéique des cables de $150mm^2$ en Ω/km
	$Resistance_{95} = 0.4$	Résistance linéique des cables de $95mm^2$ en Ω/km
	$Reactance_{95} = 0.12$	Réactance linéique des cables de $95mm^2$ en Ω/km
Ligne C-D		
	$Section_{ligneCD} = 240$	Section de la ligne CD en mm^2
	$Longueur_{ligneCD} = 3$	Longueur de la ligne CD en km
	$R_{ligneCD} = Resistance_{240}.Longueur_{ligneCD}$	Résistance de la ligne CD en Ω
	$L_{ligneCD} = Reactance_{240}.Longueur_{ligneCD}/\omega_{res}$	Inductance de la ligne CD en H (Henry)
	$C_{ligneCD} = inf$	Capacité de la ligne CD en F (Farrad)
Ligne D-E		
	$Section_{ligneDE} = 240$	Section de la ligne DE en mm^2
	$Longueur_{ligneDE} = 2$	Longueur de la ligne DE en km
	$R_{ligneDE} = Resistance_{240}.Longueur_{ligneDE}$	Résistance de la ligne DE en Ω
	$L_{ligneDE} = Reactance_{240}.Longueur_{ligneDE}/\omega_{res}$	Inductance de la ligne DE en H (Henry)
	$C_{ligneDE} = inf$	Capacité de la ligne DE en F (Farrad)
Ligne E-charge		
	$Section_{ligneE-charge} = 240$	Section de la ligne E-charge en mm^2
	$Longueur_{ligneE-charge} = 2$	Longueur de la ligne E-charge en km
	$R_{ligneE-charge} = Resistance_{240}.Longueur_{ligneE-charge}$	Résistance de la ligne E-charge en Ω
	$L_{ligneE-charge} = Reactance_{240}.Longueur_{ligneE-charge}/\omega_{res}$	Inductance de la ligne E-charge en H (Henry)
	$C_{ligneDE} = inf$	Capacité de la ligne E-charge en F (Farrad)

TAB. 7.6 – Valeurs numériques des lignes

www.ingramcontent.com/pod-product-compliance
Lightning Source LLC
Chambersburg PA
CBHW021039210326
41598CB00016B/1068